大数据及人工智能产教融合系列丛书

Linux操作系统实用教程

凌 菁 毕国锋 编著

電子工業出版社
Publishing House of Electronics Industry
北京·BEIJING

内 容 简 介

本书从实用角度出发，对 Red Hat Enterprise Linux 7.5 平台下的系统管理及网络服务做了全面、系统的介绍，既便于读者了解 Red Hat Enterprise Linux 7.5 的强大功能，又可以帮助 Linux 用户在较短的时间内快速地学习和掌握 Red Hat Enterprise Linux 7.5。

全书分为三部分，共 12 章，内容涵盖 Linux 系统概述、安装 Linux 系统、图形桌面与命令行、Linux 文件管理和常用命令、磁盘管理、用户管理和常用命令、软件包管理、文本编辑器的使用、Shell 编程、Linux 下 C 语言编程，以及 Linux 网络基础、网络安全与病毒防护。

本书内容丰富，语言通俗易懂，叙述深入浅出，非常适合初、中级 Linux 用户阅读，既可以作为各类院校相关专业学生的教材及 Linux 培训班学生的教材，又可以作为广大 Linux 爱好者的专业参考书。

图书在版编目（CIP）数据

Linux 操作系统实用教程 / 凌菁，毕国锋编著. —北京：电子工业出版社，2020.5
（大数据及人工智能产教融合系列丛书）

ISBN 978-7-121-38684-8

Ⅰ. ①L… Ⅱ. ①凌… ②毕… Ⅲ. ①Linux 操作系统－教材 Ⅳ. ①TP316.89

中国版本图书馆 CIP 数据核字（2020）第 039405 号

责任编辑：李　冰　　　　特约编辑：田学清
印　　刷：北京虎彩文化传播有限公司
装　　订：北京虎彩文化传播有限公司
出版发行：电子工业出版社
　　　　　北京市海淀区万寿路 173 信箱　　　邮编：100036
开　　本：787×1092　1/16　　印张：20.5　　字数：498 千字
版　　次：2020 年 5 月第 1 版
印　　次：2023 年 8 月第 3 次印刷
定　　价：79.00 元

凡所购买电子工业出版社图书有缺损问题，请向购买书店调换。若书店售缺，请与本社发行部联系，联系及邮购电话：（010）88254888，88258888。

质量投诉请发邮件至 zlts@phei.com.cn，盗版侵权举报请发邮件到 dbqq@phei. com.cn。

本书咨询联系方式：libing@phei.com.cn。

编 委 会

（按拼音排序）

丛书推荐序一
数字经济的思维观与人才观

大数据的出现，给我们带来了巨大的想象空间：对科学研究来说，大数据已成为继实验、理论和计算模式之后的数据密集型科学范式的典型代表，带来了科研方法论的变革，正在成为科学发现的新引擎；对产业来说，在当今互联网、云计算、人工智能、大数据、区块链这些蓬勃发展的科技中，主角是数据，数据作为新的生产资料，正在驱动整个产业进行数字化转型。正因如此，大数据已成为知识经济时代的战略高地，数据主权已经成了继边防、海防、空防之后，另一个大国博弈的空间。

实现这些想象空间，需要构建众多大数据领域的基础设施，小到科学大数据方面的国家重大基础设施，大到跨越国界的“数字丝路”“数字地球”。今天，我们看到清华大学数据科学研究院大数据基础设施研究中心已经把人才纳入基础设施的范围，组织编写了这套丛书，这个视角是有意义的。新兴的产业需要相应的人才培养体系与之相配合，人才培养体系的建立往往存在滞后性。因此，尽可能缩窄产业人才需求和培养过程间的“缓冲带”，将教育链、人才链、产业链、创新链衔接好，就是“产教融合”理念提出的出发点和落脚点。可以说，清华大学数据科学研究院大数据基础设施研究中心为我国大数据、人工智能事业发展模式的实践，迈出了较为坚实的一步，这个模式意味着数字经济宏观的可行路径。

作为我国首套大数据及人工智能方面的产教融合丛书，其以数据为基础，内容涵盖了数据认知与思维、数据行业应用、数据技术生态等各个层面及其细分方向，是数十个代表了行业前沿和实践的产业团队的知识沉淀。特别是在作者遴选时，这套丛书注重选择兼具产业界和学术界背景的行业专家，以便让丛书成为中国大数据知识的一次汇总，这对于中国数据思维的传播、数据人才的培养来说，是一个全新的范本。

我也期待未来有更多产业界的专家及团队加入本套丛书体系中，并和这套丛书共同更新迭代，共同传播数据思维与知识，夯实我国的数据人才基础设施。

郭华东

中国科学院院士

丛书推荐序二
产教融合打造创新人才培养的新模式

数字技术、数字产品和数字经济，是信息时代发展的前沿领域，不断迭代着数字时代的定义。数据是核心战略性资源，自然科学、工程技术和社科人文拥抱数据的力度，对于学科新的发展具有重要意义。同时，数字经济是数据的经济，既是各项高新技术发展的动力，又为传统产业转型提供了新的数据生产要素与数据生产力。

这套丛书从产教融合的角度出发，在整体架构上，涵盖了数据思维方式拓展、大数据技术认知、大数据技术高级应用、数据化应用场景、大数据行业应用、数据运维、数据创新体系七个方面，编写宗旨是搭建大数据的知识体系，传授大数据的专业技能，描述产业和教育相互促进过程中所面临的问题，并一定程度上提供相应阶段的解决方案。丛书的内容规划、技术选型和教培转化由新型科研机构——清华大学数据科学研究院大数据基础设施研究中心牵头，而场景设计、案例提供和生产实践由一线企业专家与团队贡献，二者紧密合作，提供了一个可借鉴的尝试。

大数据领域人才培养的一个重要方面，就是以产业实践为导向，以传播和教育为出口，最终服务于大数据产业与数字经济，为未来的行业人才树立技术观、行业观、产业观，进而助力产业发展。

这套丛书适用于大数据技能型人才的培养，适合作为高校、职业学校、社会培训机构从事大数据研究和教学的教材或参考书，对于从事大数据管理和应用的人员、企业信息化技术人员也有重要的参考价值。让我们一起努力，共同推进大数据技术的教学、普及和应用！

谭建荣
中国工程院院士
浙江大学教授

前　言

Linux 是一个优秀的、日益成熟的操作系统，经过十几年的发展，已经拥有大量用户。为了满足众多 Linux 初学者、爱好者及专业人员的使用需要，笔者在多年从事 Linux 研究、教学及开发工作的基础上精心编写了本书。本书本着由浅入深、循序渐进的原则，精心组织各章节内容，各知识点前后贯穿而又自成体系，既可以作为 Linux 初学者的入门级教材，又可以作为专业人员的参考手册。同时，本书在详细讲解基本操作的前提下，从理论上对每个知识点的原理和应用背景进行了详细阐述，具有一定的理论深度。

本书有何特色

1. 适用于多版本 Linux

本书适用于 Red Hat Enterprise Linux、Red Hat Linux、Fedora Core Linux 等多个版本，一册在手，万事无忧，便于初学者快速入门。

2. 结构合理、适用面广

本书在章节的编排和内容的深度、广度设置方面，尽量兼顾初、中、高级读者，能够满足大多数 Linux 爱好者学习和使用的需要。

3. 内容全面、突出重点

本书内容丰富、覆盖面广，内容涉及桌面应用、系统管理、网络服务配置等诸多方面，每一方面的阐述又从多个角度进行了延伸，对于重点、难点则给出常见问题的分析。

4. 脉络清晰、图文并茂

本书依照安装、配置、使用、问题分析等环节组织各章节内容，条理清晰、循序渐进。为了便于读者理解和查阅，书中使用大量图表对相关内容进行了归纳和总结。

本书内容及知识体系

第 1 章　Linux 系统概述

本章介绍了 Linux 的起源及特性，Linux 内核版本和发行版本的构成及关系；认识了 Red Hat Enterprise Linux 的优点，以及如何获取它的镜像资源。

第 2 章　安装 Linux 系统

本章介绍了将 Red Hat Enterprise Linux 系统安装到计算机上时对计算机的硬件配置要求，以及安装、卸载 Linux 的详细流程，并且学习了虚拟机的安装技术。

第 3 章　图形桌面与命令行

本章主要介绍了 GNOME 图形桌面下 Red Hat Enterprise Linux 系统的简单使用，进而深入学习通过终端及 Shell 命令来控制 Linux 系统，便于初学者为后面的学习打好基础。

第 4 章　Linux 文件管理和常用命令

本章主要介绍了 Linux 的文件系统，包括文件系统的类型、组织方式等，然后通过学习与文件和目录相关的 Shell 命令来完成对文件和目录的常用管理、权限管理、打包和压缩等。

第 5 章　磁盘管理

本章主要介绍了 Linux 系统的磁盘及分区管理，通过学习与磁盘相关的 Shell 命令来对 Red Hat Enterprise Linux 系统进行磁盘管理（查看、挂载、卸载、格式化、修复）及磁盘配额管理等操作。

第 6 章　用户管理和常用命令

本章主要介绍了 Red Hat Enterprise Linux 系统是如何存放用户、组的密码信息的，通过学习相关的 Shell 命令来管理 Linux 系统中的用户和组，以及了解根用户和普通用户的区别。

第 7 章　软件包管理

本章主要介绍了在 Red Hat Enterprise Linux 系统中进行软件的安装、卸载、升级、查询等操作的知识，以及使用 rpm 命令、yum、源码来管理软件。

第 8 章　文本编辑器的使用

本章主要介绍了 Linux 系统中几种文本编辑器的使用方式。Vim 是一个轻量而又高效的文本编辑器，比较适合专业的工程师使用；gVim、gedit 是图形化界面下的文本编辑器，上手相对简单。

第 9 章　Shell 编程

本章主要介绍了 Shell 脚本语言，它可以帮助计算机完成一些简单事件的自动化处理。通过学习 Shell 脚本的语法，将命令组织成有序、有意义的程序，来帮助我们高效地管理 Linux 系统。

第 10 章　Linux 下 C 语言编程

本章主要介绍了如何在 Linux 系统中完成 C 语言的编译、运行、调试等，详细讲解了一个程序的思路是如何通过代码一步一步变成计算机可以执行的指令的，为学习者的深入学习打下扎实的基础。

第 11 章　Linux 网络基础

本章主要介绍了 Linux 的网络基础知识，包括计算机网络的发展、基本类型、体系结构等，并且学习了如何通过 Shell 命令配置网络、调试网络。

第 12 章　网络安全与病毒防护

本章主要介绍了 Linux 网络安全对策、Linux 下的防火墙配置，并且学习了 OpenSSH 的原理和使用方式。

适合阅读本书的读者

- ❑ 需要快速入门学习 Linux 系统的人员。
- ❑ 广大 Linux 工程师。
- ❑ 希望提高项目开发水平的人员。
- ❑ 专业培训机构的学员。
- ❑ 网络管理员。
- ❑ 大中专院校计算机及相关专业的学生。
- ❑ 需要一本案头必备查询手册的人员。

目　录

第一部分　Linux 入门

第二部分 Linux 编程

第三部分 Linux网络与安全

第一部分　Linux 入门

第 1 章　Linux 系统概述

Linux 是一种开放源代码的操作系统，它的出现打破了传统商业操作系统长久以来形成的技术垄断与壁垒，进一步推动了人类信息技术的进步。尤为可贵的是，Linux 树立了“自由开放之路”的成功典范。

Linux 以其系统简明、功能强大、性能稳定、高扩展性和高安全性著称，可以支持多用户、多任务环境，具有较好的实时性和广泛的协议支持。同时，Linux 在系统兼容性和可移植性方面也有上佳表现，可以广泛应用到 x86、Sun SPARC、Digital、Alpha、MIPS 和 PowerPC 等平台。

Linux 是一种遵从 POSIX（Portable Operating System Interface of UNIX，可移植操作系统接口）规范的操作系统，兼容 UNIX System 及 BSD UNIX，其发行遵守 GPL（GNU General Public License，GNU 的通用公共许可协议）。

在最近 20 年的发展中，Linux 迅速成长为 Microsoft Windows 的主要替代操作系统。

注意： POSIX 是一套由 IEEE（电气和电子工程师学会）制定的标准。POSIX 的意思是计算机环境的可移植操作系统接口。

UNIX System V 和 BSD UNIX 是 UNIX 操作系统的两大主流系统，目前绝大多数的 UNIX 系统都由这两种系统衍生而来。UNIX System V 系统下的源代码可以在 Linux 中编译后执行，而 BSD UNIX 下的可执行文件可以直接在 Linux 中运行。

GNU 是采用递归方式定义的，是“GNU's Not UNIX”的首字母缩写。GNU 计划由 Richard Stallman 提出，其主要目的是开发一种完全自由的、与 UNIX 类似但功能更强大的操作系统，以便为所有的计算机使用者提供一种功能齐全、性能良好的基本系统。

GPL 是由自由软件基金会发行的用于计算机软件的证书，取得该证书的软件被称为自由软件。GPL 与传统商业软件许可协议 CopyRight 相对立，所以又被称为 CopyLeft。GPL 保证任何人有共享和修改自由软件的自由，并且规定在不增加附加费用的条件下，可以得到自由软件的源代码。同时，还规定自由软件的衍生作品必须以 GPL 作为它重新发布的许可协议。

本章内容包括：

- Linux 的起源及特性。
- Linux 版本的发展。
- Red Hat Enterprise Linux 简介及其优点。
- 如何获取 Red Hat Enterprise Linux。

1.1　Linux 的起源及特性

Linux 起源于古老的 UNIX。1969 年，Bell 实验室的 Ken Thompson 开始利用一台闲置的 PDP-7 计算机设计一种多用户、多任务的操作系统。不久，Dennis Richie 加入了这个项目，在他们的共同努力下产生了最早的 UNIX。早期的 UNIX 由汇编语言编写，第三个版本用 C 语言进行了重写。之后，UNIX 得以移植到更为强大的 DEC PDP-11/45 与 DEC PDP-11/70 计算机上运行。后来，UNIX 逐渐走出实验室并成为主流操作系统之一。

但 UNIX 通常是企业级服务器或工作站等级的服务器上使用的操作系统，这些较大型的计算机系统一般价格不菲，因此无法得到普及。由于 UNIX 功能强大，因此许多开发者希望在相对廉价的个人计算机上开发出功能相同而且免费的类似于 UNIX 的系统，其中比较成功的是 Andre S.Tanenbaum 教授所开发的 Minix 系统。随后许多人参考 Minix 系统开发了自己的操作系统，Linux 就是在此背景下诞生的。

1.1.1　Linux 的起源

Linux 因其创始人 Linus Torvalds 而得名（Linux 的发音为[`linəks]）。Linus Torvalds 是芬兰赫尔辛基大学技术科学系的学生。出于学习和研究的需要，Linus Torvalds 希望能够做出“比 Minix 更好的 Minix”。1991 年 Linus Torvalds 在 Minix 的基础上开发了 Linux，并将其 0.02 版放到互联网上，使其成为自由和开放源代码的软件。Linus Torvalds 曾经在 USERNET 新闻组（comp.os.minix）中写道：

使用 Minix 的各位朋友，大家好。我正在编写一个开源的操作系统，可以用于 AT 386（486）系列（编写操作系统只是我的小爱好，我可做不到像 GNU 那样专业）。我 4 月份就开始写这个操作系统，到现在基本完成了，希望各位能够给我一些反馈意见。

我已经在我的 OS 中集成了 bash（1.08）和 GCC（1.40），并且似乎能正常使用了。在未来几个月中，我将继续对我的 OS 做一些改进，我想知道我该为它增加哪些特性。如果你有任何建议，欢迎告诉我，不过我不敢保证一定能实现它们。☺

Linus(torvalds@kruuna.helsinki.fi)

Linux 随着互联网的传播得到了快速成长，来自世界各地的编程人员对其进行了修订和扩充。1994 年，在与互联网上的志愿开发者协同工作的基础上，Linus Torvalds 发布了标志性的

Linux 1.0 版本。值得注意的是，Linux 只是参考了 Minix，并不是 Minix 的改良。Minix 采用微内核技术，而 Linux 采用具有动态加载模块特性的单内核技术。同时，Linux 具备 UNIX 系统所具备的全部特征，包括多任务、虚拟内存、共享库、需求装载及 TCP/IP 网络支持等。Linux 的成功并没有为 Linus Torvalds 带来巨额财富，但他的成就使其在计算机发展史上占有一席之地。

1.1.2 Linux 的特性

作为操作系统，Linux 能在短短几年之内得到如此迅猛的发展，这与 Linux 自身所具有的良好特性是分不开的。简单地说，Linux 主要具有以下特性。

1. 免费的专业级操作系统

Linux 具有服务器级操作系统的强大功能。同时，由于 Linux 遵守 GPL，因此任何人都有共享和修改 Linux 的自由，并且在不需要额外费用的条件下可以得到其源代码。用户可以放心地免费使用 Linux，不必担心成为盗版用户。

2. 良好的可移植性

可移植性是指将操作系统从一个硬件平台转移到另一个硬件平台时，无须改变其自身的运行方式。Linux 是一种可移植的操作系统，到目前为止，几乎能够在所有的计算机平台上运行，包括笔记本电脑、个人计算机、工作站，甚至大型机。它支持 x86、MIPS、PowerPC 和 SPARC 等主流的系统架构，并且同时支持 32 位和 64 位操作系统。Linux 的应用程序不用经过太多修改就可以在各个平台上顺利运行，很好地继承了 UNIX 系统宣称的硬件平台无关性。

3. 良好的用户界面

Linux 具有类似于 Windows 图形桌面的 X-Windows 系统，用户可以使用鼠标方便、灵活地进行操作。X-Windows 系统是源于 UNIX 系统的标准图形桌面，最早由 MIT 开发，可以为用户提供一个具有多种窗口管理功能的对象集成环境。经过多年的发展，基于 X-Windows 系统的 Linux 图形桌面技术已经非常成熟，其用户友好性不逊于 Windows。

4. 低成本

Linux 是开放源代码的操作系统，不仅其内核是免费的，许多系统程序及应用程序也是自由软件，用户可以从网上免费获得。Linux 拥有众多来自互联网的志愿开发者，这使得其功能的完善和漏洞的发现及修复速度非常快，极大地降低了使用和管理的风险。同时，由于 Linux 具有良好的可移植性，使得不同平台之间软件的移植变得非常简单，从而可以进一步降低成本。

5. 内核的定制和剪裁

Linux 内核负责管理计算机的各种资源，如处理器和内存，而且必须保证合理地分配资源。当 Linux 启动时，内核被调入内存，并一直驻留在内存中直到关机断电。Linux 内核采用了动态加载技术，用户可以按照需要将内核设计得很小，许多暂不需要的模块可以从内核中剪裁掉，待需要时再重新进行加载。利用 Linux 的这个特点，用户在安装 Linux 的时候可以定制很小的内核，甚至可以在一个仅几 MB 的存储设备上安装一个 Linux 操作系统。

6．广泛的协议支持

可以说，网络就是 Linux 的生命。Linux 在网络应用方面具备与生俱来的优势，其内核支持的主要协议包括：

- TCP/IP 通信协议。
- IPX/SPX 通信协议。
- Apple Talk 通信协议，包括 X.25 及 Frame-relay。
- ISDN 通信协议。
- PPP、SLIP 和 PLIP 等通信协议。
- ATM 通信协议。

7．丰富的应用程序和开发工具支持

由于 Linux 系统具有良好的可移植性，目前大部分在 UNIX 系统下使用的工具已经被成功移植到 Linux 系统中，包括绝大部分 GNU 软件和库。加上 IBM、Intel、Dell、AMD、Oracle 和 Sybase 等国际知名企业的支持，Linux 获得了越来越多的应用程序和开发工具，包括以下一些类别的软件。

- 语言及编程环境：C、C++、Java、Perl 和 Fortran 等。
- 数据库：MySQL、PostgreSQL 及 Oracle 等。
- Shell：bash、tcsh、ash 及 csh 等。
- 编辑器：Emacs、gedit、Vim 及 Pico 等。
- 图形环境：GNOME、KDE、GIMP 和 IceWM 等。
- 文字处理软件：OpenOffice、Kword 和 AbiWord 等。
- 浏览器：Firefox 等。

8．良好的安全性和稳定性

Linux 的安全性和稳定性是其另一个比较明显的特性。Linux 是多任务、多用户的操作系统，可以支持多个用户同时使用系统的处理器、内存、磁盘和外设等资源。Linux 的保护机制使每个用户、每个应用程序可以独立工作。一个用户的某个任务崩溃了，其他用户的任务依然可以正常运行。为了给网络多用户环境中的用户提供必要的安全保障，Linux 采取了多种安全技术措施，包括对读/写进行权限控制、带保护的子系统、审计跟踪、核心授权等。由于 Linux 本身的设计就对病毒攻击提供了非常好的防御机制，因此 Linux 系统基本上不用安装防毒、杀毒软件。

Linux 内核具有极强的稳定性。除非硬件出问题，否则系统死机的概率很小，可以长年累月地运行，因此 Linux 被广泛应用于网关和防火墙的建设。

1.2 Linux 版本的发展

Linux 继承了 UNIX 版本制定的规则，将版本分为内核版本和发行版本两类。内核版本是指 Linux 系统内核自身的版本号，而发行版本是指由不同的公司或组织将 Linux 内核与应用程序、文档组织在一起，构成的一个发行套装。各个公司或组织通常会使用 CD-ROM、服务器等发布它们的 Linux 发行套装。

1.2.1 Linux 内核版本

内核是系统的心脏，是运行程序和管理磁盘、打印机等硬件设备的核心程序。Linux 内核的开发和规范一直由 Linus Torvalds 领导下的开发小组控制着。开发小组每隔一段时间就会公布新的内核版本或修订版本。

内核具有 4 种不同的版本，即 Prepatch、Mainline、Stable 和 Longterm。

- Prepatch：Prepatch 或“rc”内核是主要面向其他内核开发人员和 Linux 爱好者的内核预发行版。
- Mainline：由 Linus Torvalds 维护。所有新特性都在这里被引入，所有令人兴奋的新开发都在这里发生。每 2～3 个月发布一次新的 Mainline 内核。
- Stable：在释放每个 Mainline 内核之后，它被认为是“Stable”版本。任何对稳定内核的错误修复都从 Mainline 中进行了反向移植，并由指定的稳定内核维护人员合并。
- Lonterm：通常有几个“长期维护”的内核版本用于旧的内核。只有重要的错误修复应用于这些内核，它们通常不会被频繁地发布，尤其是对于较老的内核。

用户可以到 Linux 内核官方网站下载最新的内核代码（http://www.kernel.org），如图 1.1 所示，一般用户不需要自己下载内核升级。

图 1.1　Linux 内核官方网站

1.2.2 Linux 发行版本

由于 Linux 的内核源代码和大量的 Linux 应用程序都可以自由获得，因此很多公司或组织开发了属于自己的 Linux 发行版本，每个发行版本都有自己的特性。目前全球有 100 种以上的 Linux 发行版本，其中较知名的有 Red Hat、Slackware、Mandriva、Debian、SUSE、Xlinux、Turbo Linux、Blue Point、Red Flag 和 Xteam 等。

1．Red Hat Linux

Red Hat Linux 是目前最流行的发行版本，几乎成了 Linux 的代名词。其主要特点集中在方便、简易的安装和操作使用上，可以使用户免去繁杂的安装和设置工作，尽快开始使用 Linux 强大的功能。其图形化的操作环境与 Windows 不相上下。Red Hat Linux 曾被权威的计算机杂志 InfoWorld 评为最佳 Linux。

Red Hat 公司最早由 Bob Young 和 Marc Ewing 在 1995 年创建。开始只有一个 Red Hat 版本，但由于被越来越多的用户所接受，单一的 Red Hat 版本已经无法满足用户的需求。为此，Red Hat 公司在 2002 年推出了收费的 Red Hat Enterprise Linux（RHEL，Red Hat 的企业版），而普通的 Red Hat Linux 在 9.0 版本之后，Red Hat 公司就停止了对其的技术支持。

目前 Red Hat Linux 分为两个系列：Red Hat Enterprise Linux 适用于企业级服务器，由 Red Hat 公司提供收费的技术支持和更新，最新稳定版本为 Red Hat Enterprise Linux 7.5；Fedora Linux 定位于桌面用户，适用于非关键性的计算环境，由 Fedora 社区开发并提供免费的支持，最新版本为 Fedora 29。

官方网站：http://www.redhat.com/。

2．Slackware Linux

Slackware Linux 由 Patrick Volkerding 创建于 1992 年，是历史最悠久的 Linux 发行版。其主要特点是尽量采用原版的软件包而不进行任何修改，并且一直坚持 KISS（Keep It Simple and Stupid）原则。Slackware 曾经非常流行，但当主流发行版本强调易用性的时候，Slackware 仍然为了追求效率而使用配置文件进行管理，而这对于 Linux 的广大新用户来说是十分困难的。

Slackware 提供了更多的透明性和灵活性，更适合比较有经验的使用者。如果用户希望深入学习 Linux 或者希望安装、编译自己的软件程序，那么 Slackware 是最佳选择。有人曾经这样评价：学会了 Red Hat Linux，只学会了 Red Hat Linux；而学会了 Slackware Linux，则学会了 Linux。

官方网站：http://www.slackware.com/。

3．Mandriva Linux

Mandriva 原名是 Mandrake，最早由 Gal Duval 创建并于 1998 年 7 月发布。其特点是集成了图形化的桌面环境及图形化的配置工具。在早期 Linux 普遍比较难于安装的阶段，Mandriva 图形化的安装和配置方式为 Linux 的易用性带来了很大改进。Mandrake 最早是基于 Red Hat 进行开发的，因此继承了许多 Red Hat 的优点。但 Red Hat 默认的桌面是 GNOME，而 Mandriva 则采用 KDE。

官方网站：http://www.mandrivaLinux.cz。

4．Debian Linux

Debian Linux 最早由 Ian Murdock 于 1993 年创建，是迄今为止最遵循 GNU 规范的 Linux 系统。其特点是使用了 Debian 特有的软件包管理工具 dpkg，使得在 Debian 上安装、升级、删除和管理软件包变得非常容易。

在 Debian 内部有一套很特别的版本分发制度，分别为 stable、unstable 和 testing。其中，stable 是 Debian 的外部发行版本，该版本在稳定性和安全性方面要求非常高。unstable 则是开发中的版本，更新速度快，因而风险也比较高。testing 版本大多是 unstable 版本经过维护、开发人员不断测试后的版本，实际上已经很接近 stable 版本了。

官方网站：http://www.debian.org。

5．SUSE Linux

SUSE Linux 最早是由德国的 SUSE Linux AG 公司发行、维护的 Linux 发行版，其特点是使用了自主开发的软件包管理系统 YaST 并受到用户的普遍欢迎。2003 年 11 月，Novell 收购了 SUSE，并对 SUSE Linux 进行了改进，使 SUSE 迅速成长为 Red Hat 的有力竞争对手。目前，SUSE 面向企业或高级桌面的 Linux 版本包括：SUSE Linux Enterprise Server、Novell Open Enterprise Server 及 Novell Linux Desktop。

官方网站：http://www.suse.com。

6．Red Flag Linux

Red Flag Linux 是中国人自行研发的 Linux，在中国民族软件产业化过程中具有里程碑意义。其特点是提供了良好的中文支持，界面和操作设计也更符合中国人的习惯。

官方网站：http://www.redflag-linux.com。

1.3 Red Hat Enterprise Linux 简介及其优点

Red Hat Enterprise Linux（RHEL）是 Red Hat 公司主要针对企业服务器设计的一套企业级 Linux 操作系统，由 Red Hat 公司提供技术支持。目前，Red Hat Enterprise Linux 已获得大多数软硬件厂商的认证和支持，如 IBM、Dell、BMC Software、Borland、Checkpoint、Computer Associates、HP、Tivoli、Lotus、DB2、Novell、Oracle、Softimage、Sun 和 Legato 等。

1.3.1　Red Hat Enterprise Linux 简介

从 2002 年起，Red Hat 公司开始提供收费的企业版 Red Hat Enterprise Linux，以及由 Fedora 社区开发的桌面版本 Fedora Linux，并由此取代了 Red Hat Linux 发展系列（Red Hat Linux 7.3/8.0/9.0）。Red Hat Enterprise Linux 与 Fedora Linux 的主要特点对比如表 1.1 所示。

表 1.1　Red Hat Enterprise Linux 与 Fedora Linux 的主要特点对比

比 较 内 容	Red Hat Enterprise Linux	Fedora Linux
如何获得	从 Red Hat 公司或其合作伙伴处购买，或者从 www.redhat.com 下载	免费下载或从第三方获得
价格	年度订阅。每月 6 美元起	免费下载
可升级的产品周期	7 年	不适用
开发模式	开放源代码	开放源代码
硬件认证	超过 600 个认证，包括 Dell、HP、Fujitsu、IBM、Hitachi 和 NEC 等	无
体系结构	包括 Intel x86、Itanium、AMD64/EM64T 等	包括 Intel x86、AMD64/EM64T
Red Hat 支持	包括 24 小时×7 天、1 小时响应在内的多种选择，无限的技术支持次数，提供升级服务	无
培训认证	RHCA（Red Hat 认证设计师） RHCE（Red Hat 认证工程师） RHCT（Red Hat 认证技术员）	无
主要优点	稳定、可靠，提供面向企业的服务器级性能	结合先进的技术，更新升级非常快
ISV（Independent Software Vendor）认证	支持超过 1000 个应用程序，包括 BEA、CA、IBM、Oracle 及 VERITAS 等	无
发行周期	大约 18 个月	4～6 个月

作为一个领先的开放源代码的操作系统，Red Hat Enterprise Linux 提供了适用于从台式计算机到大型数据中心的系列产品，称为 Red Hat Enterprise Linux 家族。

1.3.2　Red Hat Enterprise Linux 的优点

Red Hat Enterprise Linux 产品具有很多优点，其中一些可以归纳如下。

- 高可靠性：Red Hat Enterprise Linux 是一种稳定而可靠的操作系统。为了保证 Red Hat Enterprise Linux 家族产品都具备高质量、长周期的特性，Red Hat 要求所有的产品必须通过一段长时间的严格测试。Red Hat Enterprise Linux 的发行周期大约是 18 个月，其中包括 12 个月的开发阶段及 6 个月的测试阶段，远远超过 Fedora Linux 4～6 个月的发行周期。
- 可扩展性：Red Hat Enterprise Linux 系统可以部署在初级的、通用的服务器上，也可以部署在任务关键型应用环境中的高端服务器上。
- 认证支持：一些著名的独立软件厂商（ISV），如 BEA、Computer Associates 和 Checkpoint

等，以及原始设备制造商（OEM），如 Dell、HP、IBM 和 Sun 等，都对 Red Hat Enterprise Linux 产品进行了认证，从而保证所有经认证的软、硬件都可以高效、无缝地运行在 Red Hat Enterprise Linux 环境下。

- 企业级技术支持：Red Hat 公司为所有 Red Hat 企业产品提供了大量的技术支持选项（包括 24 小时×7 天、1 小时响应及无限次支持等），可以帮助公司用户在生产领域或任务关键型的应用环境中可靠地部署 Linux。
- 开源保证：Red Hat Enterprise Linux 产品被包括在开源保证计划（Open Source Assurance Program）中。当出现知识产权问题时，由 Red Hat 公司进行处理，保证用户可以不间断地使用 Red Hat 公司的解决方案。
- 安全性：Red Hat Enterprise Linux 通过 SELinux（Security Enhanced Linux）进一步提高了系统的安全性。SELinux 提供了一个构建到 Linux 内核中的、灵活的强制访问控制（Mandatory Access Control）系统，可以对运行在环境中的每项权限服务进行精确控制，以降低风险。

1.4 如何获取 Red Hat Enterprise Linux

用户可以联系Red Hat 公司在国内的代理商，购买Red Hat Enterprise Linux 7.5 安装光盘套装，其中包括安装程序及一些程序、源码和文档（本书使用 Red Hat Enterprise Linux 7.5 版本讲解）；也可以从网上直接下载 Linux 的映像文件（官方网址为 https://www.redhat.com），然后通过刻录到光盘或直接使用光盘镜像的方式进行安装。注意，必须要先注册官网的账号并进行信息登记。

下载选项中有：Red Hat Enterprise Linux 7.5 Binary DVD，完整安装映像，可用来引导安装程序并执行完整安装而无须额外软件包库；Red Hat Enterprise Linux 7.5 Boot ISO，最小引导映像，可用来引导安装程序，但需要访问额外软件包库并使用其安装软件。完整安装映像名称为 rhel-server-7.5-x86_64-dvd.iso。

如果用户购买了 Red Hat 产品，则应该及时进行注册。注册后可以获得许多有用的服务，如安装支持、Red Hat 网络的访问权等。要注册 Red Hat 产品，请到 http://linux.softpedia. com/get/System/Operating-Systems/Linux-Distributions/Red-Hat-Enterprise-Linux-5-17221.shtml。

1.5 小结

本章概述了 Linux 操作系统的起源及特性，以及 Linux 版本的发展。同时，还介绍了 Red Hat Enterprise Linux 及其优点，以及如何获取它。希望读者通过本章的学习能对 Linux 有一些基本了解，为学好 Linux 打下基础。

1.6　习题

1．简述你所了解的 Linux 系统的优点。

2．简述 Linux 系统与 Windows 系统不一样的地方。

3．下面哪些说法是正确的？（　）

A．Linux 名词只能指代 Linux 内核

B．所有的 Linux 都是收费的

C．Red Hat Enterprise Linux 不可以免费下载

D．使用 Linux 内核的发行版本都要遵循 Linux 内核协议

4．关于 Red Hat Enterprise Linux 的优点，下列说法不正确的是（　）。

A．高可靠性

B．高稳定性

C．高安全性

D．和开源社区完全独立

5．学习如何获取 Red Hat Enterprise Linux 后，尝试获取免费的 Fedora、Ubuntu 最新版本映像。

1.7　上机练习——获取 Red Hat Enterprise Linux

实验目的：

获取 Red Hat Enterprise Linux，为下一章安装 Linux 系统做准备。

实验内容：

（1）用浏览器登录 Red Hat 官方网站：http://www.redhat.com。

（2）注册用户，填写个人及公司信息。

（3）选择“产品&服务”→“基础设置及管理”→“Red Hat Enterprise Linux”。

（4）找到下载项，下载 Red Hat Enterprise Linux 7.5 版本。

第 2 章　安装 Linux 系统

Linux 在图形桌面下的安装过程与 Windows 类似，包括系统的引导、磁盘的分区、创建文件系统及相关系统配置。本书以 Red Hat Enterprise Linux 7.5 为例进行介绍。

本章内容包括：

- 安装 Linux 系统的准备工作。
- 从光盘安装 Linux 系统。
- 在虚拟机中安装 Linux 系统。
- Linux 的登录和卸载。

2.1　安装 Linux 系统的准备工作

Red Hat 的官方网站（http://www.redhat.com/）上提供有 Red Hat Enterprise Linux 7.5 的安装手册——*Installation Guide*（红帽企业版 Linux 7.5 安装指南），其中包括各种详细的技术说明和安装指导，建议用户在开始安装 Linux 系统之前先阅读此手册。

2.1.1　硬件需求与兼容性

Linux 系统对硬件资源的需求相对较低，但对硬件的兼容性却有较高的要求。这主要是因为一些硬件厂商不提供 Linux 版的驱动程序。在安装 Linux 系统之前，首先应确定计算机的硬件是否与 Linux 兼容。Red Hat Enterprise Linux 7.5 和最近两年出产的大多数硬件是兼容的，用户可以到 Red Hat 的官方网站（https:// access.redhat.com/articles/rhel-limits）查找最新支持的硬件列表进行兼容性确认。

Red Hat Enterprise Linux 7.5 支持目前绝大部分系统架构（包括 x86、AMD64、Intel64、Itanium、

IBM POWER 和 IBM System z 等）。对于 Intel 32 位体系结构，建议最小内存为 512MB。如果采用完全安装方式，则硬盘容量应大于 10GB。Red Hat Enterprise Linux 7.5 可以识别大多数显卡。对于内核暂时无法支持的显卡，Red Hat 会自动将其模拟成标准硬件来使用。显示器及一般的网卡（包括 3Com、D-Link、Realtek 等）基本上都被 Linux 所支持。

2.1.2　安装方法

在进行 Linux 系统安装之前，用户还必须根据自己的系统和操作环境确定安装方法。安装方法主要分为从本地（如光盘或 U 盘）安装和从网络（包括局域网和 Internet）安装两种。当从网络安装时，通常可以采用 NFS（Network File System，网络文件系统）、FTP（File Transfer Protocol，文件传输协议）或 HTTP（Hyper Text Transfer Protocol，超文本传输协议）等几种方式。用户可以从 FTP 站点通过 FTP 服务器进行安装，也可以从 Web 站点通过 HTTP 服务器进行安装，还可以借助NFS 服务器通过本地网络进行安装。对于本地安装，用户可以从光盘或U 盘开始安装。常用的安装方法及其准备工作说明如表 2.1 所示。

表 2.1　常用的安装方法及其准备工作说明

安 装 方 法	准备工作说明
从光盘安装	具备光盘驱动器和 Red Hat Enterprise Linux 7.5 安装光盘套装
从 U 盘安装	有 Red Hat Enterprise Linux 7.5 的 ISO 镜像文件；需要一个刻录工具软件
采用 NFS 方式	需要一个引导盘；需要一个提供 Red Hat Enterprise Linux 7.5 安装服务的 NFS 服务器；可能还需要网卡驱动程序盘
采用 FTP 方式	需要一个引导盘；需要一个提供 Red Hat Enterprise Linux 7.5 安装服务的 FTP 服务器；可能还需要网卡驱动程序盘
采用 HTTP 方式	需要一个引导盘；需要一个提供 Red Hat Enterprise Linux 7.5 安装服务的 HTTP 服务器；可能还需要网卡驱动程序盘

1．从光盘安装

从光盘安装 Red Hat Enterprise Linux 7.5，首先需要在计算机 BIOS 中将系统设为从光盘启动，然后将安装套装的光盘（购买 Red Hat Enterprise Linux 7.5 盒装光盘或将下载的 ISO 镜像文件刻录到光盘中）放入光驱。重新启动系统后，如果能正常从光盘读入安装程序，则说明光盘引导成功，可以开始安装。此后按安装向导的提示依次放入光盘即可。从光盘安装是最常用的方法，也是本书采用的方法。

2．从 U 盘安装

从 U 盘安装需要使用 ISO 镜像。ISO 镜像是光盘映像的精确复制文件，可以通过 WinISO 等工具将安装光盘套装制作成 ISO 镜像文件或直接从网上下载。

（1）用 Linux 制作可引导 U 盘：完整下载 Red Hat Enterprise Linux 7.5（rhel-server-7.5-x86_64-dvd.iso），执行如下命令制成可引导 U 盘，其中“/dev/xxxx”为 U 盘设备。

```
dd if=rhel-server-7.5-x86_64-dvd.iso of=/dev/xxxx
```

（2）用 Windows 制作可引导 U 盘：将 Red Hat Enterprise Linux 7.5 的 ISO 镜像文件下载好，使用工具 Fedora Media Writer（https://github.com/FedoraQt/MediaWriter/releases）制作可引导 U 盘。

（3）重新启动计算机，从可引导 U 盘启动系统。

3．通过网络方式安装

将二进制 DVD ISO 映像或者安装树（从该二进制 DVD ISO 映像中提取）复制到安装程序可以访问的某个网络位置，并通过网络使用以下协议进行安装。

- NFS：将该二进制 DVD ISO 映像放到网络文件系统（NFS）共享中。
- HTTPS、HTTP 或 FTP：将安装树放到通过 HTTPS、HTTP 或 FTP 访问的网络位置。

使用最小引导介质引导安装时必须配置附加安装源。

2.2 从光盘安装 Linux 系统

Linux 系统的安装方式主要包括图形化界面安装和文本模式安装。图形化界面安装界面直观、安装简便，因此本节着重介绍该方式。

2.2.1 启动安装程序

将光驱设为第一启动盘，放入 Red Hat Enterprise Linux 7.5 的安装光盘后重新启动计算机。如果光盘启动成功，则会出现如图 2.1 所示的安装界面。

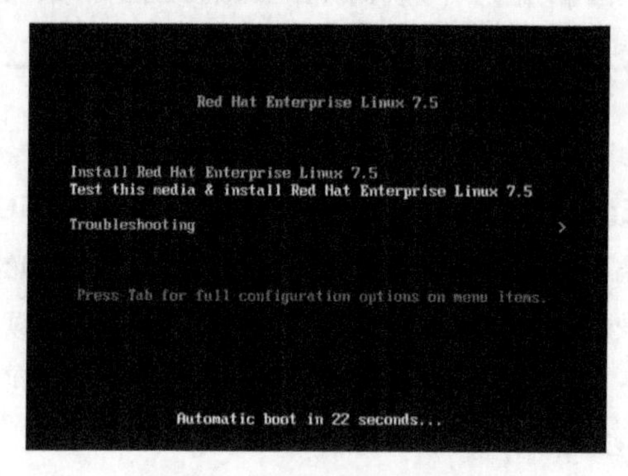

图 2.1　从光盘启动安装程序

系统使用引导介质完成引导后会显示引导菜单。该引导菜单除了启动安装程序，还提供了一些选项。如果在 60 秒内未按任何按键，则将运行默认引导选项（高亮突出为白色的那个选项）。要选择默认选项，则可以等到计时器超时或者按“Enter”键。引导菜单选项为：

（1）Install Red Hat Enterprise Linux 7.5。选择此选项，在你的计算机系统中使用图形安装程序安装 Red Hat Enterprise Linux（本次安装选择项）。

（2）Test this media & install Red Hat Enterprise Linux 7.5。这是默认选项。启动安装程序前会启动一个程序检查安装介质的完整性。

（3）Troubleshooting >。这个项目是一个独立菜单，包含的选项可以帮助用户解决各种安装问题。选中后，按“Enter”键显示其内容。

选择安装选项后，进入欢迎界面选择在安装过程中使用的语言。注意，这里选择的语言不是 Red Hat Enterprise Linux 系统的语言。在本次安装过程中，此处选择“中文”→“简体中文”。

安装程序启动完成后进入“安装信息摘要”页面，在该页面中需要用户做一系列安装配置，如图 2.2 所示。

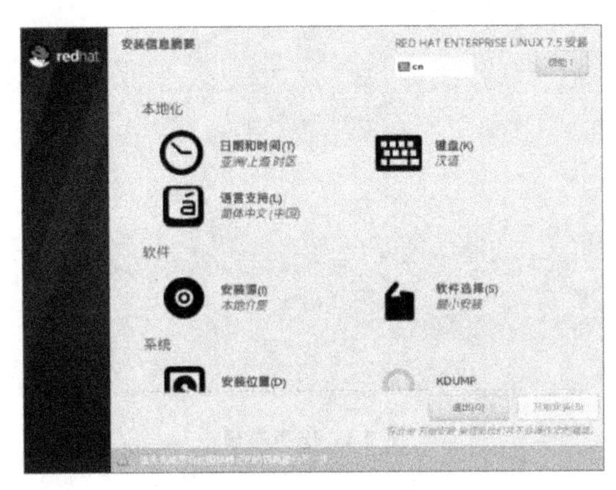

图 2.2　“安装信息摘要”页面

2.2.2　时区选择

在“安装信息摘要”页面中选择“本地化”选项组中的“日期和时间”选项，在打开的日期&时间页面顶部的“地区”和“城市”下拉菜单中选择时区。如果“城市”下拉菜单中没有当前城市，则选择同一时区中距离最近的城市。在本次安装过程中，此处选择“亚洲”→“上海”，如图 2.3 所示。

图 2.3　设置时区

2.2.3　语言支持和键盘布局

在“安装信息摘要”页面中选择“本地化”选项组中的“语言支持”选项，在打开的语言支持页面中选择要在安装过程中使用的语言。在左侧面板中选择语言，如中文，然后在右侧面板中选择你所在地区的具体语言，如简体中文。可以选择多种语言和多个区域。在左侧面板中会突出显示所选语言。在本次安装过程中，此处选择“中文”→“简体中文”。

在“安装信息摘要”页面中选择“本地化”选项组中的“键盘”选项，在键盘布局页面左侧框中只列出在欢迎页面中所选语言的键盘布局。可以替换最初的布局，也可以添加更多布局。要测试键盘布局，请在右侧文本框内部单击，输入文本以确认所选键盘布局可正常工作。在本次安装过程中，此处默认，如图 2.4 所示。

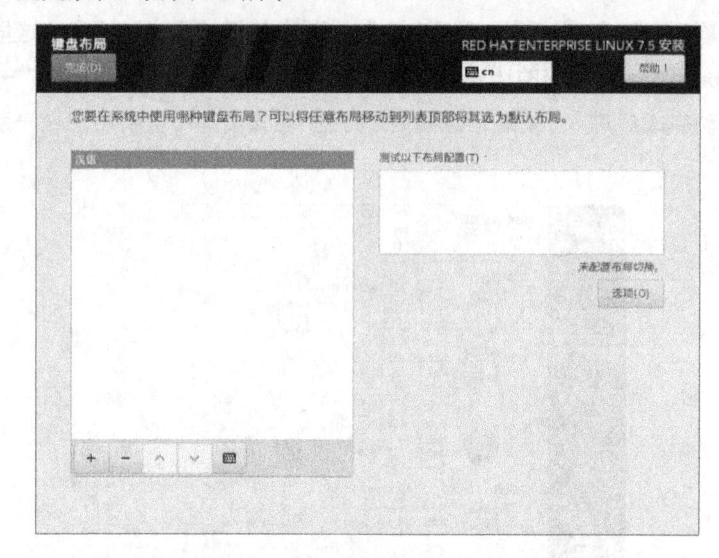

图 2.4　键盘布局

2.2.4　安装源和软件选择

在“安装信息摘要”页面中选择“软件”选项组中的“安装源”选项，在打开的安装源页面中，可以选择可本地访问的安装介质，也可以选择网络位置。在本次安装过程中，此处默认，如图 2.5 所示。

图 2.5　选择安装源

在“安装信息摘要”页面中选择“软件”选项组中的“软件选择”选项，在打开的软件选择页面中指定需要安装的软件包。软件包组以“基本环境”的方式管理。这些环境是预先定义的软件包组，有特殊的目的，例如，虚拟化主机环境包含在该系统中运行虚拟机所需的软件包。安装时只能选择一个软件环境。

每个环境中都有额外的软件包可用，格式为附加组件。附加组件在页面右侧显示，选择新环境后会刷新附加组件列表。可以为安装环境选择多个附加组件。

在本次安装过程中，在左侧的“基本环境”中选择“带GUI的服务器”，同时勾选右侧“已选环境的附加选项”中的全部复选框，如图2.6所示。

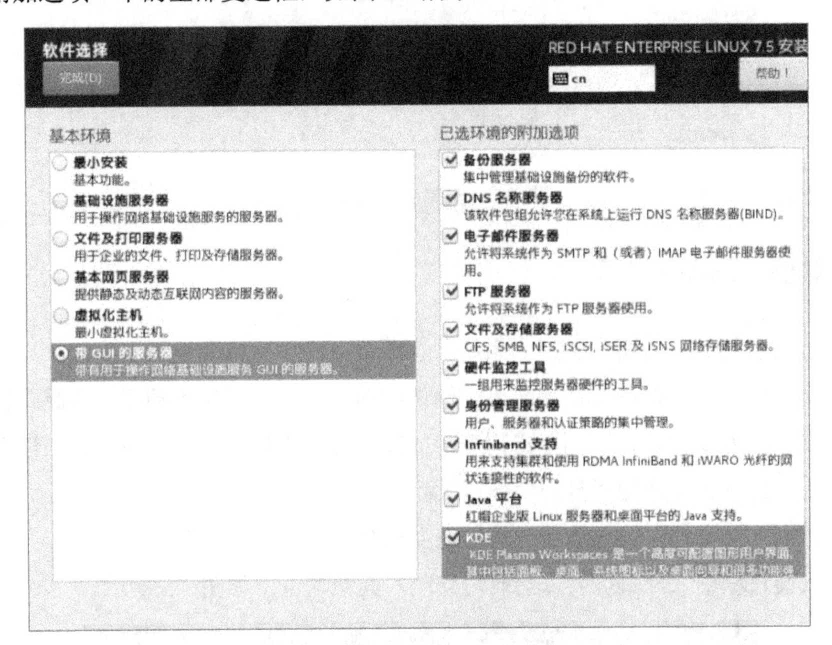

图2.6 软件选择页面

注意：“软件选择”设置完成后，界面退回“安装信息摘要”，安装程序需要时间检查依赖关系，检查过程耗时比较长。

2.2.5 安装位置

在“安装信息摘要”页面中选择“系统”选项组中的“安装位置”选项，在打开的安装目标位置页面中可以看到计算机中的本地可用存储设备。还可以单击“添加磁盘”按钮添加指定的附加设备或网络设备。在“分区”部分，可以选择如何对存储设备进行分区。在本次安装过程中，使用了全新的空硬盘，此处默认，如图2.7所示。

图 2.7 安装目标位置页面

2.2.6 网络和主机名

在“安装信息摘要”页面中选择“系统”选项组中的“网络和主机名”选项，在打开的网络和主机名页面中，安装程序自动探测可本地访问的接口，但无法手动添加或删除接口。探测到的接口列在左侧方框中。在右侧单击列表中的接口显示详情。要激活或取消激活网络接口，请将页面右上角的开关调整为“打开”或“关闭”状态。

在“主机名”文本框中输入这台计算机的主机名。

在本次安装过程中，“以太网”选择“打开”，其他默认，如图 2.8 所示。

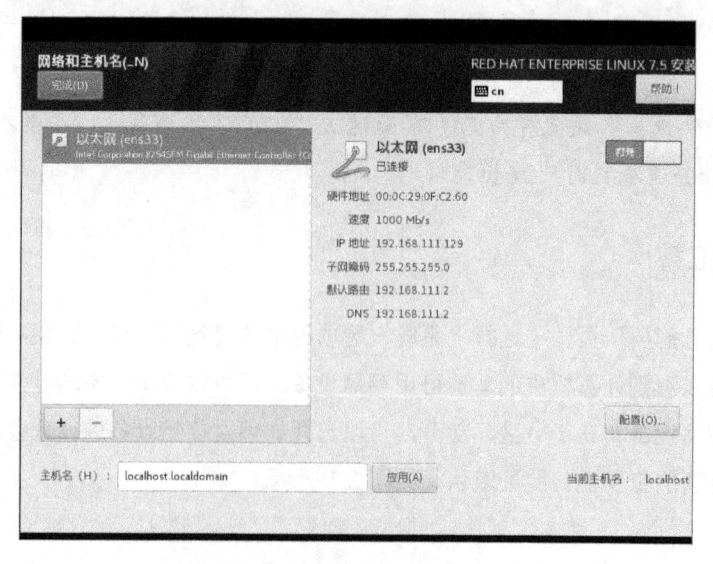

图 2.8 网络和主机名设置

至此，“安装信息摘要”配置完成，“KDUMP”和“SECURITY POLICY”默认先不修改，单击“开始安装”按钮进入下一步，如图 2.9 所示。

图 2.9 单击“开始安装”按钮

2.2.7 用户设置

在“安装信息摘要”页面中单击“开始安装”按钮后，进入安装过程，同时进入“配置”页面设置 ROOT 密码及创建用户，如图 2.10 所示。

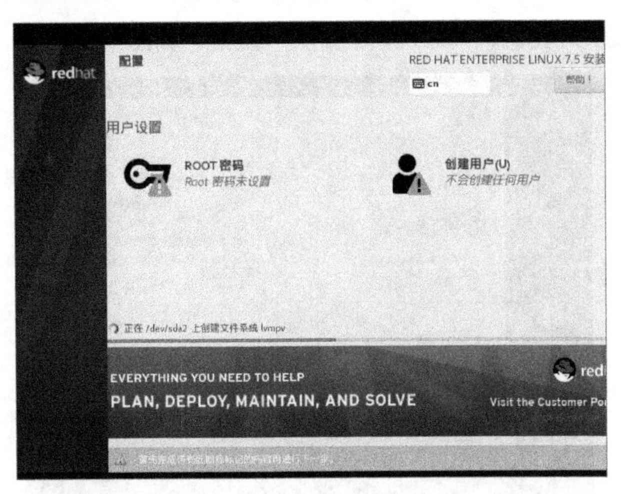

图 2.10 “配置”页面

在“配置”页面的“用户设置”中选择“ROOT 密码”选项，在打开的 ROOT 密码页面中，设置 ROOT 账户和密码是安装过程中的一个重要步骤，如图 2.11 所示。ROOT 账户（也称超级用户）用于安装软件包、升级 RPM 软件包及执行大多数系统维护工作。ROOT 账户可完全控制系统。因此，ROOT 账户最好只用于执行系统维护或者管理。

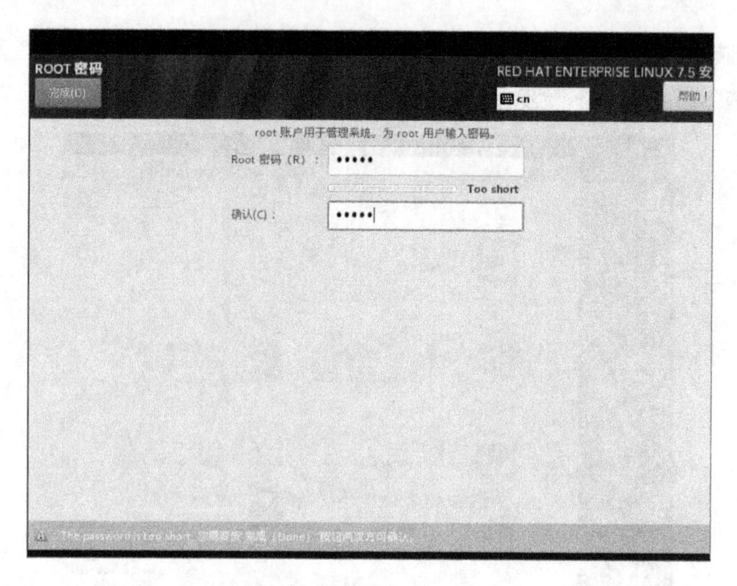

图 2.11　设置 ROOT 密码

在“配置”页面的“用户设置”中选择“创建用户”选项，在打开的页面中生成常规（非ROOT）用户账户，设置常规用户账户并配置其参数。尽管推荐在安装过程中执行此操作，但这一步骤为自选，也可在安装完成后再执行。

注意：必须至少设置一种方法让安装的系统可获取 ROOT 特权：可以使用 ROOT 账户；可以使用管理员特权创建用户账户，或者二者均设置。

此处，配置了 ROOT 密码，同时创建了新用户 linux，如图 2.12 所示。

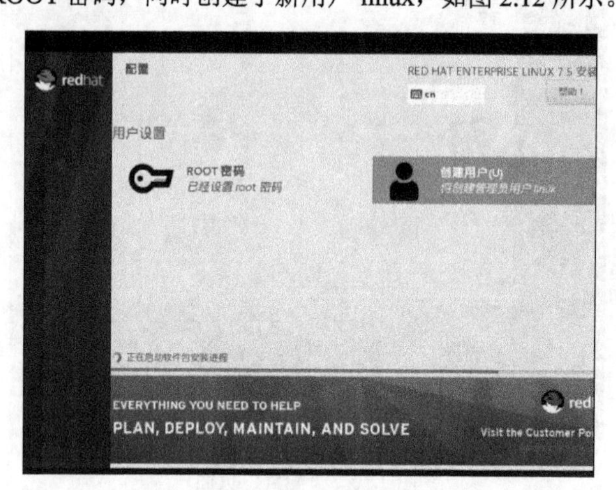

图 2.12　配置 ROOT 密码并创建新用户

2.2.8　安装完成

在配置结束后等待半个小时左右，即可显示安装完成，单击页面下方的“重启”按钮，如图 2.13 所示。

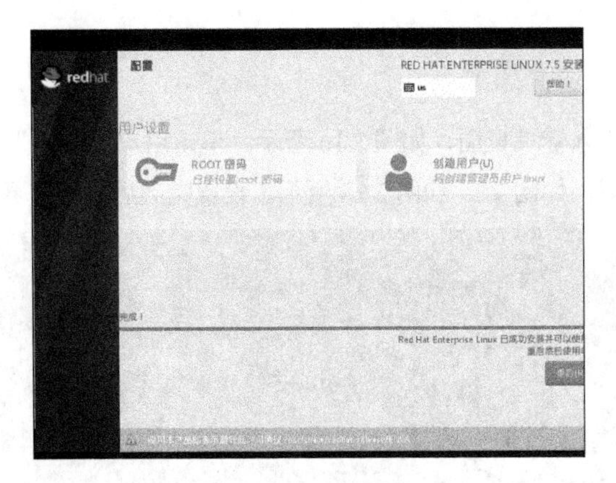

图 2.13　安装完成

2.2.9　初始设置

在系统重启后进入“初始设置”页面，如图 2.14 所示。单击“LICENSING”，在打开的页面中勾选“我同意许可协议”复选框，然后单击“完成配置”按钮，如图 2.15 所示。

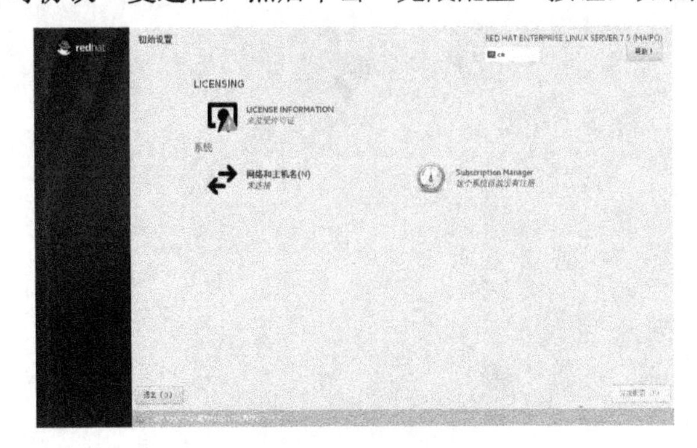

图 2.14　“初始设置”页面

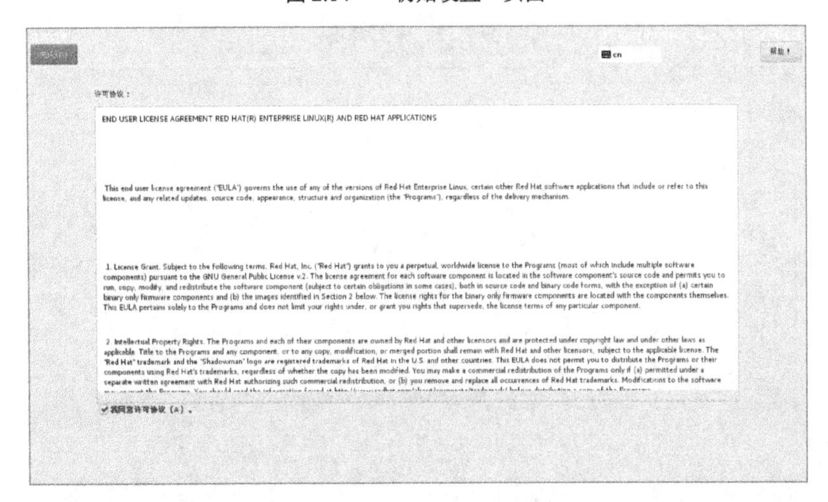

图 2.15　“许可协议”页面

2.2.10 进入桌面

完成初始设置后，进入登录桌面，如图 2.16 所示。单击用户“linux”，输入密码后进入桌面，然后做一些基本桌面设置，如图 2.17 和图 2.18 所示。设置完成后进入主界面，如图 2.19 所示。

图 2.16 登录桌面

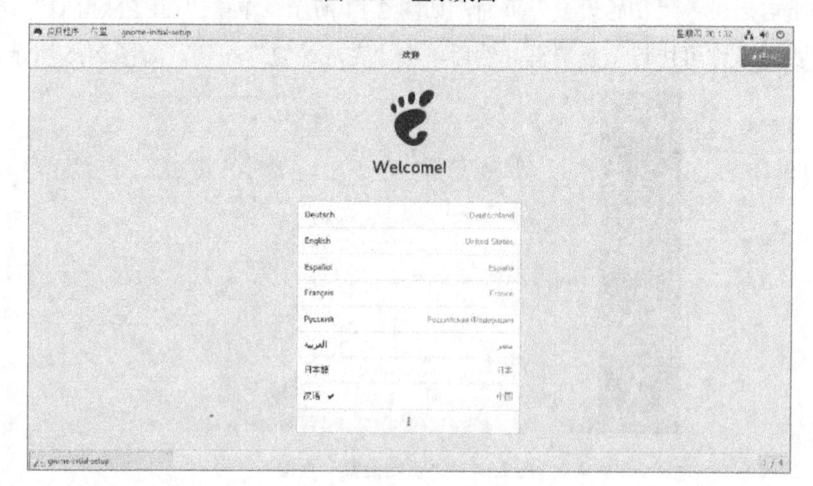

图 2.17 桌面设置

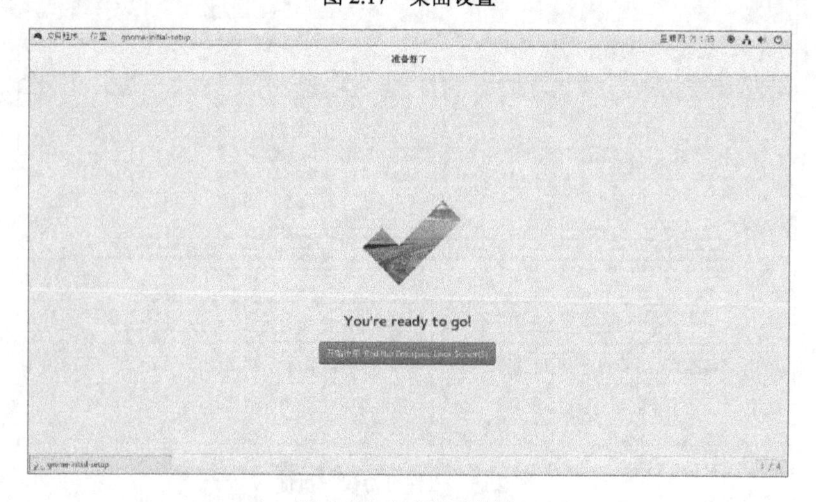

图 2.18 完成桌面设置

图 2.19　进入主界面

2.3　在虚拟机中安装 Linux 系统

目前虚拟技术成熟，在一台硬件计算机上可以虚拟出多台计算机。现在流行的虚拟软件有 VMware、VirtualBox、ParallelsDesktop 等，它们可以满足用户在一台计算机上同时使用多个操作系统。以下示例为在 Windows 系统的计算机上安装 Linux 系统。

2.3.1　下载并安装 VMware

登录 www.wmware.com 下载新版本 VMware 14.x。其安装过程与一般的 Windows 程序类似。

关键步骤如下：

注意：安装程序时需要使用管理员身份。

（1）打开应用程序，进入安装向导界面，如图 2.20 所示；并且勾选“我接受许可协议中的条款”复选框，如图 2.21 所示。

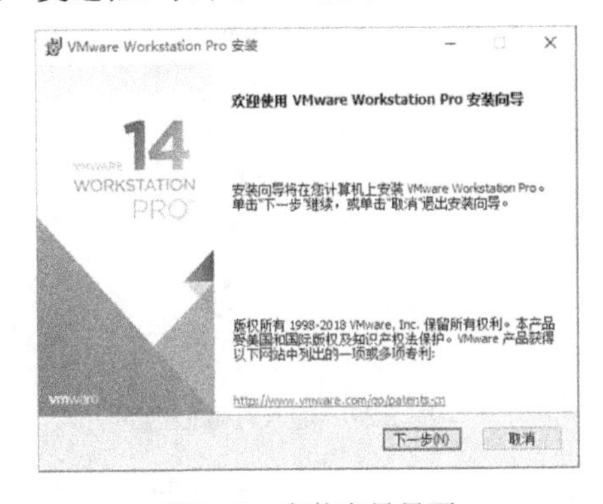

图 2.20　安装向导界面

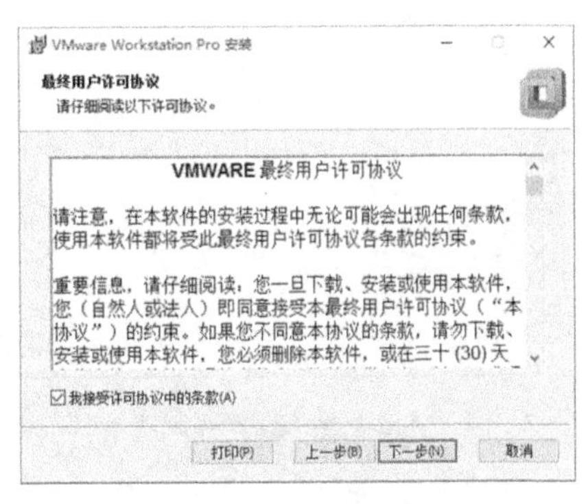

图 2.21　接受许可协议中的条款

（2）设置安装路径，如图 2.22 所示；用户体验设置（默认设置）如图 2.23 所示。

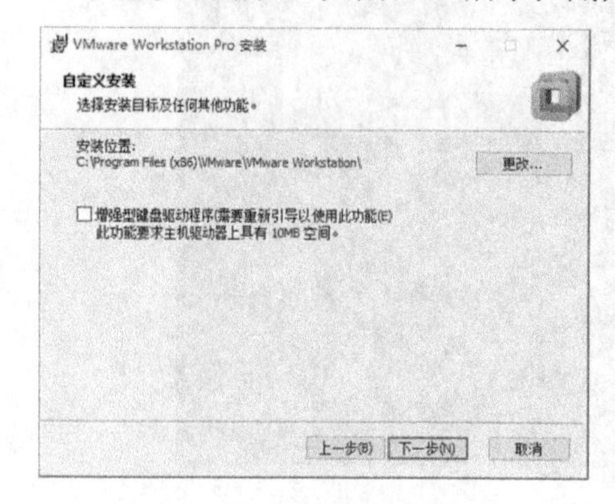

图 2.22　设置安装路径

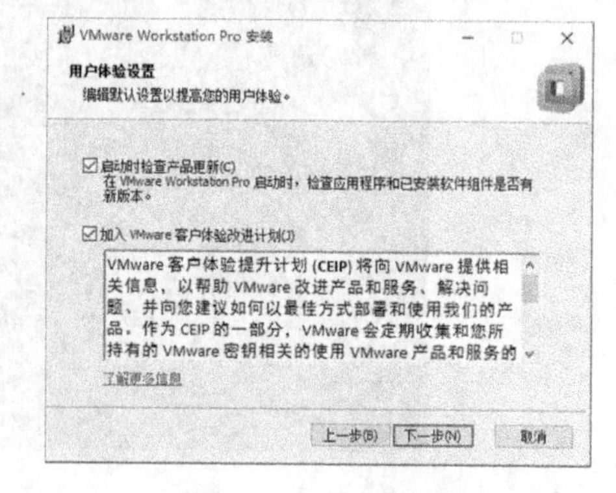

图 2.23　用户体验设置

（3）设置快捷方式，如图 2.24 所示；开始安装（默认设置），如图 2.25 所示。

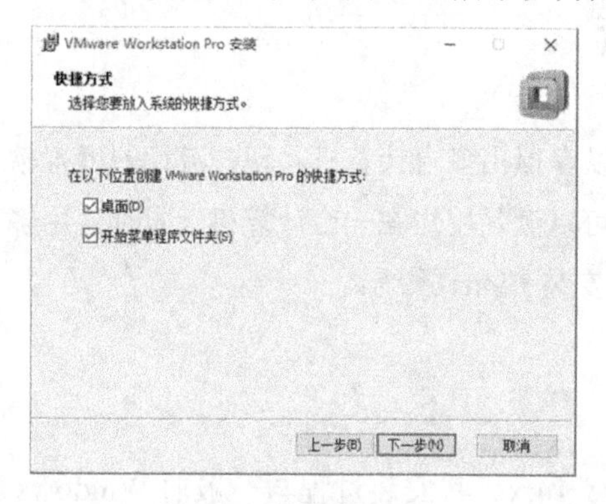

图 2.24　设置快捷方式

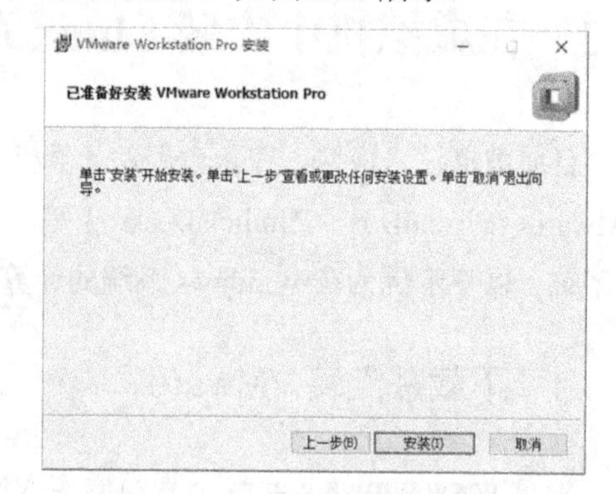

图 2.25　开始安装

（4）设置许可证，许可证可以向 VMware 的代理商购买，如图 2.26 和图 2.27 所示；输入许可证密钥后安装完成，如图 2.28 所示。

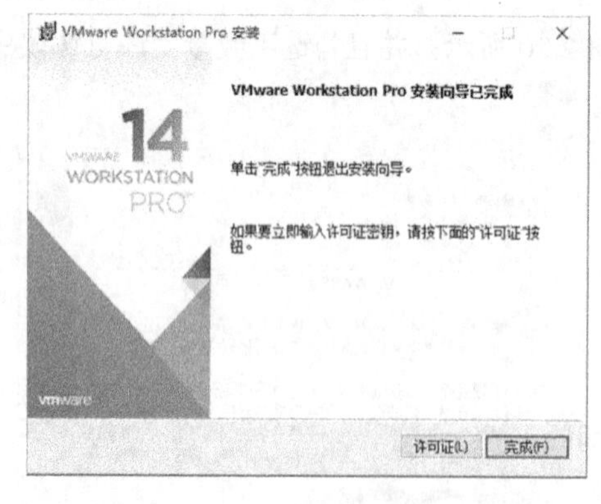

图 2.26　设置许可证

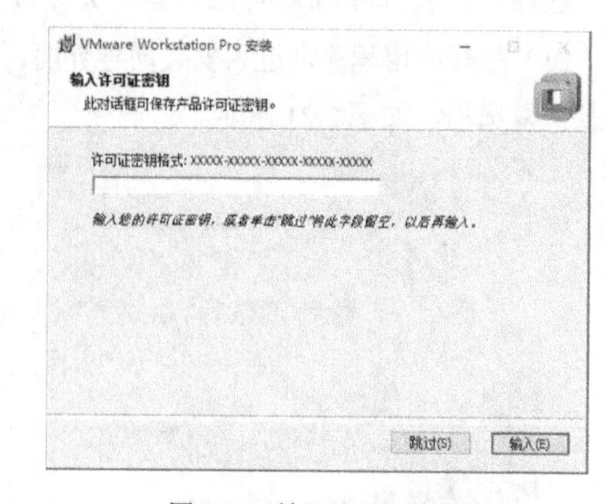

图 2.27　输入许可证密钥

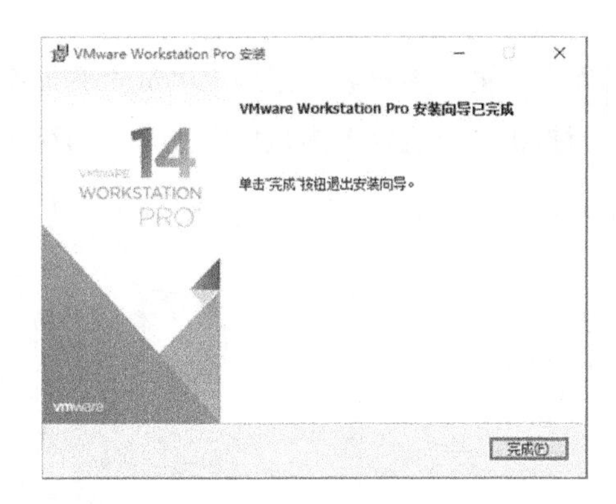

图 2.28　安装完成

2.3.2　添加新的虚拟机

使用 VMware 新建一台虚拟机。

（1）打开 VMware 软件，单击“创建新的虚拟机”按钮，如图 2.29 所示。

图 2.29　VMware 软件界面

（2）进入新建虚拟机向导界面，选中“典型（推荐）”单选按钮，单击“下一步”按钮，如图 2.30 所示；进入选择映像界面，选择 rhel-server-7.5-x86_64-dvd.iso，单击“下一步”按钮，如图 2.31 所示。

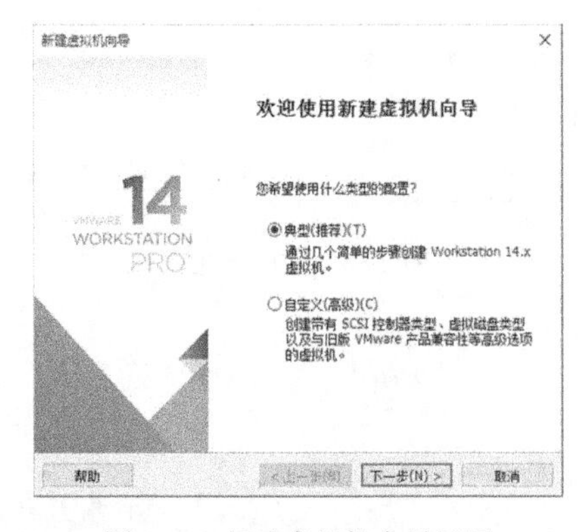

图 2.30　新建虚拟机向导界面

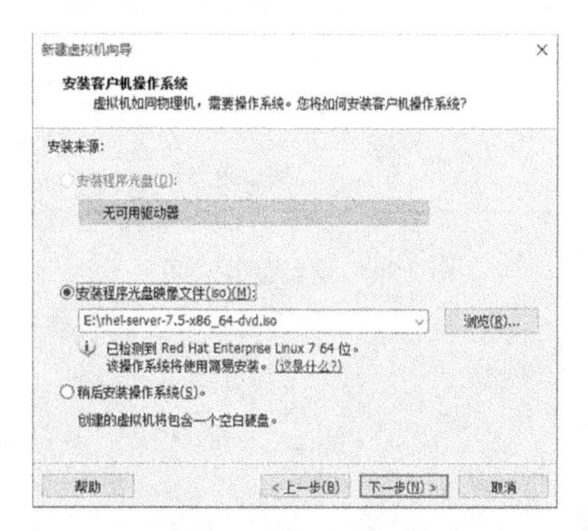

图 2.31　选择安装映像

（3）进入简易安装信息界面，输入用户名和密码，单击“下一步”按钮，如图 2.32 所示；进入命名虚拟机界面，命名虚拟机，并且修改虚拟机在硬盘中的存放位置，单击“下一步”按钮，如图 2.33 所示。

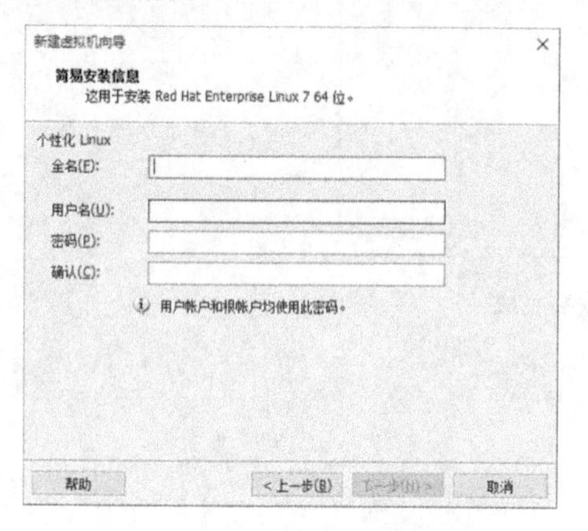

图 2.32　输入用户名和密码

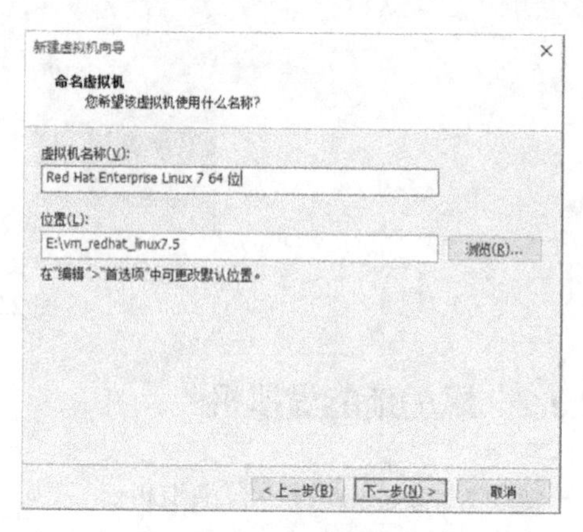

图 2.33　命名虚拟机

（4）进入指定磁盘容量界面，如果默认的 20GB 够用，就不用修改，单击“下一步”按钮，如图 2.34 所示；进入创建完成界面，取消勾选“创建后开启此虚拟机”复选框，单击“完成”按钮，如图 2.35 所示。

（5）添加完成后可以看到虚拟机的一些硬件配置信息，如图 2.36 所示。

注意： 如果勾选了“创建后开启此虚拟机”复选框，则 VMware 会在单击“完成”按钮后立即让虚拟机开机。

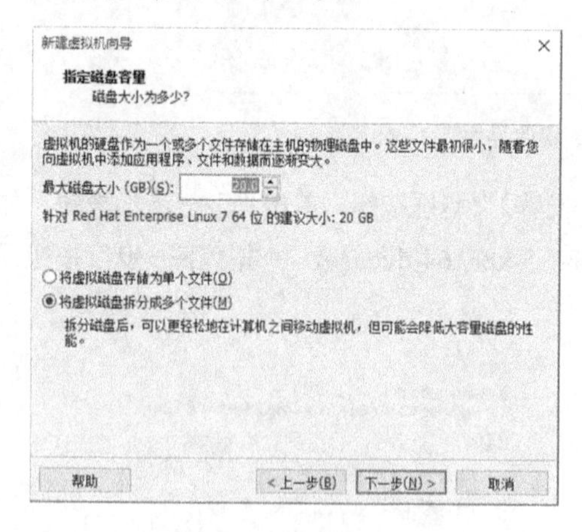

图 2.34　设置磁盘空间

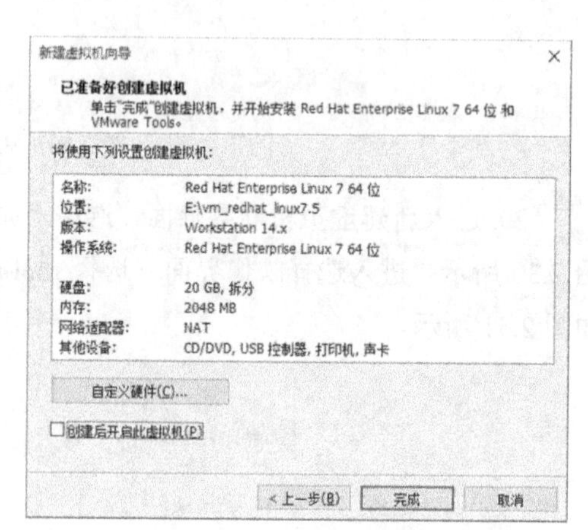

图 2.35　完成创建虚拟机

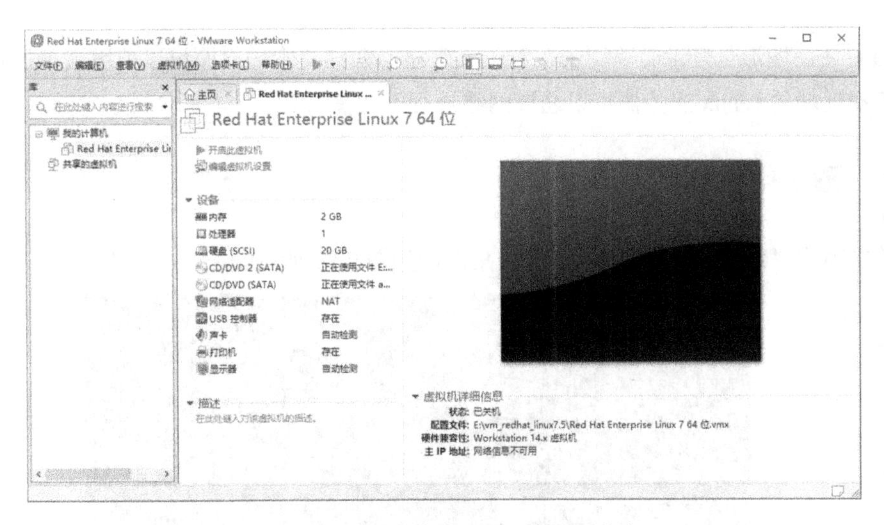

图 2.36　创建好的虚拟机的一些硬件配置信息

2.3.3　安装 Linux 系统

创建好新的虚拟机后，接下来需要在虚拟机中安装 Linux 系统。单击“编辑虚拟机设置”，可以观察到虚拟机的光盘多了一个光驱，如图 2.37 所示，光驱及光驱中的文件是 VMware 软件自动添加的。为了简化安装过程，在本次安装过程中，此处选择删除这个光驱，进行完整的系统安装，如图 2.38 所示。

设置好后，单击界面上的绿色启动按钮来开启虚拟机进行 Linux 系统安装，安装过程与从光盘安装 Linux 系统一致。

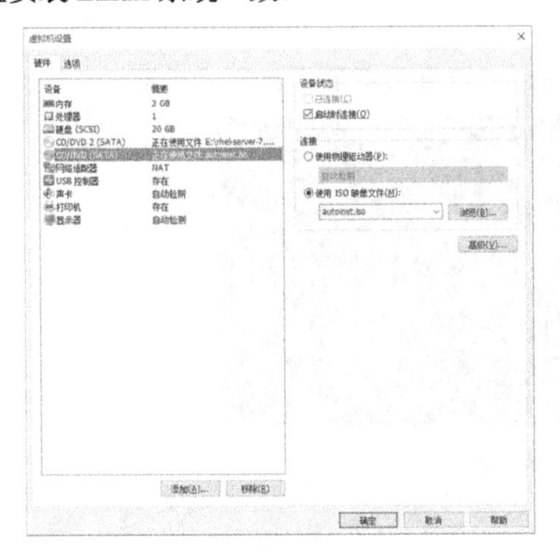

图 2.37　2 个光驱的配置

图 2.38　将多余光驱删除

2.4　登录 Linux

Linux 的登录方式有 3 种，分别是图形化登录、虚拟控制台登录和远程登录。对于有桌面的 Linux 使用图形化登录简单明了，对于没有桌面的纯文本的界面可以使用虚拟控制台登录，对于管理远端的 Linux 服务器可以通过网络进行远程登录。

2.4.1 图形化登录

单击用户“linux”，输入密码后进入桌面，如图 2.39 所示。

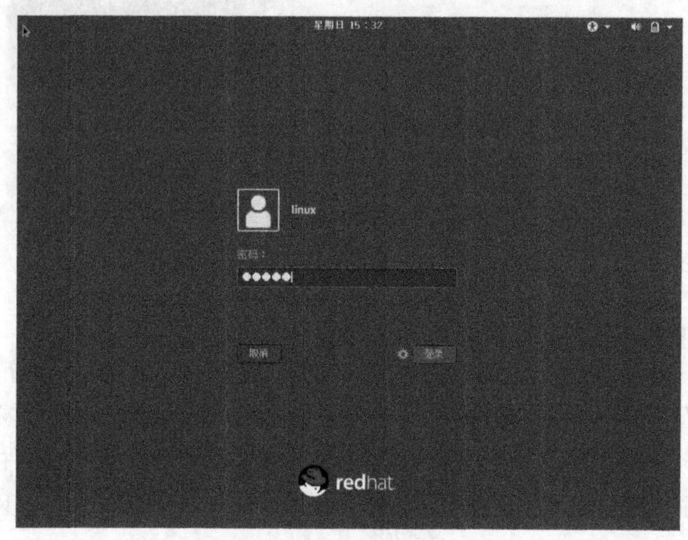

图 2.39 登录界面

2.4.2 虚拟控制台登录

没有安装界面的 Linux，启动后进入纯文本界面，如图 2.40 所示。

```
Red Hat Enterprise Linux Server 7.5 (Maipo)
Kernel 3.10.0-862.el7.x86_64 on an x86_64

bogon login: linux
Password:
Last login: Sat Feb 23 00:26:43 on :0
[linux@bogon ~]$ _
```

图 2.40 登录文本界面

2.4.3 远程登录

管理远端的 Linux 服务器，通过 SSH 协议（Security Shell，安全外壳协议）登录，需要服务器、客户机都安装 SSH 协议。在客户机上输入 ssh 命令，由客户机的用户 linux 登录远端的服务器（服务器的 IP 地址是 192.168.3.5），然后输入用户 linux 的密码，即可连接远端的 Linux 服务器。

```
#ssh linux@192.168.3.5
linux@192.168.3.5's password:
```

2.5　卸载 Linux

2.5.1　从硬盘上卸载 Linux

简单卸载 Linux 将硬盘格式化即可，执行如下命令，命令使用格式化工具 mkfs 将硬盘分区格式化。

```
#mkfs.ext3 /dev/sda1
```

如果系统中的信息比较敏感，则可以执行如下命令，命令使用随机数来填充硬盘分区 /dev/sda1，这样将彻底覆盖数据，不可以恢复。

```
#dd if=/dev/urandom of=/dev/sda1
```

2.5.2　从虚拟机中删除 Linux

这里也可以使用从硬盘上卸载 Linux 的办法，如果用户连新建的虚拟机也不要了，则可以在系统硬盘中找到虚拟机存放的位置，将虚拟机文件进行删除。

2.6　小结

本章主要介绍了 Linux 系统的安装及相关配置，其中详细介绍了安装 Linux 系统的准备工作、从光盘安装 Linux 系统、在虚拟机中安装 Linux 系统，以及 Linux 的登录和卸载，希望读者通过本章知识的学习进一步掌握 Linux 系统。

2.7　习题

1．简述 Linux 系统的安装流程。

2．简述虚拟机和真机不一样的地方。

3．下面哪些说法是错误的？（　）

A．Red Hat Enterprise Linux 7.5 安装时必须至少设置一个用户和密码

B．新建的多个虚拟机共享一台硬件机器的 CPU、内存等资源

C．Red Hat Enterprise Linux 只能进行桌面登录

D．使用 Linux 内核的发行版本都要遵循 Linux 内核协议

4．学习安装 Red Hat Enterprise Linux 后，尝试安装 Fedora、Ubuntu 最新版本映像。

2.8 上机练习——使用光盘安装 Red Hat Enterprise Linux 7.5 版本

实验目的：

安装 Red Hat Enterprise Linux 7.5 版本。

实验内容：

（1）下载 Red Hat Enterprise Linux 7.5 版本。

（2）将下载的映像刻录成光盘。

（3）按照本章描述安装完整的 Linux 系统。

第 3 章　图形桌面与命令行

图形桌面以其灵活便捷、彰显个性等特点近年来得到了广大用户的普遍认可。图标、菜单、面板和桌面背景的使用，在给用户提供便利的同时也让工作变得轻松、舒适。本章将以 Red Hat Enterprise Linux 7.5 为例进行相关讲解。

Linux 的桌面环境包括一个图形服务器、一种窗口环境、一个会话管理器，以及在桌面环境中运行的应用程序。GNOME 和 KDE 通过将上述所有内容整合在一起，构成了紧凑的集成桌面环境。Red Hat Enterprise Linux 7.5 内置了这两种桌面环境（从 Red Hat Enterprise Linux 7.6 开始不提供 KDE 支持），默认安装 GNOME。

桌面环境已经远远超越了简单的视觉体验，在每个桌面环境中，用户可以获得一整套桌面应用程序和个性化配置工具。

因为学习 Linux 的主要目的是将其当作生产工具，所以 Linux 的核心作用依然在其服务器方面，无论桌面环境如何，甚至不需要桌面，对于 Linux 维护管理，快速高效的工具依然是终端。

本章内容包括：

- Linux 图形桌面概述。
- 使用 GNOME 图形桌面。
- Linux 的终端窗口。

3.1　Linux 图形桌面概述

桌面指的是展示在屏幕上的窗口、菜单、面板、图标和其他图形元素的总和。最初，操作系统（例如 Linux 或 DOS）是以纯文本方式操作的，没有鼠标，没有颜色，只能在屏幕中输入并运行各种命令。图形桌面提供了更直观的方式来使用计算机。Linux 图形桌面一般由以下几部分组成：

- X 窗口系统。
- KDE 或 GNOME 桌面环境。
- Metacity 窗口管理器。
- 桌面主题。

在 Red Hat Linux 过去的几个版本中，为了让 KDE 和 GNOME 在许多方面看起来更相似，Red Hat 做了许多修改。尽管事实上 KDE 和 GNOME 在底层有非常大的区别，但是在所有的 Red Hat Enterprise Linux 的发行版中，图标、菜单、面板和许多 Red Hat 系统工具在两种桌面环境中看起来是一样的。例如，在 Red Hat Enterprise Linux 的发行版中几乎看不出 KDE 和 GNOME 桌面环境有什么区别。

KDE 附带了更多的集成应用程序和设置桌面首选项的工具，GNOME 则倾向于提供给用户相对简单、高效的桌面环境。由于从 Red Hat Enterprise Linux 7.6 开始不提供 KDE 支持，所以本章以 GNOME 图形桌面教学。

3.2 使用 GNOME 图形桌面

GNOME 是 GNU Network Object Model Environment 的缩写，是基于 GPL 的完全开放的软件，在 GNU 许可下进行发布。除了 Red Hat Enterprise Linux 平台 ，GNOME 在 FreeBSD、MacOS X 及 Solarix 等平台上都有广泛的应用。GNOME 是一个相当友好的桌面环境，包括面板、桌面，以及一系列的桌面工具和应用程序，可以帮助用户比较容易地使用和配置计算机。用户可以随心所欲地定制自己的桌面，还可以完全在图形环境下完成对 Linux 主机的配置。近年来，Red Hat 给予了 GNOME 强大的支持，GNOME 也是 Red Hat Enterprise Linux 的默认选择。

3.2.1 进入 GNOME 桌面

GNOME 具备所有传统操作系统桌面的功能，用户可以像在 Windows 中使用桌面环境一样使用 GNOME 桌面。例如，可以将文件、程序和目录直接拖放到桌面上。

Metacity 是 GNOME 默认的窗口管理器，通过 GNOME 的首选项可以改变 Metacity 的主题、颜色和窗口装饰等元素。GNOME 桌面如图 3.1 所示，将鼠标光标移动到右上角的小红帽处，可以看到系统的快捷应用，如图 3.2 所示。

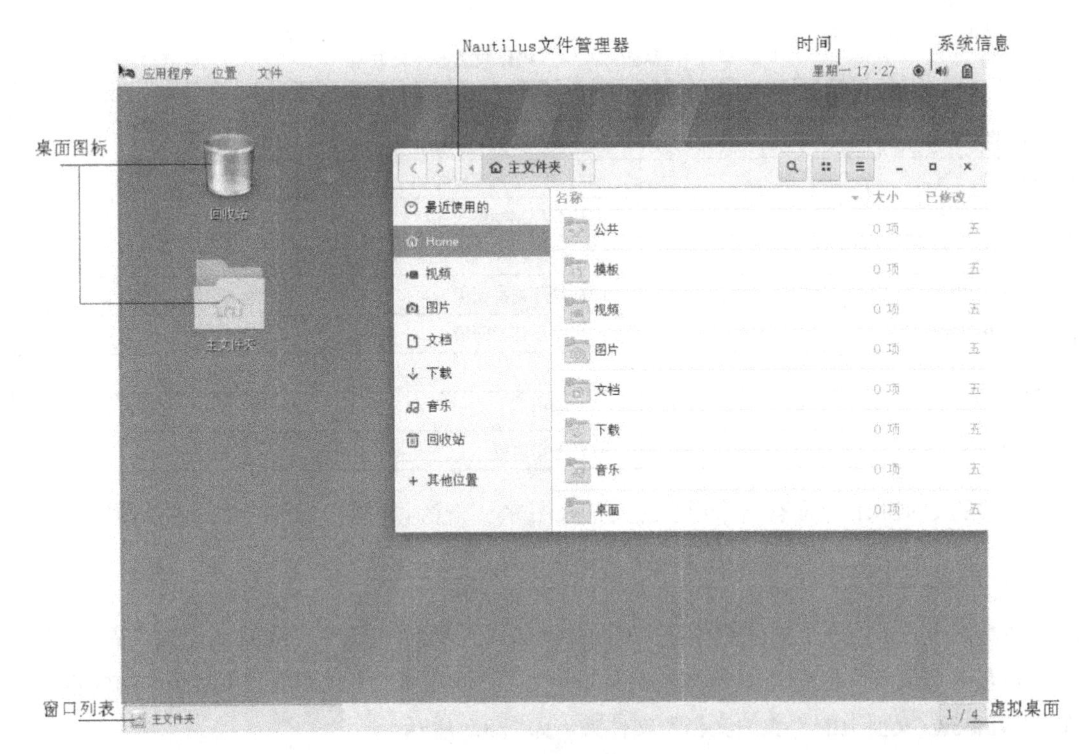

图 3.1　GNOME 桌面

图 3.2　GNOME 系统的快捷应用

Metacity 可以协助用户高效地完成复杂的窗口操作。Metacity 窗口操作快捷键及其说明如表 3.1 所示。

表 3.1　Metacity 窗口操作快捷键及其说明

快 捷 键	说　明
窗口聚焦	
Alt+Tab	向前循环切换窗口图标
Alt+Shift+Tab	向后循环切换窗口图标
面板聚焦	
Alt+Ctrl+Tab	向前循环切换面板
Alt+Ctrl+Shift+Tab	向后循环切换面板
其他	
Alt+F4	关闭窗口
Alt+Space	打开窗口菜单

默认的 GNOME 桌面有一个用户主文件夹图标、一个计算机图标和一个回收站图标。

1. 用户主文件夹

在桌面上双击用户主文件夹图标（例如，“root 的主文件夹”或“linux 的主文件夹”，这里的用户名由登录用户名决定），将打开 Nautilus 文件管理器窗口，显示用户主目录中的内容，类似于 Windows 桌面上的“我的文档”文件夹，如图 3.3 所示。

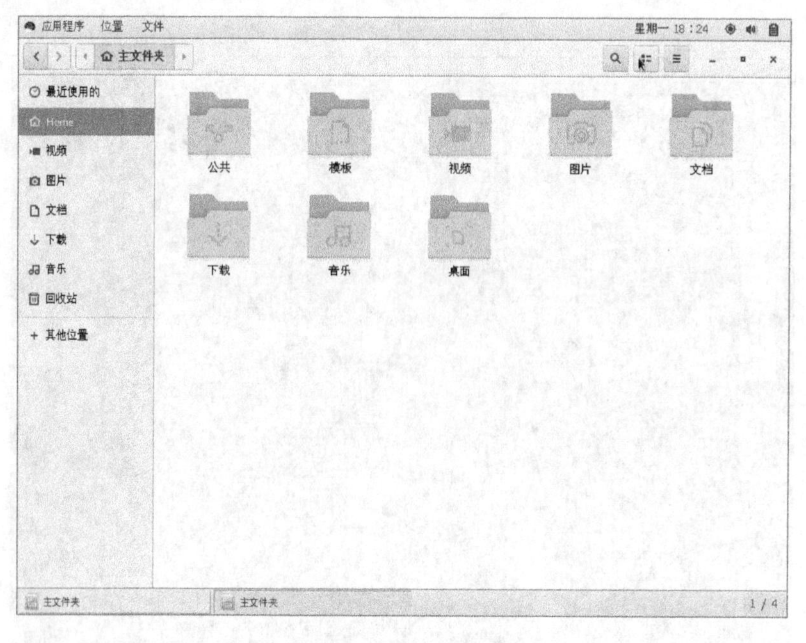

图 3.3　Linux 的主文件夹窗口

单击最小化窗口按钮（窗口标题栏右方第一个按钮），可以最小化当前窗口。单击桌面中最小化的窗口可以将其恢复到桌面。单击最大化窗口按钮（窗口标题栏右方第二个按钮），可将窗口扩展到整个桌面。双击标题栏也可以实现窗口的最大化。单击“×”按钮可以关闭窗口。利用 Nautilus 文件管理器窗口可以完成如下一些工作。

- 创建文件夹：单击如图 3.4 所示的按钮，选择“新建文件夹”选项，输入文件夹的名称，即可创建一个新的文件夹；也可在窗口空白区域单击鼠标右键，在弹出的快捷菜单中选择“新建文件夹”命令。

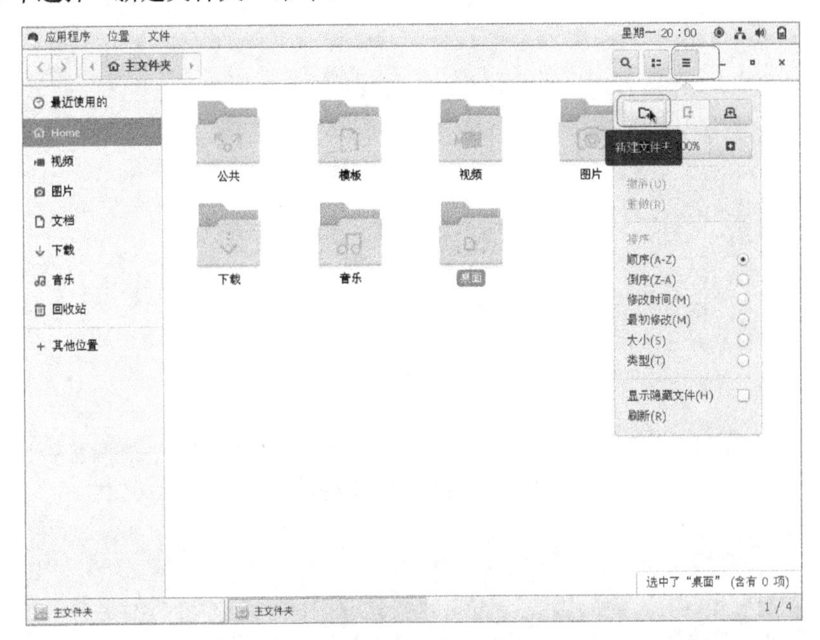

图 3.4　新建文件夹

- 打开一个文件夹：要打开计算机中的一个文件夹，可单击 Nautilus 文件管理器窗口左侧最下方的“其他位置”选项，然后找到文件路径，打开该文件夹。如果当前目录中有子文件夹，则只需双击该文件夹，即可进入其子文件夹。如果需要返回上一级文件夹，则只需在窗口左上角单击当前目录名，然后从弹出的菜单中选择返回的更高一级的文件夹即可。
- 打开方式：在目录中的任何一个文件图标上单击鼠标右键，如果该文件是文本文件，则可以在弹出的快捷菜单中选择“用文本编辑器打开”命令，系统默认调用 gedit 打开该文件；如果是非文本文件，则可以在弹出的快捷菜单中选择“使用其他程序打开”命令，此时会弹出“选择应用程序”列表框，如图 3.5 和图 3.6 所示，从列表框中选择一个应用程序，单击“选择”按钮即可。
- 组织文件：出于数据安全的需要，用户的个人数据（包括用户文档、音乐、录像或从数码相机中下载的照片）应尽量保存在用户自己的主目录或其下面的子目录中。由于用户的主目录是不能被除根用户外的其他用户访问的，因此可以有效地保护用户的数据。对已创建的文件或文件夹，可以执行删除、移动和重命名等操作进行重新组织，具体操作步骤如表 3.2 所示。

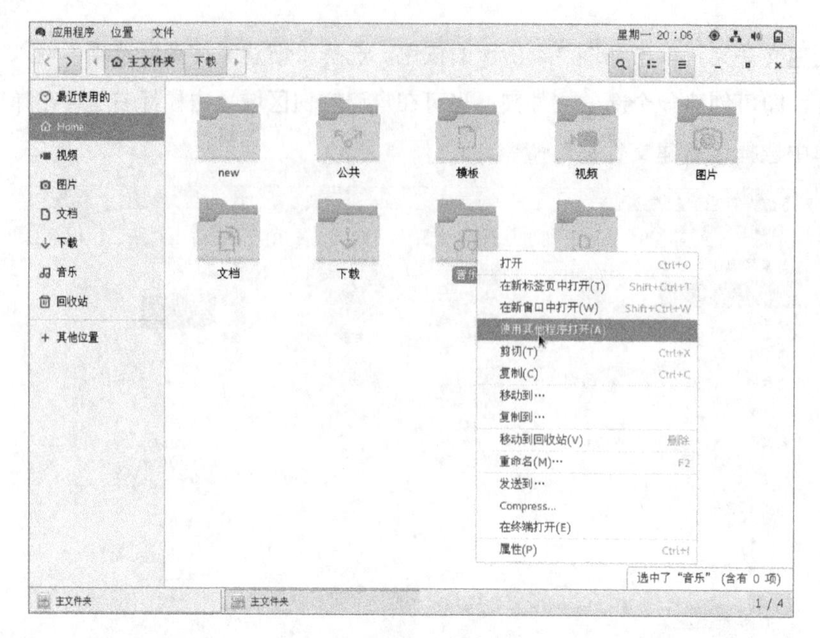

图 3.5　使用其他程序打开

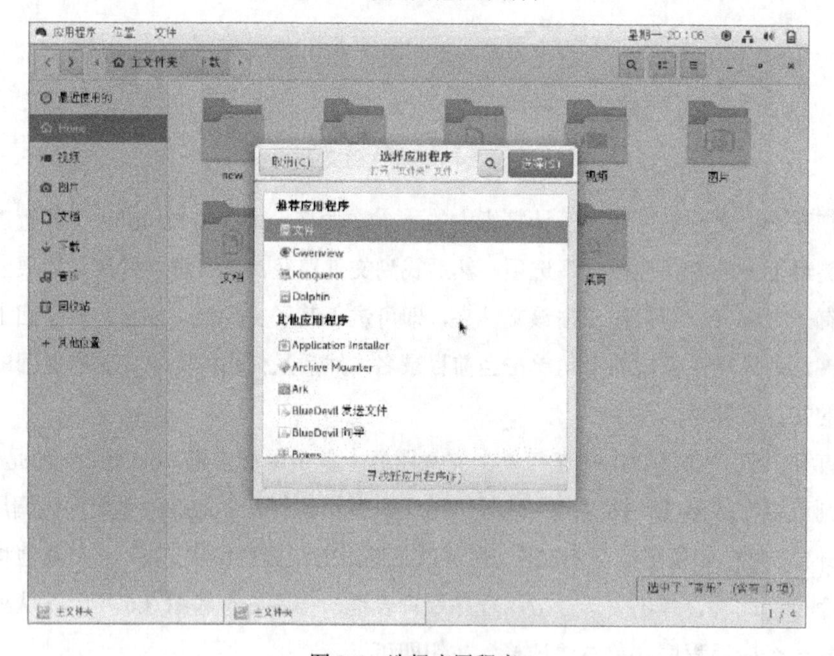

图 3.6　选择应用程序

表 3.2　文件或文件夹操作及其步骤

操　作	步　骤
移动	将一个文件或文件夹拖放到另一个文件夹图标上或文件夹窗口中
删除	将一个文件或文件夹拖放到回收站图标上或按“Delete”键
重命名	在一个文件或文件夹图标上单击鼠标右键，在弹出的快捷菜单中选择“重命名”命令，然后输入新的名称

2．打开“其他位置”文件

单击窗口左侧“其他位置”选项，可以进入如图 3.7 所示的界面，其中包括本地文件系统和网络。

图 3.7　其他位置界面

3．虚拟桌面

GNOME 在默认环境下，提供 4 个虚拟桌面（也称工作区）。用户通过单击面板上的“切换区域”，可以在各个虚拟桌面之间进行切换。虚拟桌面为用户同时处理多个程序提供了一种更好的组织方式。用户在每个虚拟桌面上都可以运行若干程序，而且各桌面之间不会互相干扰。

4．桌面快捷菜单

在 GNOME 桌面上的空白区域单击鼠标右键，会弹出桌面快捷菜单，如图 3.8 所示。

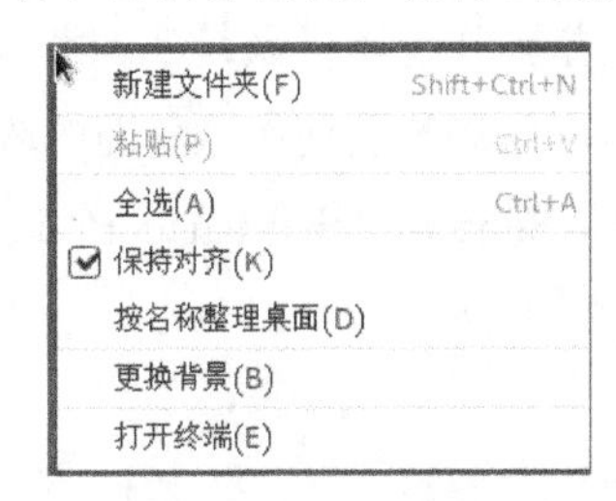

图 3.8　桌面快捷菜单

3.2.2 GNOME 命令行模式

虽然以 GNOME 和 KDE 为代表的图形环境近几年取得了极大的成功，但 Linux 环境下的命令行模式以其快捷高效的优点依然是服务器、工作站所使用的控制方式。在 Linux 环境下，图形桌面只作为命令行的一个补充，方便不熟悉 Linux 的用户使用。在 GNOME 环境下进入命令行模式有两种方法：

- 在桌面上单击鼠标右键，然后在弹出的桌面快捷菜单中选择“打开终端”命令。
- 在“应用程序”菜单中选择“系统工具”→“终端”命令。

可以直接在打开的终端窗口提示符下输入命令，按回车键执行命令。例如，显示全年的日历，可以输入命令“cal -y”，终端窗口如图 3.9 所示。

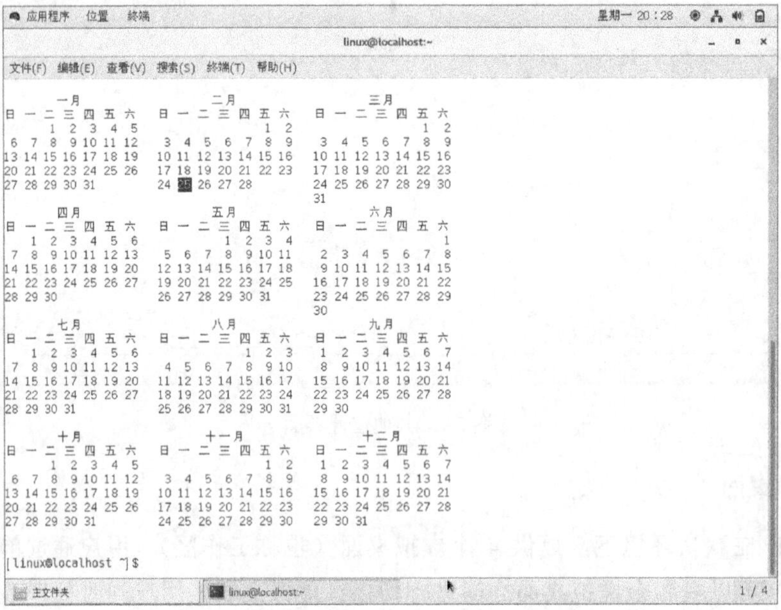

图 3.9 在 GNOME 环境下打开终端窗口

3.2.3 添加和删除软件包

在 Red Hat Enterprise Linux 7.5 中添加和删除软件包可以通过“Application Installer”来实现。在面板上的“应用程序”菜单中选择“系统工具”选项，可以打开“Application Installer”对话框，如图 3.10 所示。如果需要使用这里面的软件进行注册，则可以打开“应用程序”→“系统工具”→“Red Hat Subscription Manager”进行注册，如图 3.11 所示，账号从 Red Hat 处购买。

图 3.10 “Application Installer”对话框

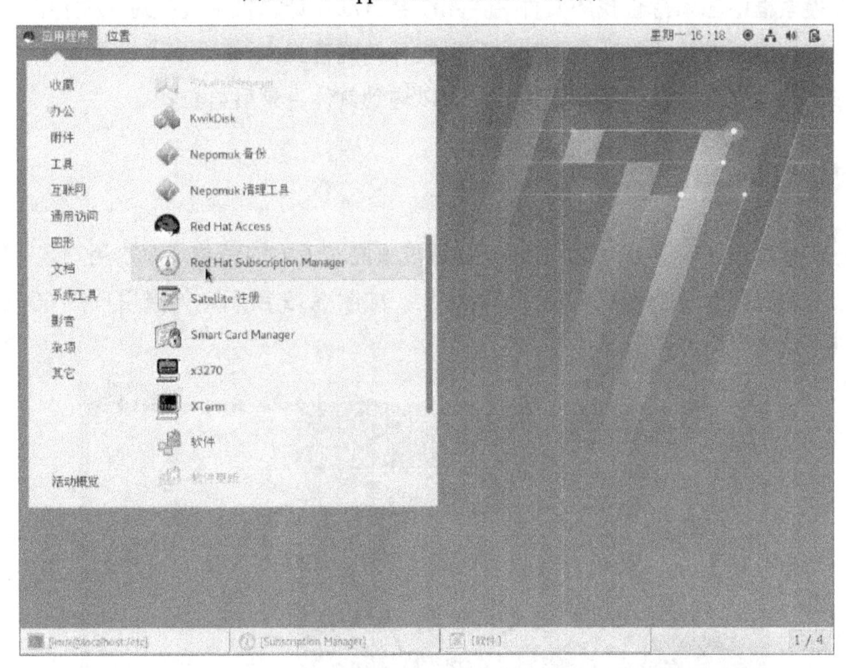

图 3.11　Red Hat Subscription Manager

3.2.4　查找文件

在 Red Hat Enterprise Linux 7.5 中可以很容易地实现文件的查找。

（1）单击面板上的“位置”菜单，在菜单中选择“计算机”选项，系统会弹出计算机系统文件，如图 3.12 所示。

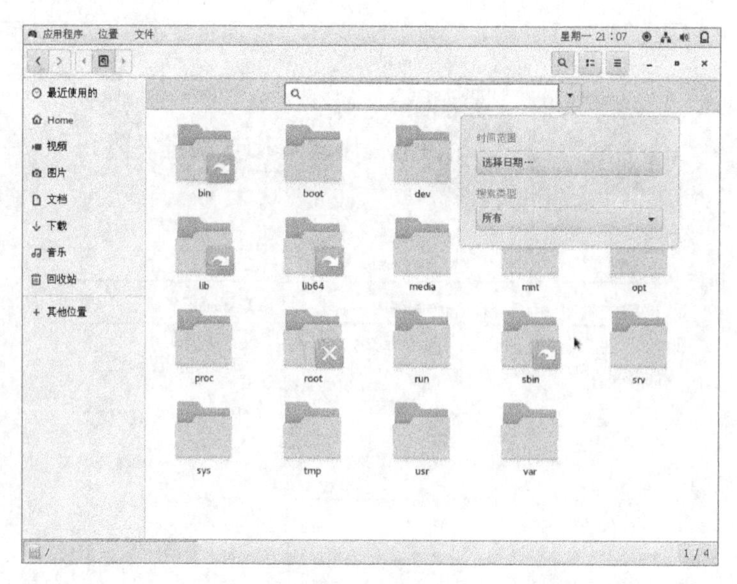

图 3.12 查找文件

（2）在搜索框中输入待查找的文件名，系统会自动在计算机中查找对应文件。

（3）单击搜索框右侧的倒三角按钮，可以进行精确查找。

（4）如果知道文件所在的具体目录，则可以进到具体目录后再查找。

3.2.5 退出 GNOME 桌面

当用户需要退出 GNOME 桌面时，可以通过桌面右上方的菜单，单击用户名“linux”后，选择“注销”命令，系统会弹出系统注销对话框，如图 3.13 所示。如果用户在 60 秒内没有做出选择，则系统会自动注销。

图 3.13 选择“注销”命令

3.3 Linux 的终端窗口（命令行）

早期的 Linux 系统并没有现在的 Linux 系统所具备的 X-Window 图形化管理界面，而只有命令行终端模式来实现人机交互。后来由于 Linux 系统的影响力越来越大，使用的用户也越来越多，为了方便普通用户使用 Linux 系统，才设计并开发出了 X-Window 图形化管理界面。但是原来的命令行终端模式仍然是主流的工具，并且发挥着非常重要的作用。

可以采用以下 3 种方法进入命令行终端工作方式：

- 在图形桌面下启动终端窗口进入命令行终端工作方式。
- 在系统启动时直接进入命令行终端工作方式。
- 使用远程登录方式。

3.3.1 启动终端窗口

Red Hat Enterprise Linux 7.5 与以往的版本一样，在 X-Window 图形环境中仍然保留了命令行终端窗口。在桌面的“应用程序”菜单中选择“系统工具”→“终端”命令，即可打开命令行终端窗口。在 X-Window 图形环境中打开命令行终端窗口的过程如图 3.14 所示。

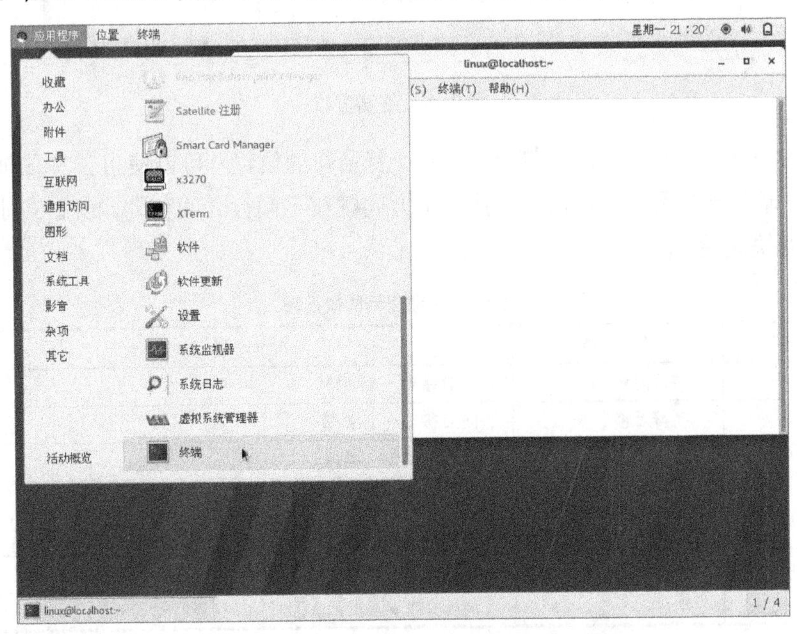

图 3.14 打开命令行终端窗口

打开命令行终端窗口后，会看到一个 Shell 提示符。若根用户登录系统，则提示符为“#”；若普通用户登录系统，则提示符为“$”。用户可以在提示符下输入带有选项和参数的字符命令，并能够在终端窗口中看到命令的运行结果。命令执行结束后，系统会重新返回一个提示符，等待接收新的命令。

3.3.2 终端窗口的常规操作

在如图 3.15 所示的终端窗口中选择“文件”→“打开终端”命令或按快捷键“Shift+Ctrl+N”可以新建一个终端窗口；选择“文件”→“打开标签”命令或按快捷键“Shift+Ctrl+T”可以新建一个标签。

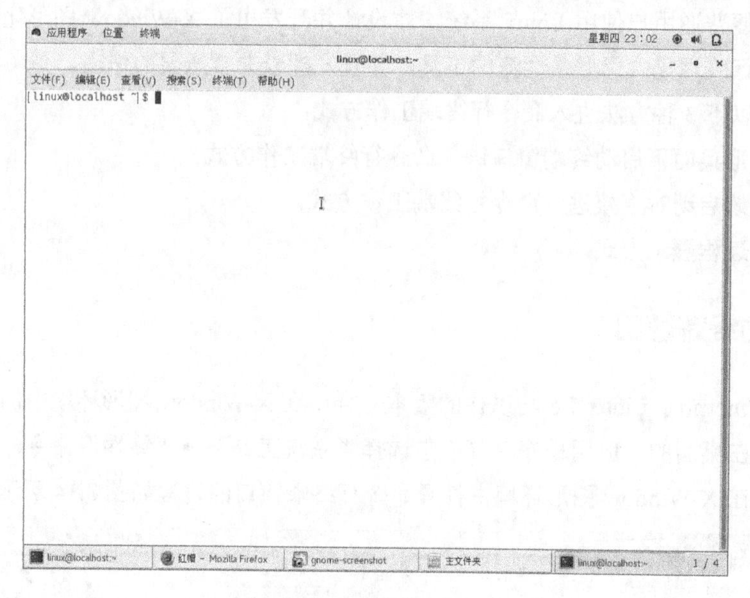

图 3.15 终端窗口

在编辑命令行时，新输入的字符会出现在光标所在的位置，可以使用左右方向键把光标在命令行上从一端移动到另一端，也可以按上下方向键在不同行之间移动。表 3.3 列出了可以用来移动光标的快捷键。

表 3.3 移动光标的快捷键

快 捷 键	功 能	说 明
Ctrl+f	字符前移	向前移动一个字符
Ctrl+b	字符后移	向后移动一个字符
Alt+f	单词前移	向前移动一个单词
Alt+b	单词后移	向后移动一个单词
Ctrl+a	行起始	移动到当前行的行首
Ctrl+e	行结尾	移动到当前行的行尾
Ctrl+l	清屏	清屏并在屏幕的最上面开始一个新行

表 3.4 列出了编辑命令行时输入字符的一些快捷方式。

表 3.4 编辑命令行时输入字符的快捷方式

快 捷 键	功 能	说 明
Ctrl+d	删除当前位	删除当前的字符
Backspace	删除前一位	删除前一个字符
Ctrl+t	调换字符	调换当前字符和前一个字符的位置

续表

快　捷　键	功　　能	说　　明
Alt+t	调换单词	调换当前单词和前一单词的位置
Alt+u	大写单词	把当前单词变成大写单词
Alt+l	小写单词	把当前单词变成小写单词
Alt+c	首字母大写单词	把当前单词变成首字母大写的单词

表3.5列出了在命令行中实现剪切和粘贴的快捷方式。

表3.5　命令行中剪切和粘贴的快捷方式

快　捷　键	功　　能	说　　明
Ctrl+k	剪切至行末	剪切文本直到行的末尾
Ctrl+u	剪切至行首	剪切文本直到行的起始
Ctrl+w	剪切前个单词	剪切光标前的单词
Alt+d	剪切下一个单词	剪切光标后的单词
Shift+Ctrl+y	粘贴最近文本	粘贴最近剪切的文本
Ctrl+c	删除整行	删除整行

在Red Hat Enterprise Linux中，命令行是区分大小写的。例如，系统会认为“student”与“Student”是两个不同的名字。

3.3.3　命令行自动补全

为了简化打字工作，Bash Shell提供了几种可以对输入不完整的值进行自动补全的方法。如果想要对输入进行自动补全，则只需输入初始的几个字符，然后按“Tab”键，系统就会自动匹配所需的其余输入。当有多种匹配时，系统会给出提示，按“Esc+?”组合键或按两次“Tab”键，可以列出所有可能的匹配。自动补全可以应用在下面4类输入工作中。

1. 用环境变量名补全

如果输入的文本以“$”开始，Shell就以当前Shell的一个环境变量名补全文本。例如：

```
    //按两次“Tab”键，系统列出环境变量中所有第一个字母为 “P”的可能匹配关键字，在显示之后，返回原来的命令行，等待用户选择
    # echo  $P  <TAB><TAB>
    $PATH            $PPID             $PS1          $PS4
    $PIPESTATUS      $PROMPT_COMMAND   $PS2          $PWD
    # echo  $PA  <TAB>                //匹配了 PATH 环境变量
    /usr/lib/qt-3.3/bin:/usr/kerberos/sbin:/usr/kerberos/bin:/usr/local/sbin:
/usr/local/bin:/sbin:/bin:/usr/sbin:/usr/bin:/usr/X11R6/bin:/root/bin
```

如果仅输入“$”，则系统会按字母顺序列出所有的环境变量：

```
    $ $   <TAB><TAB>                 //按两次“Tab”键，系统列出所有的环境变量
    $_
    $BASH
    $BASH_ARGC
```

```
$BASH_ARGV
$BASH_COMMAND
$BASH_LINENO
$BASH_SOURCE
$BASH_SUBSHELL
$BASH_VERSINFO
$BASH_VERSION
$COLORS
$COLORTERM
…
```

2．用用户名补全

如果输入的文本以波浪线“～”开始，则 Shell 会以用户名补全文本。例如：

```
# cd  ~s  <TAB><TAB>           //按两次“Tab”键，系统列出所有以字母“s”开头的用户名
~sabayon     ~smmsp/      ~sshd/
~shutdown/  ~squid/      ~student1/  ~sync/
# cd  ~st  <TAB><TAB>          //按两次“Tab”键，匹配了用户名 student1
#pwd
/student1
```

3．用命令、别名或函数名补全

如果输入的文本以常规字符开始，则 Shell 将尝试利用命令、别名或函数名来补全文本。例如：

```
# ls
chage_li  man_chage  student1  student3  teacher1
# cd  t  <TAB>       //按一次“Tab”键，匹配了 teacher1 目录名
#pwd
/home/teacher1
```

4．用主机名补全

如果输入的文本以“@”开始，则系统会利用/etc/hosts 文件中的主机名来补全文本。例如：

```
# mail  root@    <TAB><TAB>    //按两次“Tab”键，系统列出所有可用的主机名
@::1                     @localhost4.localdomain4  @localhost.localdomain
@localhost                @localhost6
@localhost4               @localhost6.localdomain6
```

表 3.6 列出了自动补全的快捷方式及其说明。

表 3.6　自动补全的快捷方式及其说明

快 捷 键	说　明
Alt+～	以一个用户名补全此处的文本
Alt+$	以一个环境变量名补全此处的文本
Alt+@	以一个主机名补全此处的文本
Ctrl+x+～	列出可能的用户名补全
Ctrl+x+$	列出可能的环境变量名补全

续表

快 捷 键	说　明
Ctrl+x+@	列出可能的主机名补全
Ctrl+x+!	列出可能的命令名补全

3.3.4　命令行的帮助

Red Hat Enterprise Linux 7.5 与以往的版本一样，在 X-Window 图形环境中仍然保留了命令行终端窗口。

1. man 命令

man 命令用于查看 Linux 系统的手册。手册是 Linux 中广泛使用的联机帮助形式，其中不仅包括常用的命令帮助说明，还包括配置文件、设备文件、协议和库函数等多种信息。man 命令的一般格式为：

```
man  [选项]  [命令名]
```

例如，使用 man 命令查看 clear 命令的帮助说明：

```
# man clear
clear(1)                                                    clear(1)
NAME
       clear - clear the terminal screen     //清空终端屏幕命令——clear
SYNOPSIS
       clear              //语法
DESCRIPTION
       clear clears your screen if this is possible.  It looks in the environ-
       ment for the terminal type and then in the terminfo database to  figure
       out how to clear the screen.
       clear ignores any command-line parameters that may be present.
SEE ALSO
       tput(1), terminfo(5)    //也可以查看man1 中的 tput 和 man5 中的 terminfo 命令
       This describes ncurses version 5.5 (patch 20060715).
```

手册一般包括 NAME、DESCRIPTION、FILES 和 SEE ALSO 等几个部分，按“q”键可以退出 man 命令的交互界面。

手册分为 man1～man9 9 个章节，对应 9 种类型，其说明如表 3.7 所示。

表 3.7　手册章节说明

章　节	说　明
man1	提供给普通用户使用的可执行命令说明
man2	系统调用、内核函数的说明
man3	子程序、库函数说明
man4	系统设备手册，包括“/dev”目录中的设备文件的参考说明
man5	配置文件格式手册，包括“/etc”目录下各种配置文件的格式说明

续表

章　节	说　明
man6	游戏的说明手册
man7	协议转换手册
man8	系统管理工具手册，这些工具只有根用户可以使用
man9	Linux 系统例程手册

也可以使用“man N intro”命令查看某一章手册的说明信息，其中“N”的取值为 1～9，与手册章节相对应。例如，查看第 4 章手册的说明信息如下：

```
#man  4  intro
INTRO(4)                Linux Programmer's Manual                INTRO(4)
NAME
       intro - Introduction to special files
DESCRIPTION
       This chapter describes special files.
FILES
       /dev/* — device files            //设备文件
AUTHORS
       Look  at  the header of the manual page for the author(s) and copyright
       conditions.  Note that these can be different from page to page!
SEE ALSO
       standards(7)
Linux                         1993-07-24                           INTRO(4)
(END)
```

如果在不同的章节中有相同的说明项，则可以在使用 man 命令的同时指定手册章节。例如，passwd 命令在 man1 和 man5 中均有帮助说明，若查看 passwd 命令在手册第 5 章中的帮助说明，则可以使用如下命令：

```
#man  5  passwd
PASSWD(5)               Linux Programmer's Manual               PASSWD(5)
NAME
       passwd - password file
DESCRIPTION             //passwd(5)描述内容如下
       Passwd  is  a text file, that contains a list of the system's accounts,
       giving for each account some useful information like user ID, group ID,
       home  directory,  shell,  etc.  Often,  it also contains the encrypted
       passwords for each account.  It should  have  general  read  permission
       (many  utilities, like ls(1) use it to map user IDs to user names), but
       write access only for the superuser.
       In the good old days there was no great problem with this general  read
       permission.  Everybody  could  read  the  encrypted passwords, but the
       hardware was too slow to crack a well-chosen  password,  and  moreover,
       the  basic  assumption  used  to  be that of a friendly user-community.
       These days many people run some version of the shadow  password  suite,
       where /etc/passwd has asterisks (*) instead of encrypted passwords, and
       the encrypted passwords are in /etc/shadow which  is  readable  by  the
       superuser only.
```

```
        Regardless of whether shadow passwords are used, many sysadmins use an
        asterisk in the encrypted password field to make sure that this user
        can not authenticate him- or herself using a password. (But see the
        Notes below.)
        If you create a new login, first put an asterisk in the password field,
        then use passwd(1) to set it. //在创建一个新用户时，应在password字段中
添加一个“*”符号，并用man1中介绍的passwd命令设置密码
```

2. info 命令

info 文档是 Linux 系统提供的另一种格式的帮助信息，与手册相比有更强的交互性。使用 info 命令可以查看 Texinfo 格式的帮助文档。

info 命令的格式为：

```
info [命令名]
```

例如，查找 passwd 命令的帮助信息，命令行如下：

```
#info passwd
PASSWD(1)                    User utilities                    PASSWD(1)
NAME
       passwd - update a user's authentication tokens(s)
SYNOPSIS
       passwd [-k] [-l] [-u [-f]] [-d] [-n mindays] [-x maxdays] [-w warndays]
       [-i inactivedays] [-S] [--stdin] [username]
… …
```

info 命令支持文件的链接跳转，使用方向键在显示的帮助文档中选择需要进一步查看的文件名，并按回车键，被选择的文件就会自动打开。

3. help 命令

Shell 命令数量众多，但没有独立的帮助文件。help 命令提供了对这些 Shell 命令的在线帮助支持。help 命令格式如下：

```
help [选项] [命令名]
```

选项意义如下。

-s：只显示命令格式。

例如，显示命令 cd 的命令行格式：

```
# help -s cd
cd: cd [-L|-P] [dir]
```

如果要查看命令 cd 的详细帮助信息，则命令行为：

```
# help cd
cd: cd [-L|-P] [dir]
    Change the current directory to DIR.  The variable $HOME is the
    default DIR.  The variable CDPATH defines the search path for
    the directory containing DIR.  Alternative directory names in CDPATH
```

```
    are separated by a colon (:).  A null directory name is the same as
    the current directory, i.e. `.'.  If DIR begins with a slash (/),
    then CDPATH is not used.  If the directory is not found, and the
    shell option `cdable_vars' is set, then try the word as a variable
    name.  If that variable has a value, then cd to the value of that
    variable.  The -P option says to use the physical directory structure
    instead of following symbolic links; the -L option forces symbolic links
    to be followed.
```

直接在待查询的命令后带上选项“--help”，也可查询该命令的帮助信息。例如，查询命令mkdir的帮助信息，命令行为：

```
# mkdir  --help
用法：mkdir [选项] 目录…
若目录不是已经存在则创建目录。
  -Z, --context=CONTEXT (SELinux) set security context to CONTEXT
长选项必须用的参数在使用短选项时也是必需的。
  -m, --mode=模式    设定权限<模式> (类似 chmod)，而不是 rwxrwxrwx 减 umask
  -p, --parents     需要时创建上层目录，如目录早已存在，则不当作错误
  -v, --verbose     每次创建新目录都显示信息
      --help      显示此帮助信息并退出
      --version   输出版本信息并退出
请向 <bug-coreutils@gnu.org> 报告错误。
```

help命令也可以查询自身的帮助信息，例如：

```
# help help
help: help [-s] [pattern …]
    Display helpful information about builtin commands.  If PATTERN is
   specified, gives detailed help on all commands matching PATTERN,
   otherwise a list of the builtins is printed.  The -s option
   restricts the output for each builtin command matching PATTERN to
   a short usage synopsis.
```

4. whereis 命令

whereis命令，顾名思义，就是用来查询文件存储位置的命令，通常用来查找一个命令的二进制文件、源文件或帮助文件在系统中的位置。whereis 命令的格式为：

```
whereis [选项] 命令名
```

其可用选项意义如下。

- -b：只查找二进制文件。
- -m：只查找帮助文件。
- -s：只查找source文件。

如果不带任何选项，则查找并显示所有相关文件。例如，查找命令mkdir的相关文件：

```
# whereis mkdir
mkdir: /bin/mkdir /usr/share/man/man1p/mkdir.1p.gz /usr/share/man/man3p/
mkdir.3p.gz /usr/share/man/man1/mkdir.1.gz /usr/share/man/man2/mkdir.2.gz
```

只查找与命令 mkdir 相关的二进制文件：

```
# whereis  -b  mkdir
mkdir: /bin/mkdir
```

只查找与命令 mkdir 相关的帮助文件：

```
# whereis  -m  mkdir
mkdir: /usr/share/man/man1p/mkdir.1p.gz /usr/share/man/man3p/mkdir.3p.gz
/usr/share/man/man1/mkdir.1.gz /usr/share/man/man2/mkdir.2.gz
```

5. whatis 命令

与 man 命令或 info 命令相比，whatis 命令可以提供更加简洁的帮助信息。whatis 命令在 whatis 数据库中进行查找，并显示与所输入的关键词相关的信息。

在使用 whatis 命令前应建立 whatis 数据库。该数据库只有系统管理员才能建立，建立所需的时间视系统软/硬件性能而定。建立 whatis 数据库的命令行为：

```
#makewhatis
```

whatis 数据库建立后，即可使用 whatis 命令进行查询。例如，查询 cd 命令的帮助信息：

```
# whatis  cd
cd                    (1p)  - change the working directory
cd [builtins]               (1)  - bash built-in commands, see bash(1)
```

6. apropos 命令

apropos 命令在 whatis 数据库中进行搜索，找出并显示包含所输入的字符串的所有数据。apropos 命令基于字符串，而 whatis 命令基于关键词，因而 apropos 命令通常会显示比 whatis 命令更多的信息。例如，查询 cd 命令的帮助信息：

```
# apropos  cd
/etc/nscd.conf [nscd]      (5)  - name service cache daemon configuration file
/usr/sbin/nscd [nscd]      (8)  - name service cache daemon
BN_gcd [BN_add]          (3ssl)  - arithmetic operations on BIGNUMs
Encode::EBCDIC           (3pm)  - EBCDIC Encodings
FcAtomicDeleteNew        (3)  - delete new file
… …
```

3.4　小结

本章主要讲述了 Linux 系统下的图形桌面与命令行，其中详细介绍了常见的 GNOME 桌面及其使用，并学习了高效的 Linux 控制方式命令行，希望读者通过本章的学习可以更好地操作 Linux 系统。

3.5 习题

1．简述命令行对于 Linux 控制和使用的意义。
2．简述桌面系统和终端的区别。
3．下面哪些是正确的说法？（ ）
   A．Linux 系统的桌面系统完全替代了终端
   B．Linux 高效的桌面系统，让系统无比流畅
   C．对于服务器而言，桌面系统是主要的交互方式
   D．在工程应用中终端依然是最高效、最值得学习的控制 Linux 的方式
4．使用 man 命令查找 open 命令的作用。
5．使用 whereis 命令查找 open 命令在文件系统的哪个路径下。

3.6 上机练习——简单的 man 命令的使用

实验目的：

了解 Linux 系统下使用终端的基本方法，通过查手册的方式学会使用陌生的命令。

实验内容：

使用 man 命令查找 open 命令。

（1）打开终端软件。
（2）输入 man open 查看详情，找到 SEE ALSO 选项，看是否有其他与 open 有关的命令。
（3）阅读 man 2 open 和 man 3 open，说出它们不一致的地方。

第 4 章　Linux 文件管理和常用命令

文件和目录管理是使用操作系统时经常涉及的基本工作。本章将系统介绍 Linux 文件系统的组织结构及权限管理，并对在 Red Hat Enterprise Linux 7.5 下如何完成对文件和目录的操作进行详细介绍。

本章内容包括：

➪ Linux 的文件系统。

➪ 文件和目录管理常用命令。

➪ 文件和目录访问权限管理。

➪ 文件/目录的打包、压缩及解压缩。

4.1　Linux 的文件系统

文件系统（File System）是操作系统用来存储和管理文件的方法。

4.1.1　Linux 文件系统的概念

从系统角度来看，文件系统对文件存储空间进行组织和分配，并对文件的存储进行保护和检查。从用户角度来看，文件系统可以帮助用户创建文件，并对文件的读、写和删除操作进行保护和控制。

4.1.2　Linux 文件系统的组织方式

不同的操作系统对文件的组织方式各不相同，其所支持的文件系统数量和种类也不一定相同。Linux 文件系统的组织方式称为文件系统分层标准（Filesystem Hierarchy Standard，FHS），即采用层次式的树状目录结构。在此结构的最上层是根目录“/”（斜杠），在根目录下是其他目录和子目录，如图 4.1 所示。

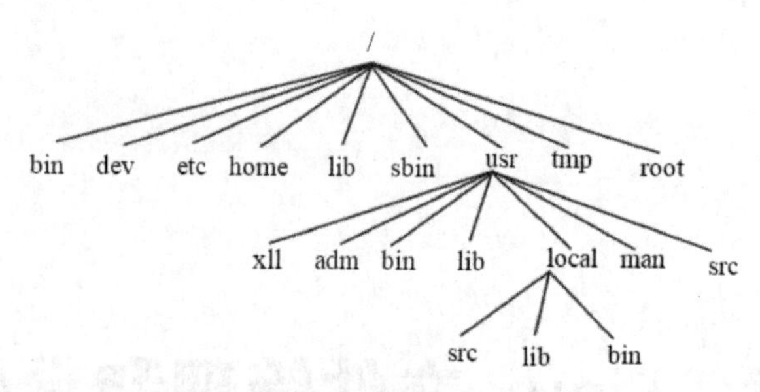

图 4.1 Linux 文件系统目录层次结构

Linux 与 DOS 及 Windows 一样，采用“路径”来表示文件或目录在文件系统中所处的层次。路径由以“/”为分隔符的多个目录名字符串组成，分为绝对路径和相对路径。所谓绝对路径，是指由根目录“/”为起点来表示系统中某个文件或目录的位置的方法。例如，如果用绝对路径表示图 4.1 中第 4 层目录中的 bin 目录，则应为“/usr/local/bin”。相对路径则是以当前目录为起点，表示系统中某个文件或目录在文件系统中的位置的方法。若当前工作目录是“/usr”，用相对路径表示图 4.1 中第 4 层目录中的 bin 目录，则应为“local/bin”或“./local/bin”，其中“./”表示当前目录，通常可以省略。

Linux 文件系统的组织方式与 Windows 操作系统不同。对于在 Linux 系统下使用的设备，不需要像 Windows 那样创建驱动器盘符，Linux 会将本地磁盘、网络文件系统、CD-ROM 和 U 盘等设备识别为设备文件，并嵌入 Linux 文件系统来进行管理。一个设备文件不占用文件系统的任何空间，仅仅是访问某个设备驱动程序的入口。Linux 系统中有两类特殊文件：面向字符的特殊文件和面向块（Block）的特殊文件。前者允许 I/O 操作以字符的形式进行，而后者通过内存缓冲区来使数据的读写操作以数据块的方式实现。当对设备文件进行 I/O 操作时，该操作会被转给相应的设备驱动程序。一个设备文件用主设备号（指出设备类型）和从设备号（指出是该类型中的第几个设备）来表示，可以通过 mknod 命令进行创建。硬盘等典型设备文件在 Linux 系统中的表示方法如表 4.1 所示。

表 4.1 硬盘等典型设备文件在 Linux 系统中的表示方法

设 备 名	在 Linux 系统中的表示方法
第一个 IDE 接口的 Master 硬盘	/dev/hda
第一个 IDE 接口的 Slave 硬盘	/dev/hdb
第二个 IDE 接口的 Master 硬盘	/dev/hdc
第二个 IDE 接口的 Slave 硬盘	/dev/hdd
第一个 SCSI 接口的 Master 硬盘	/dev/sda

Linux 文件名最长为 256 个字符，可以包括数字、字符，以及“.”“-”“_”等符号。Linux 文件名不像 DOS 或 Windows 文件名那样由主文件名和扩展文件名两部分组成，在 Linux 中没有扩展名的概念。在 Linux 环境下，文件名对大小写敏感（Case Sensitive），例如 test.txt 与 Test.txt 会被识别成两个不同的文件；而 DOS 或 Windows 平台是不进行大小写区分的。

4.1.3 Linux 系统的默认安装目录

按照 FHS 的要求（关于 FHS 的详细信息，可以在 http://www.pahtname.com/fhs 查询），Linux 系统在安装过程中会创建一些默认的目录。这些默认的目录都有其特殊的功能，不可随便将其更名，以免造成系统错误。表 4.2 列出了这些默认目录及其功能说明。

表 4.2 默认目录及其功能说明

目录名称	说明
/	Linux 文件系统的最上层根目录，其他所有目录均是该目录的子目录
/bin	Binary 的缩写，存放用户的可执行程序，如 cp 和 mv 等；也存放 Shell，如 bash 和 csh。不应把该目录放到一个单独的分区中，否则 Linux Rescue 模式无法使用这些命令
/boot	操作系统启动时所需的文件，包括 vmlinuz 和 initrd.img 等。若这些文件损坏，则会导致系统无法正常启动，因此最好不要任意改动
/dev	设备文件目录，例如/dev/sda 表示第一块 SCSI 设备，/dev/hda 表示第一块 IDE 设备
/etc	有关系统设置与管理的文件，包括密码、守护程序及与 X-Window 相关的配置。可以通过编辑器（如 Vi、gedit 等）打开并编辑相关的配置文件
/etc/X11	X-Window System 的配置目录
/home	普通用户的主目录或 FTP 站点目录，一般存放在/home 目录下
/lib	存放共享函数库（Library）
/mnt	文件系统挂载点（Mount），例如光盘的挂载点可以是/mnt/cdrom，软盘的挂载点可以是/mnt/floppy，Zip 驱动器为/mnt/zip
/opt	该目录通常提供给较大型的第三方应用程序使用，如 Sun Staroffice、Corel WordPerfect，可避免将文件分散至整个文件系统
/proc	保存目前系统内核与程序执行的相关信息，和利用 ps 命令看到的内容相同。例如，/proc/interrupts 文件保存了当前分配的中断请求端口号，/proc/cpuinfo 保存了当前处理器信息
/root	根用户的主目录
/sbin	System Binary 的缩写。此目录存放的是系统启动时所需执行的系统程序
/tmp	Temporary 的缩写，用来存放临时文件的目录
/usr	存放用户使用的系统命令和应用程序
/usr/bin	存放用户可执行的程序，如 OpenOffice 的可执行程序
/usr/doc	存放各种文档的目录
/usr/include	存放 C 语言用到的头文件
/usr/include/X11	存放 X-Window 程序使用的头文件
/usr/info	存放 GNU 文档的目录
/usr/lib	函数库
/usr/lib/X11	X-Window 的函数库
/usr/local	提供自动安装的应用程序位置
/usr/man	存放在线手册的目录
/usr/sbin	存放用户经常使用的程序
/usr/src	保存程序的源文件的目录，一般系统内核源码存放在/usr/src/Linux 目录下
/usr/X11R6/bin	存放 X-Window 的可执行程序
/var	Variable 的缩写，存放日志、邮件等经常变化的文件。由于/var 目录的大小经常变动，为了防止失去控制而侵占其他目录所需要的空间，建议将/var 安装到一个独立的分区上

4.1.4 Linux 文件系统的类型

Linux 是一种兼容性很高的操作系统，除了能够挂载各种类型的设备，还可以把其他各种文件系统挂载到 Linux 系统上。/proc/filesystems 文件中列出了系统当前可用的文件系统类型，其中不仅包括 UNIX 支持的各种文件系统类型，还包括 Windows 文件系统。对于普通用户而言，这些功能最普通的意义是允许用户使用软盘、U 盘和 CD-ROM 内的文件。

为了查看系统当前可用的文件系统类型，可以使用 cat 命令，如下所示：

```
#cat  /proc/filesystems
```

Linux 所支持的文件系统包括以下多种类型。

- Adfs：acron 磁盘文件系统，是在 RISC OS 操作系统中使用的标准文件系统。
- BeFS：BeOS 操作系统使用的文件系统。
- CIFS：通用 Internet 文件系统（Commnn Intemet File System，CIFS），用于访问符合 SNIA CIFS 标准的服务器。CIFS 对 SMB 协议（可用于在 Linux 和 Windows 之间共享文件）进行了改进和标准化，是一种虚拟文件系统。
- Ext：Ext 文件系统的第一个版本，现在已经很少使用。Ext2、Ext3、Ext4 是其升级版本，是目前 Linux 系统经常使用的文件系统。
- ISO9660：从 High Sierra （CD-ROM 使用的最初标准）发展而来的文件系统，是 CD-ROM 的标准文件系统。
- KAFS：AFS 客户端文件系统，用于分布式计算环境，可与 Linux、Windows 和 Macintosh 客户端共享文件。
- Minix：Minix 文件系统类型，最初用于 UNIX 的 Minix 版本，只支持长度在 30 个字符以下的文件名。
- MS-DOS：MS-DOS 文件系统。DOS、Windows 和 OS/2 使用该文件系统，不支持长文件名，主要用于挂载 Microsoft 操作系统生成的软盘。
- VFAT：Microsoft 扩展 FAT（VFAT）文件系统，支持长文件名，被 Windows 9x/2000/XP 使用。
- UMSDOS：扩展的 MS-DOS 文件系统，不仅支持长文件名，还保持了对 UID/GID、POSIX 权限和特殊文件（如管道、设备）的兼容。
- Proc：Proc 是一个基于内存的伪文件系统，不占用外存空间，只是以文件的方式为访问 Linux 内核数据提供接口。由于 Proc 文件系统是虚拟的，因此无须挂载。用户和应用程序可以通过/proc 得到系统的运行信息，并可以改变内核的某些参数。许多应用程序和工具依靠 Proc 来访问 Linux 内核信息。
- Reiser：ReiserFS 日志文件系统。

- Swap：用于交换（Swap）分区。交换分区是系统虚拟内存的一部分，用于在当前内存不足时暂时保存数据。数据被交换到交换分区后，当再次需要时调回内存。
- NFS：网络文件系统（Network File System，NFS）类型。
- HPFS：该文件系统用于只读挂载 OS/2 HPFS 文件系统。
- NCPFS：Novell NetWare 文件系统，可以通过网络挂载。
- AFFS：Amiga 计算机使用的文件系统。
- UFS：Sun Microsystems 操作系统（Solaris 和 SunOS）。
- XFS：一种在高性能环境中很有用的日志文件系统，支持完整的 64 位寻址，目前被更多服务器类型的 Linux 系统所接受。
- JFS：JFS 主要适合企业系统，是为大文件系统和高性能环境而设计的。
- Xiafs：与 Minix 文件系统相比，这种文件系统支持长文件名和更大的 i 节点。
- Coherent：System V 使用的文件系统类型。
- SMB：支持 SMB 协议的网络文件系统，可用于实现 Linux 与 Windows 系统的文件共享。

4.1.5 Linux 文件系统的组成

在 Red Hat Enterprise Linux 7.5 中，系统默认安装的是 XFS 文件系统。XFS 文件系统将磁盘分为 4 个部分，如图 4.2 所示。块 0 称为引导块，包含系统启动程序的磁盘区块。块 1 称为超级块，主要用来记录文件系统的配置方式，其中包括 i-node 数量、磁盘区块数量、未使用的磁盘区块，以及 i 节点表、空闲块表在磁盘中存放的位置等信息。由于超级块保存了极为重要的文件信息，因此系统将超级块冗余保存。系统在使用 fsck 等命令修复处于严重瘫痪状态的文件系统时，实际上就是在对超级块进行恢复操作。从块 2 开始是 i 节点（i-node，index-node 的缩写）表，i 节点表中记录的信息很多，包括文件大小、用户 UID、用户组 GID、文件存取模式（包括读、写或执行）、链接数目（文件每创建一个链接，链接计数加 1；每删除一个链接，链接计数减 1）、文件最后修改时间、磁盘区块地址和间接区块等。i 节点表之后的数据存储块用于存放文件内容。

引导块	超级块	i 节点表	数据存储块

图 4.2　XFS 文件系统磁盘划分

文件有逻辑结构和物理结构两种不同的组织方式。

逻辑结构是面向用户的，是用户可以看到的表示文件内容的字符流。例如，使用编辑命令 vi 或显示命令 cat 时所看到的文件内容。

物理结构是文件在磁盘上的存储组织方式，涉及具体的存放磁盘区块。用户所看到的文件内容是连续的，但实际上文件可能并不是以连续的方式存放在磁盘上的。

4.2 文件和目录管理常用命令

文件和目录管理涉及的命令比较多，在现存的各个版本的Linux系统中，各命令功能大体相同。

4.2.1 文件和目录操作常用通配符

在 Linux 文件系统中，可以使用通配符来匹配多个选择。常用的通配符及其说明如表 4.3 所示。

表 4.3 常用的通配符及其说明

通 配 符	说 明
*	用来代表文件中任意长度的任意字符
?	用来代表文件中的任意一个字符
[...]	匹配任意一个在中括号中的字符，中括号中可以是一个用破折号格式表示的字母或数字范围
前导字符串{...}后继字符串	大括号中的字符串逐一匹配前导字符串和后继字符串

例如，在当前目录下存在 cars、cat、can、cannon、truck、bus 和 bike 几个文件，要列出所有以字母“c”开头的文件，可使用如下命令：

```
#touch  cars  cat  can  cannon  truck  bus  bike
#ls  c*
cars cat can cannon
```

列出所有以字母“b”开头的文件，命令行如下：

```
#ls  b*
bike bus
```

列出所有第一个字母为“c”，最后一个字母为“n”的文件，命令行如下：

```
#ls  c*n
can cannon
```

列出所有包含字母“a”的文件，命令行如下：

```
#ls  *a*
cars cat can cannon
```

列出当前目录下的所有文件，命令行如下：

```
#ls  *
bike bus cars cat can cannon truck
```

通配符“？”只能匹配任意一个字符。例如，列出上例中所有第三个字母为“n”的文件，命令行如下：

```
#ls  ??n*
can cannon
```

列出所有第一个字母为“b”，第三个字母为“s”的文件，命令行如下：

```
#ls  b?s*
bus
```

中括号表示一个匹配的字符集，例如[123456]与[1-6]都表示数字 1 到 6。大写字母 A 到 D 之间的任意一个字符都可用[A-D]表示。多个集合之间可以用逗号分隔，例如[1-10,a-z,A-Z]表示数字 1 到 10、小写字母 a 到小写字母 z 及大写字母 A 到大写字母 Z。一个集合中若有前缀“!”，则表示除集合中包含的字符外的其他所有字符组成的集合，如表示所有的辅音组成的字符集可写成[!aeiou]。例如，要列出上例中所有以字母“b”或“c”开头的文件，命令行如下：

```
#ls  [b,c]*
bike bus cars cat can cannon
```

又如，列出所有以字母“b”或“c”开头，以字母“s”或“k”结尾的文件，命令行如下：

```
#ls  [b,c]*[s,k]
bus cars
```

大括号是用来查找文件的一个常用方法，例如以长格式列出 cars、cans 和 cats 文件的信息，可以使用如下命令：

```
#ls  -l  c{ar,an,at}s
```

4.2.2　显示文件内容命令——cat、more、less、head 和 tail

1. cat 命令：把一个文件发送到标准输出设备

cat 是 Concatenate 的缩写，用于把一个文件发送到标准输出设备，与 DOS 或 Windows 下的 type 命令相似。cat 命令可以对任意一个文件使用，屏幕将一次显示文件的所有内容，中间不停顿，不分屏。除显示文件内容外，cat 还具有由键盘读取数据和将多个文件合并的功能。其命令格式为：

```
cat [选项] [文件]...
```

cat 命令各选项及其说明如表 4.4 所示。

表 4.4　cat 命令各选项及其说明

选　项	说　明
-A,--show-all	等价于-vET
-b,--number-nonblank	对非空行输出行编号
-e	等价于-vE
-E,--show-ends	在每行结束处显示$
-n,--number	对输出的所有行编号
-S,--squeeze-blank	不输出多行空行
-t	与-vT 等价
-T,--show-tabs	将跳格字符 TAB 显示为^I
-v,--show-nonprinting	使用^和 M-符号显示非打印字符，但 LFD 和 TAB 除外
--help	显示帮助信息并离开

例如，显示 hello.c 文件内容的命令如下：

```
# cat  hello.c
hello world!
```

该命令可配合重定向符“>”创建小型文本。例如，将键盘输入的内容输出并重定向到文件 example1 中，按“Ctrl+d”（或“Ctrl+c”）组合键存盘退出，命令行如下：

```
# cat  > example1
aa bb cc dd
bb cc dd ee
cc dd ee ff
# cat  example1
aa bb cc dd
bb cc dd ee
cc dd ee ff
```

cat 命令可以联合输出多个文件的内容，例如：

```
# cat  example1
aa bb cc dd
bb cc dd ee
cc dd ee ff
# cat  example2
dd ee ff gg
ee ff gg hh
ff gg hh ii
# cat  example1  example2
aa bb cc dd
bb cc dd ee
cc dd ee ff
dd ee ff gg
ee ff gg hh
ff gg hh ii
```

如果要将上例中的example1和example2文件合并后放入新文件example3中，则命令行如下：

```
# cat  example1  example2  >  example3    //合并后输出到 example3 文件中
# cat  example3
aa bb cc dd
bb cc dd ee
cc dd ee ff
dd ee ff gg
ee ff gg hh
ff gg hh ii
```

如果要在显示输出的每行前自动添加行号（空白行除外），则可使用选项“-b”，命令行如下：

```
# cat  -b  example3
     1  aa bb cc dd
     2  bb cc dd ee
     3  cc dd ee ff
     4  dd ee ff gg
     5  ee ff gg hh
```

```
    6  ff gg hh ii
```

注意：使用选项“-n”会给所有行加上行号，即使空行也不例外。

2. more 命令：一次显示一屏信息

若信息未显示完，则屏幕底部将出现“-More-(xx%) ”。此时按空格键，可显示下一屏内容；按“Enter”键，显示下一行内容；按“Ctrl+b”键，显示上一屏内容；按“q”键可退出 more 命令。more 命令格式为：

```
more [选项] 文件名
```

more 命令的常用选项及其说明如表 4.5 所示。

表 4.5　more 命令的常用选项及其说明

选　项	说　明
+n	从第 *n* 行开始显示
-n	定义屏幕大小为 *n* 行
+/pattern	从 pattern 前两行开始显示
-c	从顶部清屏，然后显示
-d	提示“Press space to continue，‘q’ to quit”（按空格键继续，按“q”键退出），禁用响铃功能
-l	忽略 Ctrl+l（换页）字符
-p	通过清除窗口而不是滚屏来对文件进行换页，与-c 选项相似
-s	把连续的多个空行显示为一行
u	把文件内容中的下画线去掉

在查看一个内容较多、无法在一屏内显示的文件时，经常要用到 more 操作命令。常用的 more 操作命令及其说明如表 4.6 所示。

表 4.6　常用的 more 操作命令及其说明

操作命令	说　明
Enter	向下 *n* 行，需要定义。默认为 1 行
Ctrl+f	向下滚动一屏
空格键	向下滚动一屏
Ctrl+b	返回上一屏
=	输出当前行的行号
:f	输出文件名和当前行的行号
V	调用 Vi 编辑器
!	调用 Shell，并执行命令
q	退出 more 命令

例如，要显示文件 test 中从第 3 行起的内容，命令行如下：

```
#more  +3  test
```

再如，使用“+/pattern”选项，从文件 test 中查找第一个出现“teacher”字符串的行，并从该处前两行开始显示输出，命令行如下：

```
#more +/teacher test
```

若每屏显示 8 行，则命令行如下：

```
#more -8 test
```

又如，从终端顶部开始显示文件内容，并给出提示信息，命令行如下：

```
#more -dc test
```

3．less 命令：显示文件时允许用户既可以向前又可以向后翻阅文件

less 命令和 more 命令功能相似，在显示文件时允许用户既可以向前又可以向后翻阅文件。可以按“PageUp”键向前翻阅文件，按“PageDown”键向后翻阅文件；若要退出，则按“q”键。less 命令格式为：

```
less [选项] 文件名
```

less 命令的常用选项及其说明如表 4.7 所示。

表 4.7　less 命令的常用选项及其说明

选　项	说　明
-c	从顶部（从上到下）刷新屏幕，并显示文件内容，而不是通过底部滚动完成刷新
-f	强制打开文件，即使是二进制文件，也不提出警告
-i	搜索时忽略大小写，但搜索串中包含大写字母时除外
-I	搜索时忽略大小写，但搜索串中包含小写字母时除外
-m	显示读取文件的百分比
-M	显示读取文件的百分比、行号及总行数
-N	在每行前输出行号
-p pattern	例如在/etc/ftpuser 中搜索单词 student，可以使用“less -p student /etc/ftpuser”
-S	把连续多个空白行作为一个空白行显示
-Q	在终端下不响铃

在使用 less 命令查看文件时，使用一些常用的操作命令可以加快查找和定位的速度。less 常用的操作命令及其说明如表 4.8 所示。

表 4.8　less 常用的操作命令及其说明

操 作 命 令	说　明
回车键	向下移动一行
y	向上移动一行
空格键	向下滚动一屏
b	向上滚动一屏
d	向下滚动半屏
h	less 的帮助
u	向上滚动半屏
w	从指定行数的下一行开始显示，例如指定的值是 9，则从第 10 行开始显示
g	跳到第一行

续表

操 作 命 令	说 明
G	跳到最后一行
p n%	跳到 n%。例如 50%，表示从整个文档的 50%处开始显示
/pattern	搜索 pattern，例如/ftpuser，表示从文件中搜索单词 ftpuser
v	调用 Vi 编辑器
q	退出 less
!command	调用 Shell 命令，例如使用“!ls”，表示列出当前目录下的所有文件

例如，查看当前目录下 test 文件的内容，命令行如下：

```
#less  test
```

如果在显示文件 example3 的内容的同时加上行号，则命令行为：

```
#less  -N  example3
1  aa bb cc dd
2  bb cc dd ee
3  cc dd ee ff
4  dd ee ff gg
5  ee ff gg hh
6  ff gg hh ii
```

4．head 命令：查看文件前面的部分内容

cat 命令会一次输出文件的全部内容，而 head 命令则用于查看文件前面的部分内容。head 命令格式为：

```
head  [-n]  文件名
```

其中，-n 用于指定显示文件的前 *n* 行，如果未指定行数 *n*，则使用默认值 10。

例如，显示 example 文件的前 5 行，命令行如下：

```
# head  -5  example
```

5．tail 命令：显示文件后面的部分内容

tail 命令与 head 命令类似，用于显示文件后面的部分内容，默认显示末尾 10 行的内容。tail 命令格式为：

```
tail  [+/-n]  文件名
```

其中，+ n 表示从文件的第 *n* 行开始显示；-n 表示从距文件末尾 *n* 行处开始显示。例如显示文件 test 最后 10 行的内容，可以使用如下命令：

```
#tail  -10  test
```

再如，从文件 test 的第 10 行开始显示文件的内容，可以使用如下命令：

```
#tail  +10  test
```

4.2.3 文件内容查询命令——grep

grep是"global regular expression print"的缩写，该命令用于在文件中搜索指定的字符串模式，列出含有匹配模式字符串的文件名，并输出含有该字符串的文本行。grep命令格式为：

```
grep [选项] [查找模式][文件名......]
```

其中，各可用选项意义如下。

- -F：将查找模式看成单纯的字符串。
- -i：要查找的字符串不区分字母的大小写。
- -r：以递归方式查询目录下的所有子目录的文件。
- -n：标出包含指定字符串的行编号。

例如，在文件example中查找包含"aa"字符串的行，命令行如下：

```
# cat  example
aa bb cc dd
aa bb ff
ee
# grep  aa  example
aa bb cc dd
aa bb ff
```

如果待查找的字符串模式的字数大于1，则必须在字符串模式两边使用单引号，否则系统会只把第一个字作为搜索目录，如：

```
# cat  example
aa bb cc dd
aa bb ff
ee
# grep  bb  cc  example
grep: cc: 没有那个文件或目录
example:aa bb cc dd
example:aa bb ff
# grep  'bb cc'  example
aa bb cc dd
```

例如，在/passwd文件中查找包含"teacher"字符串的行，命令行如下：

```
#grep  -F  teacher  /etc/passwd
teacher:*:500:500: teacher:/home/ teacher:/bin/bash
```

再如，在file1中查找包含"print" 字符串的所有行，不区分字符的大小写，命令行如下：

```
# grep  -i  'print'  file1
```

又如，查找包含字符串"bb cc"的行，输出该行，并输出该行所在的行号，命令行如下：

```
# cat  example
aa bb cc dd
aa bb ff
ee
```

```
# grep  -n 'bb cc'  example
1:aa bb cc dd
```

通常 grep 命令配合管道符（|）还可用来作为其他命令的输入，例如，统计指定文件中包含某字符串的行数、字数和字节数，命令行如下：

```
# cat  example
aa bb cc dd
aa bb ff
ee
# grep  'bb' example | wc
     2     7    21
```

grep 命令可以直接处理一些命令（如 ls、ps）的输出。例如，在当前运行的进程中查找 vi 程序的进程信息，命令行如下：

```
# ps  aux  |  grep  vi
root      5716  0.0  0.2   4956   736 pts/1    T    Jul25   0:00 vi
root     20681  0.3  0.4   4960  1012 pts/1    T    14:21   0:00 vi
root     20689  5.0  0.2   4132   668 pts/1    R+   14:22   0:00 grep vi
```

注意：有两个命令与 grep 命令非常相似，一个是 egrep 命令，表示 Extend grep，执行效率比 grep 命令高，但需占用较大的内存空间；另一个是 fgrep 命令，占用空间比 egrep 命令小，且速度比 grep 命令快。由于 3 个命令的结构、功能类似，因此大部分参数可以共享。

4.2.4　文件查找命令——find 和 locate

1．find 命令：查找文件

find 命令用于查找文件，其命令格式为：

```
find  [起始目录]  [搜索条件]  [操作]
```

其中，[起始目录]是指命令将从该目录起，遍历其下的所有子目录，查找满足条件的文件。该目录默认为当前目录。[搜索条件]是一个逻辑表达式，当表达式为“真”时，搜索条件成立；相反，为“假”时不成立。find 命令搜索条件的一般表达式及其说明如表 4.9 所示。

表 4.9　find 命令搜索条件的一般表达式及其说明

搜索条件的一般表达式	说　明
-name ‘字符串’	查找文件名中包含所给字符串的所有文件
-user ‘用户名’	查找属于指定用户的文件
-group ‘用户组名’	查找属于指定用户组的文件
-type x	查找类型为 x 的文件，类型包括 b（块设备文件）、c（字符设备文件）、d（目录文件）、p（命名管道文件）、f（普通文件）、l（符号链接文件）、s（socket 文件）
-atime n	查找 *n* 天以前被访问过的文件
-size n	指定文件大小为 *n*
-perm	查找符合指定权限值的文件或目录
-mount	查找文件时不跨越文件系统 mount 点

续表

搜索条件的一般表达式	说　明
-follow	如果 find 命令遇到符号链接文件，就跟踪到链接所指向的文件
-cpio	对匹配的文件使用 cpio 命令，将文件备份到磁带设备中
-newer file1 ! file2	查找更改时间比文件 file1 晚但比文件 file2 早的文件
-prume	不在指定的目录中查找，如果同时指定了-depth 选项，那么-prune 将被 find 命令忽略
-ok	和 exec 作用相同，但在执行每个命令之前，都会给出提示，由用户来决定是否执行
-depth	在查找文件时，首先查找当前目录，然后在其他子目录中查找

find 命令可执行的操作及其说明如表 4.10 所示。

表 4.10　find 命令可执行的操作及其说明

可执行的操作	说　明
-exec 命令名 {} \;	不需要确认执行命令。注意："{}"代表找到的文件名，"}"与"\"之间有空格
-print	送往标准输出

例如，从当前目录查找所有以.txt 结尾的文件并在屏幕上显示出来，命令行为：

```
$ find . -name '*.txt' -print
```

从根目录查找类型为符号链接的文件，并将其删除，命令行为：

```
$ find / -type l -exec rm { } \;
```

从当前目录查找用户 tom 的所有文件并在屏幕上显示出来，命令行为：

```
$ find . -user 'tom' -print
```

显示当前目录下大于 20 字节的.c 文件名，命令行为：

```
$ find . -name "*.c" -size +20c -print
```

显示当前目录下恰好 10 天前访问过的文件名，命令行为：

```
$ find . -atime 10 -print
```

显示当前目录下 10 天内访问过的文件名，命令行为：

```
$ find . -atime -10 -print
```

查找/home 目录下权限为 640 的文件或目录，命令行为：

```
#find /home -perm 640
```

搜索根目录下大于 100KB 的文件并显示，命令行为：

```
#find / -size +100K -print
```

搜索根目录下小于 500KB 的文件，命令行为：

```
#find / -size -500K -print
```

在当前目录下查找所有文件名以.doc 结尾，且更改时间在 5 天以上的文件，找到后进行删除，且删除前给出提示，命令行为：

```
#find  .  -name  '*.doc'  -mtime +5  -ok  rm { } \;
```

在当前目录下查找所有链接文件，并以长格式显示文件的基本信息，命令行为：

```
# find  .  -type l  -exec  ls  -l {} \;
lrw-rw-r-- 1 root root 36 07-27 14:34 ./example2
lrw-rw-r-- 1 root root 72 07-27 14:36 ./example3
lrw-rw-r-- 1 root root 36 07-27 14:36 ./example1
```

在当前目录下查找文件名由一个小写字母、一个大写字母和两个数字组成的，且扩展名为.doc的文件并显示，命令行为：

```
#find  .  -name  '[a-z][A-Z][0-9][0-9].doc'  -print
```

2. locate命令：查找所有名称中包含指定字符串的文件

locate命令用于查找所有名称中包含指定字符串的文件。locate命令通过已建立的数据库/var/lib/slocate来进行搜索，而不直接在硬盘中逐一寻找。因此，使用locate命令比使用find命令更快、更简便。但因为locate命令是经由数据库来搜索的，而数据库的更新一般是每天一次（多数在夜间进行），所以在数据库更新之前，对于用户新建的文件，locate命令是无法查到的。locate命令格式为：

```
locate 字符串
```

例如，查找所有包含“shadow”字符串的文件名，命令行为：

```
# locate  shadow
/etc/shadow
/usr/bin/pgmdeshadow
/usr/share/icons/gnome/16x16/stock/image/stock_shadow.png
/usr/share/icons/gnome/16x16/stock/text/stock_fontwork-2dshadow.png
… …
```

4.2.5　文本处理命令——sort

sort命令用于对文件中的所有行进行排序，并将结果显示在屏幕上。sort命令格式如下：

```
sort  [选项]  文件列表
```

各选项的意义如下。

- -m：把已经排过序的文件列表合并成一个文件，并送往标准输出。
- -c：检查给定的文件是否排过序。
- -d：按字典顺序排序，可比较的字符仅包含字母、数字、空格和制表符。
- -f：忽略大小写。
- -r：按降序排序，默认为升序。

例如，对文件student按字典顺序进行排序，命令行为：

```
# cat  student
Tom     A  B  C  D
Mike    B  C  D  E
Mary    C  D  E  F
Jean    D  E  F  G
```

```
# sort  student
Jean    D  E  F  G
Mary    C  D  E  F
Mike    B  C  D  E
Tom     A  B  C  D
```

sort 命令常和管道符（|）配合使用，例如对当前目录下的文件按字典顺序进行排序并显示：

```
# ls
anaconda-ks.cfg  Desktop   install.log        man_chage
chage_li         file1.doc  install.log.syslog
# ls  |  -d  sort       //按字典顺序排序
anaconda-ks.cfg
chage_li
Desktop
file1.doc
install.log
install.log.syslog
man_chage
# ls  |  sort  -r       //按降序排序
man_chage
install.log.syslog
install.log
file1.doc
Desktop
chage_li
anaconda-ks.cfg
```

4.2.6 文件内容统计命令——wc

任何一个文本文件都由行、单词和字符组成，使用 wc 命令可以对文本文件的这些基本信息进行统计。wc 命令格式为：

```
wc [-l][-w][-c]
```

各选项的意义如下。

- -l：显示文件的行数。
- -w：显示文件中包含的单词数。
- -c：显示文件中包含的字符数。

例如，查看文本文件 test 的基本信息，命令行如下：

```
# cat  test
This is my first document.
I am a good writer.
# wc  test
 2 10 47 test
```

可以看出，test 文件包含 2 行、10 个单词、47 个字符。

4.2.7　文件比较命令——comm 和 diff

1. comm 命令：对两个已排序文件逐行进行比较

comm 命令对两个已排序文件逐行进行比较，输出结果由三列组成，其中第一列表示仅在第一个文件出现的行，第二列表示仅在第二个文件出现的行，第三列表示在两个文件中都存在的行。comm 命令格式为：

```
comm  [-[1][2][3]]  file1  file2
```

其中，-[1][2][3]分别表示不进行显示输出的列。

例如，对文件 student1 和 student2 进行比较，显示两者的异同，命令行如下：

```
# cat  student1
Tom is a tall man
Mike is Tom's brother
Mary is a beautiful girl
Jean is Mary's sister
# cat  student2
Tom is Mary's brother
Mike is Tom's brother
Mary is a beautiful girl
Jean is Tom's sister
# sort student1 > student1_1          //对 student1 排序
# sort student2 > student2_2          //对 student2 排序
# cat student1_1  student2_2
Jean is Mary's sister
Mary is a beautiful girl
Mike is Tom's brother
Tom is a tall man
Jean is Tom's sister
Mary is a beautiful girl
Mike is Tom's brother
Tom is Mary's brother
# comm  student1_1 student2_2
Jean is Mary's sister
        Jean is Tom's sister
                Mary is a beautiful girl
                Mike is Tom's brother
Tom is a tall man
        Tom is Mary's brother
```

2. diff 命令：比较两个文本文件，并显示它们的不同

diff 命令用于比较两个文本文件，并显示它们的不同。其命令格式为：

```
diff  文件1  文件2
```

diff 命令输出结果形式及其说明如表 4.11 所示。

表 4.11　diff 命令输出结果形式及其说明

输出结果形式	说　明
n1 a n2	表示第一个文件中的 n1 行添加输出内容后成为第二个文件中的 n2 行
n1,n2 c n3,n4	表示将第一个文件中的 n1 到 n2 行（在“<”号之后的内容）改变为第二个文件中的 n3 到 n4 行（在“>”号之后的内容）
n1,n2 d n3	表示将第一个文件中的 n1 到 n2 行删除，使其成为第二个文件中的 n3 行

注意： a 表示添加，c 表示改变，d 表示删除。

例如，对文件 student1、student2 进行比较，并输出两个文件的不同之处，命令行如下：

```
# cat  student1                    //student1 文件的内容
Tom is a tall man
Mike is Tom's brother
Mary is a beautiful girl
Jean is Mary's sister
# cat  student2                    //student2 文件的内容
Tom is Mary's brother
Mike is Tom's brother
Mary is a beautiful girl
Jean is Tom's sister
# diff  student1  student2         //比较结果
1c1
< Tom is a tall man
---
> Tom is Mary's brother
4c4
< Jean is Mary's sister
---
> Jean is Tom's sister
```

4.2.8　文件的复制、移动和删除命令——cp、mv 和 rm

1．cp 命令：复制目录或文件

cp 命令用于实现文件或目录的复制，与 DOS 下的 copy 命令相似。cp 命令格式如下：

```
cp  [选项]   源文件或目录   目标文件或目录
```

其中，各可用选项意义如下。

- -a：常在复制目录时使用。该选项保留链接、文件属性，并递归地复制目录。
- -f：如果目标文件或目录已存在，就覆盖它，并且不进行提示。
- -i：与-f 选项正好相反，在覆盖已有文件时，让用户输入“Y”来进行确认。
- -r：若给出的源是一个目录，那么 cp 命令将递归复制该目录下的所有子目录和文件，不过这要求目标也是一个目录名。

常用的 cp 命令格式及其运行结果如表 4.12 所示。

表 4.12　常用的 cp 命令格式及其运行结果

cp 命令格式	运 行 结 果
cp　文件 1　文件 2	复制源文件 1 中的内容到目标文件 2 中，目标文件有一个新的创建日期和节点索引号
cp　多个文件（文件名之间用空格分隔）目录 1	复制多个文件到目录 1 中
cp　-f　文件 1　文件 2	如果已有一个文件 2 存在，则该命令不显示任何提示就用文件 1 覆盖文件 2
cp　-i　文件 1　文件 2	如果已有一个文件 2 存在，则该命令在覆盖文件 2 之前会给出提示
cp　-p　目录 1　目录 2	复制目录 1 的内容到目录 2 中，如果目录 1 下还有子目录，则一并进行复制
cp　-u　文件 1　文件 2	如果文件 2 已存在，但文件 1 比文件 2 新，则不显示任何提示就覆盖文件 2

例如，把 a.txt 和 b.txt 文件复制到/home/teacher 目录中，命令行如下：

```
#cp  a.txt  b.txt  /home/teacher
```

cp 命令可以在同一个目录下，换名复制一个文件，而源文件保持不变。例如，将当前目录下的 a.txt 文件进行复制且命名为 b.txt，放在当前目录下，命令行为：

```
#cp  a.txt  b.txt
```

若源文件是普通文件，则直接复制到目标文件；若为目录，则需要使用“-r”选项才能将整个目录复制到目标位置上。例如，将/home/teacher 目录下的所有内容复制到/home/student 目录下，命令行为：

```
#cp  -r  /home/teacher  /home/student
```

2．mv 命令：移动文件或目录

mv 命令用于实现文件或目录的移动。mv 命令格式如下：

```
mv  [选项]  源文件或目录  目标文件或目录
```

可用选项的意义如下。

- -f：当操作要覆盖某个已有的目标文件时不给任何提示。
- -i：交互式操作，当操作要覆盖某个已有的目标文件时会询问用户是否覆盖。

mv 命令与 cp 命令明显的不同之处在于：mv 命令用于移动文件，文件的个数没有增加；cp 命令用于复制文件，文件的个数有所增加。mv 命令还可以用于实现文件或目录的改名，其参数设置及对应的运行结果如表 4.13 所示。

表 4.13　mv 命令的参数设置及对应的运行结果

参数设置	运 行 结 果
mv　文件名　文件名	将源文件名改为目标文件名
mv　文件名　目录名	将文件移动到目标目录
mv　目录名　目录名	若目标目录已存在，则将源目录移动到目标目录；若目标目录不存在，则改名
mv　目录名　文件名	出错

例如，将 m1.c 文件改名为 m2.c，命令行为：

```
$ mv m1.c m2.c
```

再如，将/usr/student 下的所有文件和目录移到当前目录下，命令行为：

```
$ mv /usr/student/* .
```

3. rm 命令：删除目录或文件

rm 命令用于删除文件或目录，可删除一个目录下的一个或多个文件或目录，也可删除某个目录及其下面的所有文件和子目录。对于链接文件，则只删除链接，源文件保持不变。rm 命令格式如下：

```
rm  [选项]  文件…
```

其中，各可用选项的意义如下。

- -f：在删除过程中不给任何提示，直接删除。
- -r：将参数中列出的全部目录和子目录都递归地删除。
- -i：与-f 选项相反，交互式删除，在删除每个文件时都给出提示。

删除文件可以直接使用 rm 命令，但若要删除目录，则必须配合选项“-r”使用，例如：

```
# rm  pp.c
rm：是否删除一般文件 "pp.c"? y
# rm  homework
rm：无法删除目录"homework"：是一个目录
# rm  -r  homework
rm：是否删除目录 "homework"? y
```

例如，删除当前目录下的所有文件及目录，命令行为：

```
# rm  -r  *
```

文件一旦通过 rm 命令删除，就无法恢复，所以使用该命令必须格外小心。

4.2.9 文件链接命令——ln

为了使用、管理方便和节省磁盘空间，Linux 允许一个物理文件有一个以上的逻辑名，即可以为一个文件创建一个链接文件，用来表示该文件的另一个名字。不同的链接文件可为之指定不同的访问权限，从而达到既可共享，又可安全控制的目的。

Linux 文件系统中有两类链接文件：一类叫作硬链接，另一类叫作符号链接。硬链接的文件类型标识位与被链接的文件相同。使用不带参数的 ln 命令可以建立硬链接文件，例如对 sysv 文件建立硬链接的命令如下：

```
# ls  -il  sysv
390162 -rw-r--r-- 1 root root 0 07-26 00:51 sysv
# ln  sysv syslink
# ls  -il  sysv slink
390162 -rw-r--r-- 2 root root 0 07-26 00:51 slink
390162 -rw-r--r-- 2 root root 0 07-26 00:51 sysv
```

从本例中可以看出，硬链接文件 slink 与被链接的文件 sysv 指向同一个 i 节点（节点编号为 390162），硬链接与被链接的文件具有相同的文件类型标识位“-”，建立硬链接后，文件的链接数由 1 变为 2。

实际上，硬链接只是源文件的一个硬复制，它们在目录文件中的入口项指向的是同一个 i 节点。只有当硬链接的全部链接被删除后，才能够释放此 i 节点。用户对这个文件所做的任何修改，所有的硬链接都可以同步看到。硬链接的文件必须在同一个文件系统中，目录不能建立硬链接。

建立符号链接可以使用带参数“-s”的 ln 命令，符号链接只是指定到真实文件的访问路径上，与源文件的 i 节点编号不同。如果源文件被删除，符号链接文件就会被损坏。符号链接的文件类型标识位为“l”。例如，为文件 ftpuser 建立符号链接 fuser，命令如下：

```
# ls  -il  ftpuser
390161 -rw-r--r-- 1 root root 0 07-26 01:17 ftpuser
# ln  -s  ftpuser  fuser
# ls  -il  ftpuser fuser
390161 -rw-r--r-- 1 root root 0 07-26 01:17 ftpuser
390162 lrwxrwxrwx 1 root root 7 07-26 01:18 fuser -> ftpuser
# rm  ftpuser
rm：是否删除一般空文件 "ftpuser"? y
# ls  -il  ftpuser  fuser
ls: ftpuser: 没有那个文件或目录
390162 lrwxrwxrwx 1 root root 7 07-26 01:18 fuser -> ftpuser
```

可以看到，ftpuser 与 fuser 的 i 节点编号不同（ftpuser 为 390161，fuser 为 390162），fuser 的文件类型标识位为“l”。源文件 ftpuser 被删除后，符号链接文件报错。

与硬链接不同，符号链接可以跨文件系统建立，并且可以指定到目录。硬链接与符号链接的区别如图 4.3 所示。

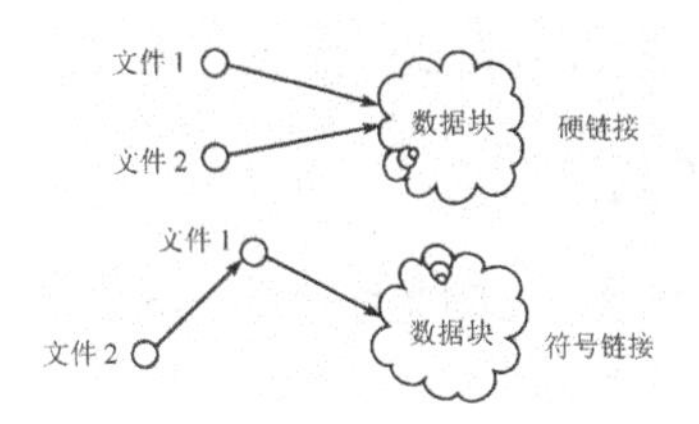

图 4.3　硬链接与符号链接的区别

4.2.10　目录的创建和删除命令——mkdir 和 rmdir

1．mkdir 命令：创建目录

mkdir 命令格式为：

```
mkdir [选项] 目录名
```

各可用选项的意义如下。

- -m 数字：设置新建目录的权限，权限用数字表示。

- -p：如果目录名的路径中包含不存在的子目录，就逐一创建，直到最后的子目录为止。

创建目录时，如果目录名前没有指定目录的路径，就表示在当前目录下创建；如果有路径名，则在指定的路径下创建。新建的子目录不能与已经存在的文件名或目录名重名，例如：

```
# pwd                                          //在当前目录下创建子目录 zhang
/home/teacher1
# ls
# mkdir zhang
# ls
zhang
# mkdir  /home/teacher1/yang                   //使用绝对路径创建子目录 yang
# ls
yang  zhang
# mkdir zhang                                  //不能重名创建
mkdir: 无法创建目录 "zhang": 文件已存在
```

在创建子目录的时候，如果子目录的父目录不存在，则无法创建。使用选项“-p”，可以逐级创建目录。例如，在当前目录下创建 li/document 子目录，命令如下：

```
# pwd
/home/teacher1
#mkdir  li/document         //由于不存在 li 子目录，所以 li/document 子目录无法创建
mkdir: 无法创建目录 "li/document": 没有那个文件或目录
# mkdir  -p  li/document      //参数“-p”允许逐级创建目录
# ls
li  yang  zhang
# cd li
# ls
document
```

再如，创建新目录/usr/Bob/example，且指定权限为 700，命令行为：

```
$ mkdir  -m  700  /usr/Bob/example
```

2. rmdir 命令：删除一个空目录

被删除的目录必须是一个空目录，否则无法删除。rmdir 命令只用于删除目录，无法删除文件。rmdir 命令格式为：

```
rmdir  [选项]  目录名
```

可用选项的意义如下。

-p：删除目录下的所有空目录，如果有非空的子目录，则保留下来；如果所有的子目录都被删除了，则删除该目录。

例如，删除 document 子目录，命令行为：

```
# ls
document
# cd  document
# ls
```

```
# rmdir  document          //在 document 子目录内无法删除 document 子目录
rmdir: document: 没有那个文件或目录
# cd ..
# rmdir  document
# ls
```

若没有 document 的写权限或目录非空，则无法删除，例如：

```
# ls
li  yang  zhang
# rmdir  li
rmdir: li: 目录非空
```

4.2.11　改变工作目录、显示路径和显示目录内容命令——cd、pwd 和 ls

1．cd（chage directory）命令：改变当前目录

表 4.14 列出了常用的 cd 命令及其说明。

表 4.14　常用的 cd 命令及其说明

cd 命令	说　明
cd	切换到当前用户的主目录
cd ..	切换到当前目录的上一层目录，例如当前目录为/home/student，使用该命令可以将当前目录切换到/home
cd ../..	切换到当前目录的上二层目录，例如当前目录为/home/student/student1，使用该命令可以将当前目录切换到/home
cd ~	切换当前目录为当前用户的主目录，适用于任何用户
cd /	切换当前目录到根目录，即返回到/

注意：在 Linux 中，引用目录名、计算机名或域名时使用正斜杠“/”，而在 Windows 中需使用反斜杠“\”。

例如，当前系统中存在的目录结构如图 4.4 所示，其中用户当前目录为/home/student。

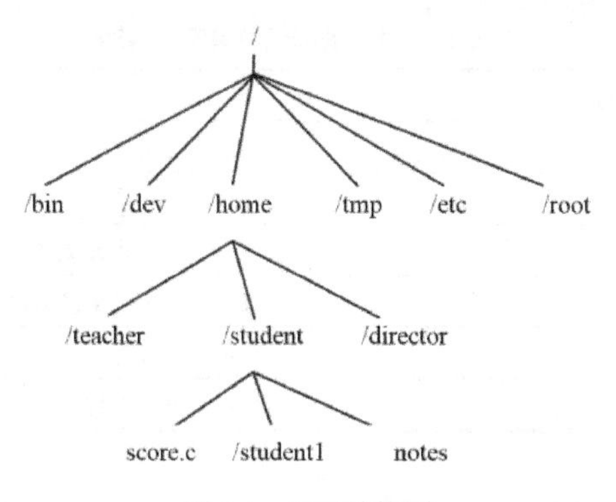

图 4.4　目录结构图

2．pwd 命令：显示当前路径

若改变当前目录为/home/director，则可以使用相对路径，命令行如下：

```
#pwd
/home/student
#cd ../director
#pwd
/home/director
```

另外，也可以使用绝对路径，命令行如下：

```
#pwd
/home/student/student1
#cd./
#pwd
/
```

3. ls（list 的缩写）命令：显示当前目录的内容

通常列出的文件会以不同的颜色进行显示，不同的颜色代表不同的文件类型，表 4.15 列出了文件类型与颜色的对应关系。

表 4.15 文件类型与颜色的对应关系

文 件 类 型	颜 色
目录	深蓝色
一般文件	浅灰色
执行文件	绿色
图形文件	紫色
链接文件	浅蓝色
压缩文件	红色
FIFO 文件（命名管道）	棕色
设备文件	黄色

ls 命令还会对特定类型的文件用符号进行标识，表 4.16 列出了常用的标识符号及其说明。

表 4.16 常用的标识符号及其说明

标 识 符 号	说 明
.	表示隐含文件
/	表示一个目录名
*	表示一个可执行文件
@	表示一个符号链接文件
|	表示管道文件
=	表示 socket 文件

ls 命令格式如下：

```
ls [选项] 目录或文件名
```

其中，各选项的意义如下。

- -a：列出指定目录下所有文件和子目录的信息（包括隐含文件）。

- -A：同-a，但不列出.和..。
- -b：当文件名中有不可显示的字符时，将显示该字符的八进制数字。
- -c：按文件的属性类信息最后修改时间排序。
- -C：分成多列显示。
- -d：显示目录名而不是显示目录下的内容，一般与-l 连用。
- -f：在列出的文件名后加上符号来区别不同类型。
- -R：递归地显示指定目录下的各级子目录中的文件。
- -s：给出每个目录项所用的块数，包括间接块。
- -t：按最后内容修改时间排序（新的排在前，旧的排在后）。
- -l：以长格式显示文件的详细信息，包括文件的类型与权限、链接数、文件所有者、文件所有者所属的组、文件大小、最近修改时间及文件名。

下面以不同的格式显示目录的内容：

```
# ls           //以缩略格式显示目录的内容
cal_txt     finger_txt   id_txt    newgrp_txt   suple_txt    who.txt
finger2_txt  groups_txt   last_txt   suple3_txt   suple_txt~  w.txt
finger3_txt  groups_txt2  ln        suple3_txt~  w
# ls  -l       //以长格式显示目录的内容，包括权限、用户名、修改时间等
总计 224
-rw-r--r-- 1 root root  2163 07-24 13:00 cal_txt
-rw-r--r-- 1 root root   212 07-23 06:37 finger2_txt
-rw-r--r-- 1 root root     0 07-23 06:39 finger3_txt
-rw-r--r-- 1 root root   248 07-23 06:31 finger_txt
-rw-r--r-- 1 root root    35 07-23 04:22 groups_txt
-rw-r--r-- 1 root bin    140 07-23 04:32 groups_txt2
-rw-r--r-- 1 root root   144 07-23 04:11 id_txt
-rw-r--r-- 1 root root  1655 07-22 19:19 last_txt
drwxr-xr-x 5 root root  4096 07-26 09:42 ln
-rw-r--r-- 1 root bin    143 07-23 04:24 newgrp_txt
-rw-r--r-- 1 root root 25098 07-26 19:15 suple3_txt
-rw-r--r-- 1 root root 24031 07-26 16:00 suple3_txt~
-rw-r--r-- 1 root root 25198 07-24 20:16 suple_txt
-rw-r--r-- 1 root root 24827 07-24 20:06 suple_txt~
-rw-r--r-- 2 root root   196 07-23 06:48 w
-rw-r--r-- 1 root root    46 07-23 06:48 who.txt
-rw-r--r-- 2 root root   196 07-23 06:48 w.txt
# ls -s        //显示所用的块数
总计 224
 8 cal_txt      8 groups_txt    8 ln           32 suple_txt    8 w.txt
 8 finger2_txt   8 groups_txt2   8 newgrp_txt   32 suple_txt~
 4 finger3_txt   8 id_txt       32 suple3_txt    8 w
 8 finger_txt    8 last_txt     28 suple3_txt~   8 who.txt
```

选项可以组合使用。例如，如果需要列出当前目录的所有内容（包括那些以“.”开头的隐含文件），并以冗余格式在屏幕上输出文件的详细信息，则可以使用选项“-al”。以冗余格式显

示/root 目录下的所有文件，可以使用如下命令：

```
# ls  -al  /root
drwxr-x--- 18 root root  4096 07-26 16:00 .                       //当前目录
drwxr-xr-x 24 root root  4096 07-25 05:43 ..                      //父目录
-rw-------  1 root root   997 07-15 20:58 anaconda-ks.cfg         //普通文件
-rw-------  1 root root  2827 07-24 21:32 .bash_history           //隐含文件
-rw-r--r--  1 root root    24 2006-07-13 .bash_logout             //隐含文件
… …
```

其中，文件名为“.”表示当前目录，对应行列出了当前目录的详细信息。文件名为“..”表示当前目录的上一级目录，即父目录，对应行列出了父目录的详细信息。文件名前有“.”符号的文件是隐含文件，只有使用“-a”参数时其才会显示出来。

4.3 文件和目录访问权限管理

Linux 是一个多用户操作系统，权限管理是实现 Linux 系统安全的主要途径。通过权限设置可以有效保护系统和用户的数据安全。

4.3.1 文件和目录的权限简介

在 Linux 中，每个文件和目录都具有相应的权限，如表 4.17 所示。

表 4.17 文件和目录的权限

文 件	目 录
无权限（-）	无权限（-）
读（r）：允许读文件的内容	读（r）：允许查看目录中有哪些文件和目录
写（w）：允许向文件中写入数据	写（w）：允许在目录下创建（或删除）文件和目录
执行（x）：允许将文件作为程序执行	执行（x）：允许访问目录（用 cd 命令进入该目录，并查看目录中可读文件的内容）

权限分为 5 类，表示方法与含义如表 4.18 所示。

表 4.18 权限的表示方法与含义

符号表示	八进制表示	含 义
-	0	没有权限
r	4	read 的缩写，拥有读权限
w	2	write 的缩写，拥有写权限
x	1	execute 的缩写，拥有执行权限
s、S、t、T		特殊权限

权限的作用范围可以分为 4 类，如表 4.19 所示。

表 4.19　权限的作用范围

符 号 表 示	含　义
u	user 的缩写，文件所有者（文件的创建者）
g	group 的缩写，同组用户（与文件所有者同组的用户）
o	other 的缩写，其他用户（系统中除所有者、同组用户以外的用户）
a	all 的缩写，全部用户，包括文件所有者、同组用户及其他用户

在 Linux 中，每个文件和目录都与 3 个实体相关。

- 属主：文件或目录的所有者。在通常情况下，属主就是该文件或目录的创建者，对应表 4.19 中的“u”。
- 用户组：该文件或目录所在的用户组，对应表 4.19 中的“g”。
- 其他用户：其他所有可能对该文件或目录进行操作的用户，对应表 4.19 中的“o”。

相应地，文件和目录的权限由以上 3 部分及文件类型 4 部分组成，共 10 个字符位，如表 4.20 所示。

表 4.20　文件和目录的权限字段

位	1	2	3	4	5	6	7	8	9	10
值	-	r 或-	w 或-	x 或-	r 或-	w 或-	x 或-	r 或-	w 或-	r 或-
说明	文件类型	属主权限			组权限			其他用户的权限		

其中，2、5、8 位表示读权限，若要赋予读取权限，则可以将这 3 个位对应的值设为“r”；若不允许读取，则设为“-”。3、6、9 位表示写入权限，若要赋予写权限，则可以将这 3 个位对应的值设为“w”；若不允许写入，则设为“-”。4、7、10 位表示可执行权限，若要赋予可执行权限，则可以将这 3 个位对应的值设为“x”；若不允许执行，则设为“-”。例如，设定普通文件 ABC.exe 的属主权限为读、写、执行，组权限为读、写，其他用户的权限为读，则文件 ABC.exe 的权限字段为-rwxrw-r--。

权限除了可以用字符表示法表示，还可以用数字表示法表示。数字表示法是指将读（r）、写（w）和执行（x）分别以二进制对应位置“1”或置“0”来表示是否有读、写或执行的权限。权限的字符表示法与数字表示法的对应关系如表 4.21 所示。

表 4.21　权限的字符表示法与数字表示法的对应关系

字符表示	二进制表示	八进制表示	字符表示	二进制表示	八进制表示
---	000	0	--x	001	1
-w-	010	2	-wx	011	3
r--	100	4	r-x	101	5
rw-	110	6	rwx	111	7

表 4.22 所示是权限表示的几个范例。

表 4.22　权限表示范例

字 符 表 示	二进制表示	八进制表示
rwxrwxrwx	111111111	777
rw-r-----	110100000	640
rw-r--rw-	110100110	646
rw-r--r--	110100100	644

可以使用带参数“-l”的 ls 命令来查看文件和目录的权限。“ls -l”会以长格式显示文件的信息，包括文件的权限、链接数、创建日期和时间等。例如，以长格式显示文件 p.c 的详细信息，如图 4.5 所示。

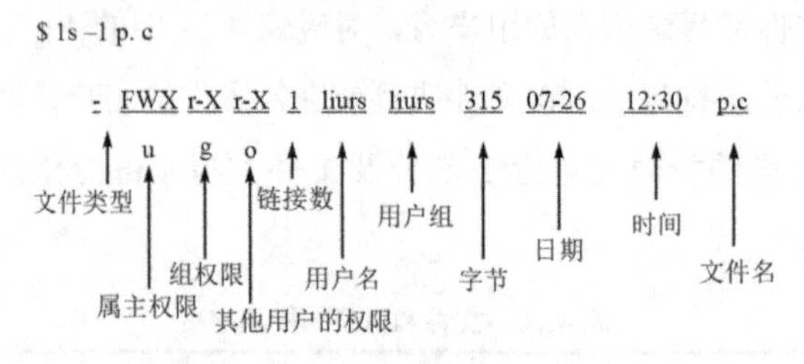

图 4.5　文件 p.c 的详细信息

4.3.2　更改文件/目录的访问权限——chmod 命令

可以使用 chmod 命令来为文件或目录赋予权限。chmod 命令格式如下：

```
chmod [选项] [模式] [参考文件=文件名]
```

其中，各可用选项的意义如下。

- -c, --changes：与 verbose 相反，只在有更改时才显示结果。
- -f, --silent, --quiet：去除大部分的错误信息，静默模式。
- -v, --verbose：显示全部信息，冗余模式。
- --reference=file：不再使用自行指定权限的模式进行权限赋值，而使用[参考文件]的模式。
- -R, --recursive：以递归方式更改所有的文件及子目录。
- -help：显示帮助信息并退出。
- -version：显示版本信息并退出。

1．八进制模式

chmod 命令中的[模式]可以是八进制模式，即用八进制数字表示的权限，如表 4.21 所示。例如，设置普通文件 ABC.exe 的属主权限为读、写、执行，组权限为读、写，其他用户的权限为读，则文件 ABC.exe 的权限为 rwxrw-r--，转化为八进制模式可表示为 764。使用命令如下：

```
#chmod  764  ABC.exe
#ls  -l  ABC.exe
-rwxrx-r--  1 root root 224 07-21 23:10 ABC.exe
```

再如，把/home/teacher 目录的权限设为属主可以读、写、执行，用户组也可以读、写、执行，而其他用户只能读，则权限应设置为 rwxrwxr--，转化为数字表示应为 774。使用命令如下：

```
#chmod  774  /home/teacher
#ls  -l
drwxrwxr--  2 root root 224 07-21 23:30 teacher
… …
```

上例中的命令只能修改/home/teacher 目录的权限，如果需要将/home/teacher 目录及其目录下的文件和子目录的权限一并进行修改，则使用递归参数“-R”。例如，将/home/teacher 中的所有文件及子目录的权限一并修改为 rwxrwxrwx，使用命令如下：

```
# chmod  -R  777  teacher1
# ls  -l  teacher1
drwxrwxrwx 2 root root 4096 07-26 15:58 homework
-rwxrwxrwx 1 root root    0 07-26 15:58 pp.c
#cd ..
# ls  -l
drwxrwxrwx  4 teacher1 teacher1 4096 07-26 15:58 teacher1
… …
```

可以看到，目录 teacher、子目录 homework，以及 teacher 下的文件 pp.c 具有相同的权限。

2. 字符模式

chmod 命令中的[模式]既可以是八进制模式，也可以是字符模式，配合运算符“+”“-”“=”，增加、减少权限或指定权限。修改权限可选用的字符选项如表 4.23 所示。

表 4.23　修改权限可选用的字符选项

用户对象表	修 改 操 作	权 限 表 示
u 文件所有者 g 同组用户 o 其他用户 a 所有用户	+ 赋予权限 - 拒绝权限 = 设置权限	r 读权限 w 写权限 x 执行权限 - 无权限 s、S 设置 set-UID 和 set-GID t、T 粘滞位

例如，给文件 ABC.exe 的属主增加执行权限，命令行如下：

```
# ls  -l
-rw-r--r-- 1 root root 0 07-26 08:16 ABC.exe
# chmod u+x ABC.exe
# ls  -l
-rwxr--r-- 1 root root 0 07-26 08:16 ABC.exe
```

又如，去掉同组用户和其他用户的读权限，可以使用如下命令：

```
# ls  -l
-rwxr--r-- 1 root root 0 07-26 08:16 ABC.exe
# chmod g-r,o-r ABC.exe
```

```
# ls  -l
-rwx------ 1 root root 0 07-26 08:16 ABC.exe
```

注意：设置的各权限之间用“,”分隔，且“,”前后不可有空格，否则无法执行命令。

例如，重新设定文件 ABC.exe 的其他用户的权限为读取，可以使用如下命令：

```
# ls  -l
-rwx------ 1 root root 0 07-26 08:16 ABC.exe
# chmod o=r ABC.exe
# ls  -l
-rwx---r-- 1 root root 0 07-26 08:16 ABC.exe
```

再如，重新设定文件 ABC.exe 的其他用户的权限为读取、写入和执行，可以使用如下命令：

```
# ls  -l
-rwx---r-- 1 root root 0 07-26 08:16 ABC.exe
# chmod o=rwx  ABC.exe
# ls  -l
-rwx---rwx 1 root root 0 07-26 08:16 ABC.exe
```

又如，为所有用户（包括属主、用户组和其他用户）赋予写权限，可以使用如下命令：

```
# ls  -l
-r-x---r-- 1 root root 0 07-26 08:16 ABC.exe
# chmod a+w ABC.exe
# ls  -l
-rwx-w-rwx 1 root root 0 07-26 08:16 ABC.exe
```

利用 chmod 命令的[--reference=file]选项可以对文件的权限进行复制，将 reference（参考）文件的权限直接复制给指定文件。例如：

```
# ls  -l
-rwx---r-- 1 root root 0 07-26 08:16 ABC.exe
# chmod  -reference=ABC.exe  copy.x
# ls  -l
-rwx---rwx 1 root root 0 07-26 08:19 ABC.exe
-rwx---rwx 1 root root 0 07-26 08:19 copy. x
… …
```

可以看到，copy. x 文件与 ABC.exe 文件拥有了相同的权限。

4.3.3 更改文件/目录的默认权限——umask 命令

对于每个新创建的文件或目录，系统都会自动赋予一个默认的权限。可以使用 umask 命令设置文件或目录的默认权限。umask 命令格式如下：

```
umask  [mask]
```

其中，[mask]可以是由 4 个八进制数字组成的权限掩码。直接使用 umask 命令可以显示系统默认的权限掩码：

```
#umask
```

```
0022
```

通常新建文件的默认权限值为 0666，新建目录的默认权限值为 0777，与当前的权限掩码 0022 相减，即可得到每个新建文件的最终权限值为 0666－0022＝0644，而新建目录的最终权限值为 0777-0022＝0755。例如，新建文件 test 和目录 T，通过 ls 命令可以看到生成的最终权限：

```
#umask
0022
# touch  test
# ls  -l  test
-rw-r--r-- 1 root root 0 07-26 09:06 test //文件 test 的权限为 rw-r--r--，即 644
# mkdir  T
# ls
 T  test
# ls  -l
drwxr-xr-x 2 root root 4096 07-26 09:07 T //目录 T 的权限为 rwxr-xr-x，即 755
-rw-r--r-- 1 root root    0 07-26 09:06 test
```

可以使用 umask 命令重新设置权限掩码。例如，将系统默认的权限掩码设为 0002，则新建文件的最终权限值为 0666－0002＝0664（rw-rw-r--），新建目录的最终权限值为 0777－0002＝0775（rwxrwxr-x），如下所示：

```
# umask  0002
# touch  test3
# ls  -l  test3
-rw-rw-r-- 1 root root 0 07-26 09:40 test3
# mkdir  new
# ls  -l
drwxrwxr-x 2 root root 4096 07-26 09:42 new
-rw-rw-r-- 1 root root    0 07-26 09:40 test3
```

umask 命令也可以通过表 4.21 中的权限参数直接设置新建文件或目录的默认权限。例如，将默认权限改为属主读、写、执行，同组用户读，其他用户读、执行，可以使用如下命令：

```
# umask  u=rwx,g=r,o=rw
# umask
0031
# touch  p
# ls  -l  p
-rw-r--rw- 1 root root 0 07-26 09:14 p
# mkdir  M
# ls  -l
drwxr--rw- 2 root root 4096 07-26 09:15 M
-rw-r--rw- 1 root root    0 07-26 09:14 p
```

从本例中可以看出，“umask u=rwx,g=r,o=rw”与“umask 0031”作用相同，但文件的执行权限不可由 umask 命令的“x”选项进行指定。

4.3.4 更改文件/目录的所有权——chown 命令

chown 命令格式为：

```
chown [选项] 用户名 文件或目录
```

其中，可用选项的意义如下。

-R：可以一次修改某个目录下所有文件的所有者。

用户名为新拥有者的用户标识符。例如，将文件 data 的属主改为 teacher：

```
# chown teacher data
```

如将/root/file1.doc 文件复制到用户 teacher1 的主目录/home/teacher1 下，复制之后可以发现此文件的拥有者仍然是 root，命令行为：

```
# ls -l file1.doc
-rw-rw-r-- 1 root root 18 07-27 16:21 file1.doc
# cp file1.doc /home/teacher1
# ls -l /home/teacher1/file1.doc
-rw-rw-r-- 1 root root 18 07-27 16:22 /home/teacher1/file1.doc
```

为此，使用 chown 命令将 file1.doc 文件的所有权赋予 teacher1，命令行为：

```
# chown teacher1 /home/teacher1/file1.doc
# ls -l /home/teacher1/file1.doc
-rw-rw-r-- 1 teacher1 root 18 07-27 16:22 /home/teacher1/file1.doc
```

可以看到，file1.doc 文件的所有者已更改为 teacher1，但用户组仍为 root。这时也可以使用 chown 命令修改文件所属的用户组，命令格式为：

```
chown 用户名:用户组 文件或目录
```

要在上例中一并更改 file1.doc 文件的属主和用户组为 teacher1，命令行为：

```
# chown teacher1:teacher1 /home/teacher1/file1.doc
# ls -l /home/teacher1/file1.doc
-rw-rw-r-- 1 teacher1 teacher1 18 07-27 16:22 /home/teacher1/file1.doc
```

4.4 文件/目录的打包、压缩及解压缩

没有任何系统是绝对可靠的，防止数据丢失最切实可行的方法是定期进行数据备份。在 Linux 系统中，对系统目录进行备份是一种有效的保护手段，但并不是所有目录都需要备份。

由于现在的应用程序及文件普遍越来越大，为了节省磁盘空间、减少网络传输代价，在备份过程中一般采用压缩技术。通常压缩与备份是同步进行的，常用的命令包括 gzip、bzip、tar 和 zip 等。

4.4.1 文件压缩——gzip 压缩

在 Linux 中有一种非常流行的压缩格式“.gz”，该格式的压缩文件由 gzip 程序生成，解压缩工作则由 gunzip 程序完成。gzip 具有较高的压缩率，但只能逐个生成压缩文件，无法将多个文件压缩并打包成一个文件，所以 gzip 经常和 tar 命令配合使用，即先用 tar 命令将多个文件打包，然后用 gzip 进行压缩，通常会生成以“.tar.gz”或“.tgz”为后缀名的文件。gzip 命令格式如下：

```
gzip [-cdfhlLnNrtvV19] [-S suffix] [文件名 …]
```

gzip 命令的选项比较多，各选项及其说明如表 4.24 所示。

表 4.24 gzip 命令的选项及其说明

选　项	说　明
-c --stdout	输出到标准输出设备上，原文件内容不变
-d --decompress	解压缩
-f --force	对输出文件强制写覆盖并对链接文件进行压缩
-h --help	显示帮助信息
-l --list	列出压缩包的内容
-L --license	显示软件许可证
-n --no-name	不保存或恢复原文件的文件名和时间戳
-N --name	保存或恢复原文件的文件名和时间戳
-q --quiet	禁止警告
-r --recursive	对目录进行递归操作
-S .suf --suffix .suf	使用自定义的压缩文件后缀名
-t --test	检测压缩包的完整性
-v --verbose	verbose 模式
-V --version	显示版本号
-1 --fast	快速压缩
-9 --best	最佳压缩（压缩率最高）

使用 gzip 命令可以直接对文件进行压缩，但不可以对目录进行压缩。压缩后的文件以源文件名为主文件名，以“.gz”为后缀名，同时系统会自动删除源文件。

例如，当前目录下有 file1 和 file2 文件，对 file1 文件进行压缩，命令行为：

```
# ls
  file1  file2
# gzip  file1
# ls
  file1.gz  file2
```

也可以同时对多个文件进行压缩，例如：

```
# ls
file1.gz  file2  file3
# gzip  file2  file3
# ls
file1.gz  file2.gz  file3.gz
```

4.4.2 文件压缩——bzip2 压缩

与 gzip 类似，bzip2 也是一种常用的压缩工具。使用 bzip2 压缩后的文件一般具有后缀名“.bz2”，可以使用 bunzip 将其解压。bzip2 不具有将多个文件或目录进行打包的功能，只能单纯地对文件进行压缩。在产生后缀名为“.bz2”的压缩文件后，bzip2 默认自动删除源文件。bzip2 命令格式如下：

```
bzip2 [选项] [源文件...]
```

bzip2 命令的选项及其说明如表 4.25 所示。

表 4.25 bzip2 命令的选项及其说明

选　项	说　明
-h --help	显示帮助信息
-d --decompress	强制解压缩
-z --compress	强制压缩
-k --keep	保留源文件
-f --force	允许写覆盖
-t --test	检测压缩文件的完整性
-c --stdout	输出到标准输出设备上
-q --quiet	静默模式
-v --verbose	verbose 模式（显示提示信息）
-L --license	显示软件许可协议
-V --version	显示软件版本
-s --small	使用较小的内存（大约 2500KB）
-1 …-9	设置压缩等级 1～9
--fast	快速压缩（等级 1）
--best	最佳压缩（等级 9）

1. 常规压缩操作

例如，对当前目录下的文件 file1、file2 和 file3 进行压缩，命令行为：

```
#ls
file1  file2  file3
# bzip2 *
#ls
file1.bz2  file2.bz2  file3.bz2
```

可以看到，在生成 file1.bz2、file2.bz2 和 file3.bz2 压缩文件后，源文件已经被自动删除。在压缩过程中没有任何提示，如果希望看到压缩过程中的提示信息，则可以使用选项“-v”，例如：

```
# ls
file1  file2  file3
# bzip2  -v  *
```

```
  file1:    0.681:1, 11.745 bits/byte, -46.81% saved, 47 in, 69 out.
  file2:    1.170:1,  6.839 bits/byte, 14.52% saved, 62 in, 53 out.
  file3:    1.033:1,  7.742 bits/byte,  3.23% saved, 62 in, 60 out.
# ls
file1.bz2  file2.bz2  file3.bz2
```

2．压缩但不删除源文件

如果希望在生成压缩文件后，源文件不被删除，则可以使用带选项“-k”的 bzip2 命令，如下所示：

```
#ls
file1  file2  file3
# bzip2 -k  *
# ls
file1  file2  file3
file1.bz2  file2.bz2  file3.bz2
```

4.4.3　文件归档——tar 命令

tar 命令在各 UNIX 版本中得到了广泛的应用，有着非常久远的历史。tar 是“tape archive”的缩写，最早与磁带机联系在一起，用于将系统中需要备份的数据打包归档到磁带中，在需要时再把备份的数据从磁带中恢复回来。随着计算机硬盘容量的不断增大，CD-ROM 及移动磁盘的广泛使用，tar 命令已不仅仅局限于磁带机，而更多地应用在磁盘备份中。tar 命令本身只进行打包而不进行压缩，主要功能是将多个文件或目录打包在一个文件里，以便于传输和保存。为了减少备份文件的大小，节省存储空间，tar 命令经常和许多压缩选项配合使用。tar 命令的一般格式为：

```
tar [选项]  备份后的文件名.tar  备份的文件或目录
```

各可用选项的意义如下。

- c 或-c：创建新的备份文件。
- v 或-v：verbose 模式，即显示命令执行时的信息。
- f 或-f：指定压缩的文件格式。
- x 或-x：对文件进行恢复。
- Z 或-Z：指定压缩为.Z 格式。
- z 或-z：指定压缩为.gz 格式。
- t 或-t：查询包中内容。

tar 命令的选项共有 70 多个，以上是几个常用的选项，各选项可以配合使用。

1．打包和解包的常规操作

例如，对当前目录下的所有文件和目录进行打包，生成 example.tar 备份文件，代码如下：

```
# ls
directory1  file1  file2  file3
# tar  cvf  example.tar *
directory1/
```

```
directory1/file4
file1
file2
file3
# ls
directory1  example.tar  file1  file2  file3
```

可以看到，已经生成了 example.tar 打包文件。要想对此文件进行解包，则只需将选项“c”改为“x”，代码如下：

```
# tar  xvf  example.tar
directory1/
directory1/file4
file1
file2
file3
```

如果在打包的时候使用了绝对路径，则恢复时 tar 命令会自动将文件或目录恢复到原来的路径下；如果路径不存在，则重新创建。为了避免发生这种情况，打包时应尽可能地先进入子目录，再执行 tar 命令，例如：

```
#cd /myshare
#tar cvf  /dev/sda1 *
```

tar 命令不支持分卷，不具有磁盘修复功能，但可以用 tar 命令将目录打包成一个文件，例如：

```
# ls  directory1/
file4
# tar cvf directory1.tar directory1/
directory1/
directory1/file4
# ls
directory1  directory1.tar
```

2. 查看包中的内容

可以使用选项“-tf”查看包中的内容，代码如下：

```
# tar  -tf  directory1.tar
directory1/
directory1/file4
```

3. 打包链接文件

对于链接文件，tar 命令只打包链接，不打包源文件。如果需要对源文件进行打包，则必须使用选项“-h”。例如，当前目录下有 file1 和 file1_ln 两个文件，file1_ln 是 file1 文件的链接文件：

```
# ls  -al
drwxr-xr-x 3 root root  4096 08-08 20:46 .
drwxr-xr-x 5 root root  4096 08-08 20:34 ..
-rw-r--r-- 1 root root     0 08-08 20:16 file1
lrwxrwxrwx 1 root root     5 08-08 20:46 file1_ln -> file1
# tar  cvf  test1.tar *
```

```
file1
file1_ln
# tar  tvf  test1.tar
-rw-r--r-- root/root         0 2007-08-08 20:16:34 file1
lrwxrwxrwx root/root         0 2007-08-08 20:46:04 file1_ln -> file1
```

在上例中，由于没有使用选项“-h”，只对链接本身进行了打包。下面使用选项“-h”，对链接源文件也进行打包：

```
# tar  hcvf  test1.tar *
file1
file1_ln
# tar  tvf  test1.tar
-rw-r--r-- root/root         0 2013-08-08 20:16:34 file1
-rw-r--r-- root/root         0 2013-08-08 20:16:34 file1_ln
```

4．向包中添加新文件

对于打包后的文件，如果要在包中添加新的文件，则只需使用选项“-r”，而无须重新打包全部文件。例如，在上例生成的 test1.tar 中加入新的文件 file2，命令行如下：

```
# tar  rvf  test1.tar  file2
file2
# tar  tvf  test1.tar
-rw-r--r-- root/root         0 2007-08-08 20:16:34 file1
-rw-r--r-- root/root         0 2007-08-08 20:16:34 file1_ln
-rw-r--r-- root/root         0 2007-08-08 20:16:39 file2
```

5．生成.tar.gz 压缩包

在 Linux 系统中，gzip 程序可以用来实现压缩，生成以“.gz”为后缀名的压缩包。在使用 tar 命令进行打包的同时，配合使用选项“z”，也可以同步生成以“.gz”为后缀名的压缩包。例如，将当前目录下的所有文件和目录进行打包并压缩，保存为 tmp.tar.gz 文件，命令行如下：

```
# ls
directory1  file1      file2    file3
# tar  zcvf  tmp.tar.gz   *     //对当前目录进行压缩
directory1/
directory1/file4
file1
file2
file3
# ls                            //可以看到，已生成 tmp.tar.gz 压缩包
directory1   file1      file2    file3     tmp.tar.gz
```

使用选项“ztf”可以查看压缩包中的内容，命令行如下：

```
# tar  ztf  tmp.tar.gz
directory1/
directory1/file4
file1
file2
file3
```

使用选项“zxvf”可以对.tar.gz 压缩包解压缩，命令行如下：

```
# tar  zxvf  tmp.tar.gz
directory1/
directory1/file4
file1
file2
file3
```

在上例中，先用 gzip 命令对 tmp.tar.gz 文件解压，再使用 tar 命令解包，同样可以完成压缩包的解压缩。

4.4.4 zip 压缩

zip 格式的文件在 Windows 系统中也被广泛使用，Windows 中著名的 winzip 程序就是专门用来处理 zip 文件的工具。zip 命令格式如下：

```
zip [-选项] [-t mmddyyyy] [-n 后缀列表] [zip 文件] [源文件...]
```

如果没有指定源文件和 zip 文件，则系统默认对标准输入进行压缩，并从标准输出中导出压缩文件。zip 命令的选项及其说明如表 4.26 所示。如果 zip 文件没有指定后缀名，则默认后缀名为“.zip”。

表 4.26　zip 命令的选项及其说明

选　项	说　明
-f	仅对变化的文件进行更新
-u	只有文件被改动或有新文件时才进行升级
-d	删除 zip 文件中的条目
-r	子目录递归
-l	将 LF 转换为 CR LF
-9	最佳压缩（压缩率最高）
-q	静默模式
-v	verbose 模式，打印版本信息
-z	给 zip 压缩文件加注释
-@	从标准输入读入文件名
-x	不包括列出的文件
-i	包括列出的文件
-j	不包括子目录
-A	调整为自展开的可执行文件
-T	检测文件的完整性
-y	对于链接文件仅保存符号链接
-e	加密
-k	用 8.3 格式转换 zip 文件中的文件名，并且将文件名改为大写
-m	创建压缩文件后，自动删除源文件
-n	直接放入压缩包，不进行压缩

1. 常规压缩操作

例如，对当前目录下的文件 file1、file2 和 file3 进行压缩，压缩后生成 file.zip 文件，命令行如下：

```
# ls
directory1  file1  file2  file3
# zip file.zip file1 file2 file3
  adding: file1 (deflated 74%)
  adding: file2 (deflated 40%)
  adding: file3 (deflated 39%)
# ls
directory1  file1  file2  file3  file.zip
```

在对目录进行压缩时，如果目录中存在子目录，则 zip 默认只将目录名放入压缩包，并不进入子目录进行压缩，例如：

```
# ls
directory1  file1  file2  file3
# zip  filezip.zip  *
  adding: directory1/ (stored 0%)
  adding: file1 (deflated 74%)
  adding: file2 (deflated 40%)
  adding: file3 (deflated 39%)
# ls
directory1  file1  file2  file3  filezip.zip
# ls -l
drwxr-xr-x 2 root root 4096 08-08 20:17 directory1
-rw-r--r-- 1 root root   73 08-09 02:33 file1
-rw-r--r-- 1 root root   72 08-09 02:33 file2
-rw-r--r-- 1 root root   77 08-09 02:34 file3
-rw-r--r-- 1 root root  623 08-09 02:48 filezip.zip
```

2. 连同子目录一并压缩

如果希望连同子目录中的文件一并进行压缩，则需使用选项“-r”。接上例，对当前目录中的所有文件、子目录及子目录下的文件一并进行压缩，命令行如下：

```
# ls
directory1  file1  file2  file3
# zip  -r  filezip.zip *
  adding: directory1/ (stored 0%)
  adding: directory1/file4 (deflated 22%)
  adding: file1 (deflated 74%)
  adding: file2 (deflated 40%)
  adding: file3 (deflated 39%)
# ls  -l
drwxr-xr-x 2 root root 4096 08-08 20:17 directory1
-rw-r--r-- 1 root root   73 08-09 02:33 file1
-rw-r--r-- 1 root root   72 08-09 02:33 file2
-rw-r--r-- 1 root root   77 08-09 02:34 file3
-rw-r--r-- 1 root root  800 08-09 02:49 filezip.zip
```

4.4.5 unzip 解压缩

在 Linux 系统中，可以使用 unzip 命令来对 zip 压缩文件进行解压。unzip 命令格式为：

```
unzip [选项] zip 文件
```

其可用选项的意义如下。

- -Z：以 zipinfo 格式显示压缩文件内的信息，包括文件数目、已压缩和未压缩字节数、压缩比等。
- -l：以简略格式列出压缩文件的基本信息，包括文件名、修改日期和时间及未压缩文件的大小等。如果存在注释，则一并显示。
- -L：如果压缩文件是从不区分大小写的文件系统中创建的，如 MS-DOS 操作系统，则将文件名全部改为小写，并添加“^”前缀。
- -t：通过 CRC 校验对 zip 压缩包进行检测。
- -x：用于排除压缩包中的特定文件。

1．常规解压缩操作

例如，对当前目录下的 file.zip 压缩文件进行解压，命令行如下：

```
# unzip file1.zip                 //对 file1.zip 文件进行解压
Archive:  file1.zip
  inflating: file1
  inflating: file2
# ls
file1  file2  file1.zip
```

2．排除无须解压的文件

如果希望排除压缩包中的某个特定文件，则可以使用选项“-x”，例如：

```
# ls
file1.zip
//对 file1.zip 文件进行解压，但不对其中包含的 file2 文件进行解压
# unzip file1.zip  -x  file2
Archive:  file1.zip
  inflating: file1
# ls
file1  file1.zip
```

3．以 zipinfo 格式查看压缩包的内容

使用“-Z”选项，可以以 zipinfo 格式查看压缩包的内容，命令行如下：

```
# unzip  -Z  files.zip
Archive:  files.zip   11159281 bytes   8 files
drwxr-xr-x  2.3 unx       0 bx stor  8-Aug-07 20:17 directory1/
-rw-r--r--  2.3 unx  2130896 bx defN  2-Aug-07 05:58 DSC03191.JPG
-rw-r--r--  2.3 unx  2145453 bx defN  2-Aug-07 05:58 DSC03192.JPG
-rw-r--r--  2.3 unx  1305640 bx defN  2-Aug-07 05:58 DSC06479.JPG
-rw-r--r--  2.3 unx      73 tx defN  9-Aug-07 02:33 DSC09.GIF
```

```
-rw-r--r--  2.3 unx      25 tx defN  9-Aug-07 03:33 file1
drwxr-xr-x  2.3 unx       0 bx stor  9-Aug-07 04:26 test/
-rw-r--r--  2.3 unx 5582827 bx stor  9-Aug-07 03:33 :.zip
//由于包含多张图片，压缩率为 0.1%
8 files, 11164914 bytes uncompressed, 11158237 bytes compressed:  0.1%
```

4．以简略格式查看压缩包的内容

在上例中，如果使用“-l”选项，则可以以简略格式查看压缩包的内容，命令行如下：

```
# unzip  -l  files.zip
Archive:  files.zip
  Length     Date    Time    Name
 --------    ----    ----    ----
        0  08-08-07 20:17   directory1/
  2130896  08-02-07 05:58   DSC03191.JPG
  2145453  08-02-07 05:58   DSC03192.JPG
  1305640  08-02-07 05:58   DSC06479.JPG
       73  08-09-07 02:33   DSC09.GIF
       25  08-09-07 03:33   file1
        0  08-09-07 04:26   test/
  5582827  08-09-07 03:33   :.zip
 --------                   -------
 11164914                   8 files
```

4.5　小结

本章主要介绍了 Linux 下的文件与目录管理，详细介绍了文件系统的类型、文件系统的组成、文件和目录管理常用命令、文件和目录访问权限管理、文件/目录的打包、压缩及解压缩。本章知识点比较多、比较细，希望读者认真学习本章知识。

4.6　习题

1．简述 Linux 文件系统的组成及各个目录的意义。

2．简述 Linux 系统中支持的 7 种文件类型的不同作用和含义。

3．下面哪些是不正确的说法？（　）

　A．Linux 系统中的 boot 目录用来存放启动文件

　B．在 Linux 中使用 ls –al .可以查看当前目录的隐含文件

　C．在 Linux 中使用 touch abc.txt 来创建一个空文件 abc.txt

　D．在 Linux 中只能用 tar 命令压缩文件

4．使用 tar 命令对/home/目录下的 Linux 用户信息进行打包备份。

5．从网上下载一个 zip 压缩包到本地目录，然后使用 unzip 命令进行解压。

4.7 上机练习——练习使用文件和目录管理常用命令

实验目的：

了解 Linux 下文件和目录管理常用命令，并熟练使用这些命令。

实验内容：

（1）在 Linux 的家目录下，创建新目录 new，并赋予权限 0777。

（2）将 Linux 家目录下的.bashrc 文件查看一遍后，将其复制到 new 目录中。

（3）使用 tar 命令对 new 目录进行压缩，并命名为 new.tar.gz。

（4）删除 new 目录后，对 new.tar.gz 文件进行解压，查看 new/.bashrc 文件是否和复制前一致。

第 5 章　磁盘管理

系统管理员的一项重要工作就是管理磁盘。磁盘作为存储数据的重要载体，在如今日渐庞大的软件资源面前显得格外重要。随着硬件成本的逐年下降，磁盘容量越来越大，但同时磁盘管理的难度也越来越高。良好的磁盘管理可以进一步节省存储空间、提高系统效能和节约成本。磁盘管理通常涉及磁盘的分区、格式化和空间管理等内容。

本章内容包括：

- Linux 磁盘分区概述。
- 常用磁盘管理命令。
- 磁盘配额管理。

5.1　Linux 磁盘分区概述

由于硬盘容量动辄就是几 TB，为了方便管理，通常将硬盘分成若干分区。对于普通用户而言，每个分区都可以视为独立的磁盘。硬盘的分区方案记录在“磁盘分区表”中。通常磁盘分区表由 4 部分组成，每部分定义一个分区的信息。因此，在原始概念中一块硬盘最多只能建立 4 个分区，称为“主分区”。当系统中存在多个主分区时，必须指定一个主分区为“活动分区”。活动分区上的操作系统在系统引导时将被自动引导。

由于硬盘容量越来越大，仅仅 4 个分区已无法满足用户的需要，为此引入了“扩展分区”的概念。扩展分区由扩展磁盘分区表维护，可以在扩展分区内划分若干更小的称为“逻辑分区”的分区。逻辑分区没有数量限制，如果删除了扩展分区，则其下面的所有逻辑分区都将被删除。扩展分区必须建立在主分区上，即扩展分区必须属于 4 个主分区之一。主分区、扩展分区与逻辑分区的关系如图 5.1 所示。

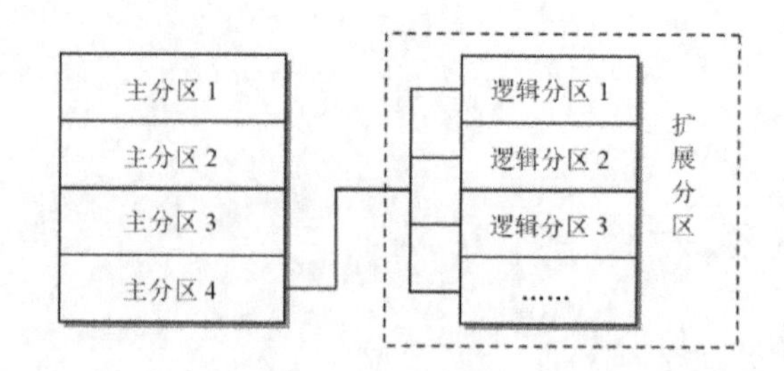

图 5.1　主分区、扩展分区与逻辑分区的关系

在将 Red Hat Enterprise Linux 7.5 安装到硬盘上之前，必须先建立硬盘分区。从理论上来说，在硬盘空间足够时，可以建立任意数量的分区（挂载点），但除非在极为特殊的条件下，否则建议至少建立以下 3 个分区。

- swap 分区：swap 分区实际上是虚拟内存的一部分。所谓虚拟内存（Virtual Memor）技术，是指在物理内存无法提供足够的处理空间时，多余的数据就会被暂时写入硬盘指定的分区中，待物理内存可处理时再从该分区中将数据移入物理内存。建议将 swap 分区的容量设为物理内存的 2～2.5 倍。
- boot 分区：boot 分区中存放着操作系统的内核。建议使用 1GB 空间。
- 根（/）分区：根分区是整个操作系统的根目录，几乎所有的文件都位于此目录之下，因此它的容量越大越好。建议将硬盘中剩余的空间都提供给根分区使用。

Linux 还提供了多种分区方案，如表 5.1 所示。

表 5.1　Linux 常用的分区方案

分区方案	说　明
根分区、swap 分区	适用于磁盘空间有限的计算机
根分区、/boot 分区、swap 分区	较大磁盘空间的典型配置，也是 Red Hat Enterprise Linux 的默认配置
根分区、/boot 分区、/var 分区、swap 分区	可以避免日志文件大小失控
根分区、/boot 分区、/home 分区、swap 分区	用于一台为许多用户提供服务的计算机，有助于控制用户占用的空间量

注意：在安装 Red Hat Enterprise Linux 7.5 的过程中，系统默认把根（/）和/boot 目录安装在独立的分区上。

5.2　常用磁盘管理命令

磁盘管理工具是系统管理员需要经常使用的软件，是完成磁盘管理的重要手段。常用的磁盘管理工具包括 fdisk、mkfs 和 e2fsck 等。

5.2.1　挂载磁盘分区

软盘、光盘及 USB 存储器（包括 U 盘、移动硬盘等）是 Linux 系统的重要外部设备。在 Linux 中，外部设备是被当作文件来使用的，Red Hat Enterprise Linux 系统一般会自动对其进行识别并挂载。当自动识别失败或用户需要手动设定挂载参数时，可以使用 mount 命令来协助完成。

mount 命令实际上用于挂载指定的文件系统，其命令格式如下：

```
mount [选项] [设备名] [挂载点]
```

各可用选项的意义如下。

- -r：表示挂载的文件系统为只读。
- -a：表示挂载/etc/fstab 文件中列出的所有文件系统。
- -A：卸载当前已被挂载的所有文件系统。
- -h：显示帮助信息。
- -t：指定挂载的文件系统类型。

其中，[设备名]指需要挂载的设备名称，[挂载点]是一个已存在的空目录，被挂载设备的根目录将指定为该目录位置。挂载点可以指定为目录树中的任意位置，但必须是空目录。选项“-t”指定了挂载的文件系统类型，mount 命令可以挂载多种文件系统类型，如表 5.2 所示。

表 5.2 mount 命令可挂载的文件系统类型及其说明

可挂载的文件系统类型	说 明
Auto	自动检测文件系统并进行挂载
Ext	Linux 中使用最多的文件系统，有 Ext、Ext2、Ext3、Ext4
XFS	一种在高性能环境中很有用的日志文件系统，支持完整的 64 位寻址
ISO9660	CD-ROM 的标准文件系统
HPFS	OS/2 所使用的高性能文件系统，但在 Linux 系统中只能作为只读文件系统使用
Minix	Linux 的早期版本所采用的文件系统，该文件系统分区不能超过 64MB，一般只用于软盘或 Ramdisk
MS-DOS	MS-DOS 所使用的文件系统，不支持长文件名
NFS	网络文件系统
NTFS	Windows NT 所使用的文件系统
VFAT	扩展的 MS-DOS 文件系统，支持长文件名，被 Windows 95/98/NT/2000 所采用

如果不带任何选项使用 mount 命令，则默认会显示目前已挂载的文件系统。

使用 umount 命令可以卸载已挂载的文件系统，但不能卸载根分区。umount 命令格式为：

```
umount [-hV]
umount -a [-dflnrv] [-t vfstype] [-O options]
umount [-dflnrv] dir | device [...]
```

各选项的意义如下。

- -V：显示版本信息并退出。
- -h：显示帮助信息并退出。
- -v：verbose 模式。
- -n：卸载时的信息不写入/etc/mtab 文件。
- -r：如果卸载失败，则尝试以只读方式挂载。

- -a：所有在 /etc/mtab 文件中描述的设备均被卸载（对于 2.7 以上的版本，Proc 文件系统不会被卸载）。
- -t：指定卸载的文件系统类型。umount 命令只对指定类型的文件系统进行卸载。

1. CD-ROM 的挂载

CD-ROM 的挂载与软盘的挂载方法类似，命令格式为：

```
mount  -t  iso9660  /dev/cdrom //光盘挂载点
```

其中，iso9660 是光盘的标准文件系统类型。例如，在/mnt/cdrom 目录下挂载光盘（如果/mnt/cdrom 目录不存在，则需要提前创建），命令行为：

```
#mkdir  /mnt/cdrom
#mount  -t  iso9660  /dev/cdrom  /mnt/cdrom
```

通常光盘被挂载后，如果不进行卸载，则无法打开光驱。卸载已经安装的光盘文件系统后，才可以顺利取出光盘。卸载时需使用 umount 命令，命令格式为：

```
umount  [光盘挂载点或光盘设备文件名]
```

2. USB 存储设备的挂载

在 Linux 中，USB 存储设备通常作为 SCSI 设备来使用。SCSI 设备文件名以“sd”开头，后接设备序号（按字母排序）及分区号（按数字排序）。例如，第一个 SCSI 设备上的第一个主分区表示为“/dev/sda1”，第三个 SCSI 设备上的第二个主分区表示为“/dev/sdc2”，等等。

对于 U 盘，如果 U 盘中没有分区，则使用 SCSI 设备的设备名直接对其进行挂载；如果 U 盘中存在分区，则使用带分区的 SCSI 设备名进行挂载。例如，将 U 盘挂载到/mnt/flash 目录下，命令行为：

```
#mkdir  /mnt/flash
#mount  -t  vfat  /dev/sdb  /mnt/flash
```

卸载时可使用 umount 命令，命令行为：

```
#umount  /dev/sdb
```

对于 USB 移动硬盘，在使用 mount 命令进行挂载时不能对整个硬盘设备进行挂载，必须指定相应的分区。例如，将移动硬盘第一个分区挂载到/mnt/disk 目录下，命令行为：

```
#mkdir  /mnt/disk
#mount  -t  vfat  /dev/sdc1  /mnt/disk
```

5.2.2 卸载磁盘分区

例如，对上面挂载的光盘进行卸载，命令行为：

```
umount  /dev/cdrom
```

也可以用挂载点作为参数进行卸载，命令行为：

```
umount  /mnt/cdrom
```

在 Linux 中，系统还提供了专门用于弹出或关闭光盘驱动器的命令——eject。eject 命令会先调用 umount 命令对光驱进行卸载，然后弹出光盘。eject 命令格式如下：

```
eject  [-t] [-n] [光盘挂载点或光盘设备文件名]
```

其中，选项“-t”用于关闭指定的光盘驱动器，不会将光盘弹出。直接使用 eject 命令而不指定任何参数，将弹出默认的设备。可以使用选项“-n”查看系统默认的弹出设备，例如：

```
#eject  -n
eject: device is `/dev/hdc`
```

卸载 USB 存储设备时可以使用 umount 命令，命令行如下：

```
#umount  /dev/sdc1
```

5.2.3　查看磁盘分区信息

fdisk 是一种功能强大的磁盘分区工具，不仅适用于 Linux 系统，在 Windows 及 DOS 中也有广泛应用。例如，对/dev/sda 设备使用 fdisk 命令，命令行如下：

```
# fdisk  /dev/sda
WARNING: DOS-compatible mode is deprecated. It's strongly recommended to
         switch off the mode (command 'c') and change display units to
         sectors (command 'u').

Command (m for help):
```

输入指令“p”，将列出当前/dev/sda 设备上的分区信息，如下所示：

```
Command (m for help):p


Disk /dev/sda: 21.5 GB, 21474836480 bytes
255 heads, 63 sectors/track, 2610 cylinders
Units = cylinders of 16065 * 512 = 8225280 bytes
Sector size (logical/physical): 512 bytes / 512 bytes
I/O size (minimum/optimal): 512 bytes / 512 bytes
Disk identifier: 0x000e4071

  Device Boot      Start         End      Blocks   Id  System
/dev/sda1   *           1          64      512000   83  Linux
Partition 1 does not end on cylinder boundary.
/dev/sda2              64        2611    20458496   8e  Linux LVM
```

可以看到，当前/dev/sda 设备的容量为 21.5GB，包括 255 个磁头，每磁道 63 扇区，磁盘柱面总共 2610。列表以柱面为单位进行显示，其中 1 柱面等于 8 225 280 字节。

5.2.4 新建磁盘分区

新插入一个磁盘，或者磁盘有空余空间，查到磁盘的设备名是/dev/sdb，对/dev/sdb 设备使用 fdisk 命令，命令行如下：

```
# fdisk /dev/sdb
```

使用指令“n”可以创建一个新分区，例如：

```
Command (m for help):p                        //显示当前磁盘分区

Disk /dev/sdb: 21.5 GB, 21474836480 bytes
255 heads, 63 sectors/track, 2610 cylinders, total 41943040 sectors
Units = sectors of 1 * 512 = 512 bytes
Sector size (logical/physical): 512 bytes / 512 bytes
I/O size (minimum/optimal): 512 bytes / 512 bytes
Disk identifier: 0x000e4071

   Device Boot      Start         End      Blocks   Id  System
/dev/sda2         1026048    41943039    20458496   8e  Linux LVM
Command (m for help): n                       //新建一个分区
Command action   //指令“e”表示创建扩展分区，指令“p”表示创建主分区
   e   extended
   p   primary partition (1-4)
p                                             //创建主分区
Partition number (1-4): 1                     //指定分区号为1
First sector (63-16777215, default 63):       //输入扇区开始位置
Using default value 63
//输入扇区结束位置，默认为208844
Last sector or +size or +sizeM or +sizeK (63-208844, default 208844):
Using default value 208844

Command (m for help): p                       //显示当前磁盘分区
Disk /dev/sda: 21.5 GB, 21474836480 bytes
255 heads, 63 sectors/track, 2610 cylinders, total 41943040 sectors
Units = sectors of 1 * 512 = 512 bytes
Sector size (logical/physical): 512 bytes / 512 bytes
I/O size (minimum/optimal): 512 bytes / 512 bytes
Disk identifier: 0x000e4071

   Device Boot      Start         End      Blocks   Id  System
/dev/sdb1          208844      208844          0+  83  Linux
/dev/sdb2         1026048    41943039    20458496   8e  Linux LVM
```

5.2.5 分区的格式化

建立磁盘分区后，需要为每个分区创建文件系统，使用 mkfs 命令可以完成该任务。mkfs 命令格式如下：

```
mkfs  [-V ]  [-t fstype ]  [fs-options ] filesys  [blocks ]
```

各可用选项说明如下。

- -V：以冗余模式进行输出，该选项通常仅用于测试。
- -t：定义创建的文件系统类型，默认为Ext2。
- -c：在创建文件系统前检查设备坏块。
- -l：从指定的文件中读入坏块信息。
- -v：以冗余模式进行输出。

例如，在硬盘/dev/sdb3上创建Ext4文件系统，命令行为：

```
#mkfs  -t ext4  /dev/sdb3
```

在分区上创建文件系统之后，还可以使用 tune2fs 命令对文件系统设置进行调整。tune2fs命令可以修改文件系统的卷标并转换文件系统的类型。例如，将硬盘/dev/sdb2上的Ext2文件系统转换为Ext4文件系统，命令行如下：

```
#tune2fs  -j  /dev/sdb2
```

5.2.6 检查和修复磁盘分区

e2fsck 是 Linux 操作系统中非常有用的工具，其主要功能是检查文件系统的正确性，并对受损的文件系统进行修复。系统长期运行后，很可能会因为网络攻击或非正常关机而导致文件系统受损，造成诸如文件系统的 i 节点表和磁盘的内容不一致等问题。e2fsck 是专门为 Linux 操作系统的Ext文件系统设计的修复工具，其命令格式如下：

```
e2fsck   [-pacnyrdfkvstDFSV ]  [-b superblock ]  [-B blocksize ]  [-l|-L bad_blocks_file ]  [-C fd ]  [-j external-journal ]  [-E extended_options ] 设备名
```

e2fsck命令的主要选项及其说明如表5.3所示。

表5.3 e2fsck命令的主要选项及其说明

选　项	说　明
-a	不询问便自动进行修复，与-p选项作用相同。保留该选项仅为了向后兼容，建议尽可能使用-p选项
-b	使用指定的超级块（Superblock），而不使用预设的超级块
-B	指定搜索的超级块的大小
-c	调用 badblocks 程序对磁盘进行只读性扫描，查找存在的坏块。如果该选项被定义了两遍，则使用非破坏性的读/写方法对磁盘坏块进行扫描
-C	将扫描过程信息记录在指定的文件中，使整个检测过程受到监控
-d	显示调试信息
-D	优化文件系统目录。如果文件系统支持目录索引，则重新建立索引；对于传统的线性目录或较小的目录，使用排序和压缩技术
-E	设置e2fsck扩展选项，选项之间用逗号分隔
-f	即使文件系统很简单，也强制检测
-F	在开始检测前将文件系统的设备缓冲区清空
-j	设置外部日志的路径

续表

选　项	说　明
-k	与-c 选项联合使用，已在坏块列表中列出的坏块不做修改，通过使用 badblocks 程序检测出的新坏块将被添加到坏块列表中
-l	将文件中指定的区块添加到坏块列表中
-L	与-l 选项相似，只是在将指定区块添加到坏块列表前，清空坏块列表
-n	以只读方式打开文件系统，并且假定所有交互的答案均为“no”
-p	不进行询问，自动修复文件系统
-r	该选项并无实际意义，只是为了向前兼容
-s	如果文件系统不是标准的字节顺序，则交换字节顺序；如果文件系统已是标准的字节顺序，则不进行任何操作
-S	忽略当前的字节顺序，直接进行交换
-t	显示 e2fsck 的时间统计
-v	冗余模式
-V	显示版本信息
-y	在交互模式下，假定所有的答案均为“yes”

在使用 e2fsck 命令修复文件系统时，必须将要被修复的文件系统卸载，否则将是极不安全的，甚至会造成文件系统的崩溃。因此在安装 Linux 文件系统时，建议至少创建两个以上的主文件系统，这样在一个文件系统受损时，可以通过另一个文件系统对其进行修复。例如，假定计算机上安装了两个主文件系统 hda1 和 hda2，当 hda1 文件系统出现故障时，可以使用 hda2 文件系统引导系统，然后卸载 hda1 文件系统并利用 e2fsck 命令进行修复，命令行如下：

```
#umount  /dev/hda1
#e2fsck  -av   /dev/hda2
```

修复完成后，重新启动计算机，即可使用 hda1 文件系统重新引导系统。

5.3　磁盘配额管理

Linux 是一个多用户、多任务操作系统，支持多客户端、多用户的使用。经验表明，在多用户系统中，加入的磁盘空间越多，用户使用的越多，浪费的磁盘空间也越多，同时系统的可靠性也会大幅降低。保证系统有足够的磁盘空间的最好方法就是有效地限制用户的使用量，为此可以在 Linux 中使用磁盘配额技术。磁盘配额可以为每个用户或用户组，甚至一个文件系统设定磁盘使用额度。通过磁盘配额，当用户使用的磁盘空间过多或分区占用过大时，系统管理员都会收到警告，从而及时采取措施。

在 Red Hat Enterprise Linux 7.5 中，系统自带了磁盘配额软件，在默认情况下系统会自动安装，因此可以直接使用磁盘配额系统。

5.3.1 磁盘配额的系统配置

磁盘配额的系统配置主要包括添加参数、重新挂载配额分区和创建磁盘配额文件3个步骤。

1. 添加参数

首先需要确定使用磁盘配额的分区。例如/home分区，由于其目录下包含所有用户的主目录，且用户利用FTP登录主机时通常也使用该目录作为起始目录，因此最好利用磁盘配额对其空间的使用进行限制（/home分区为单独磁盘）。

在确定需要使用磁盘配额的分区后，需要在/etc/fstab文件中对分区进行标注。打开/etc/fstab文件，在/home分区记录项中添加usrquota和grpquota参数，如下所示：

```
/dev/VolGroup00/LogVol00 /              ext3    defaults                    1 1
LABEL=/boot             /boot           ext3    defaults,  1 2
LABEL=/home             /home           ext3    defaults,usrquota,grpquota  1 2
devpts                  /dev/pts        devpts  gid=5,mode=620              0 0
tmpfs                   /dev/shm        tmpfs   defaults                    0 0
proc                    /proc           proc    defaults                    0 0
sysfs                   /sys            sysfs   defaults                    0 0
/dev/VolGroup00/LogVol01  swap          swap    defaults                    0 0
```

其中，usrquota参数表示要在该文件系统中限制用户的使用空间，而grpquota参数表示要在该文件系统中限制用户组的使用空间。

2. 重新挂载配额分区

为了使前面的修改生效，需要重新启动计算机；也可以使用mount命令对该分区进行重载，命令行如下：

```
#mount -o remount  /home
```

重载过程是先卸载分区，然后重新挂载。由于根分区无法卸载，因此不能对其使用该命令。

3. 创建磁盘配额文件

为了使系统能够按照磁盘配额进行工作，必须创建磁盘配额文件aquota.group和aquota.user。使用quotacheck命令可以完成磁盘配额文件的自动创建。quotacheck命令还具有检查文件系统、创建硬盘使用率列表，以及检查每个文件系统的空间限额等功能。quotacheck命令的主要参数及其说明如表5.4所示。

表5.4 quotacheck命令的主要参数及其说明

主要参数	说明
-a	扫描在/etc/mtab文件中挂载的所有非NTFS文件系统
-d	启用调试模式，会产生大量的调试信息，有详细的输出结果，但扫描速度比较慢
-u	计算每个用户占用的目录和文件数目，并创建aquota.user文件
-g	计算每个用户组占用的目录和文件数目，并创建aquota.group文件

续表

主 要 参 数	说　明
-c	忽略现存的配额文件，重新扫描并创建新配额文件
-v	显示命令执行过程
-b	强制 quotacheck 在创建新配额文件前对旧配额文件进行备份

文件/etc/mtab 与/etc/fstab 内容类似，/etc/fstab 表示系统开机时默认加载的分区，而/etc/mtab 表示目前系统加载的分区。例如，扫描/etc/mtab 文件，创建 aquota.group 和 aquota.user 磁盘配额文件，命令行为：

```
#quotacheck  -avgu
```

执行 quotacheck 命令后，可以看到在/home 文件系统中新建了 aquota.group 和 aquota.user 文件：

```
#ls  -al
drwxr-xr-x 13 root    root    4096 08-31 07:59 .
drwxr-xr-x 24 root    root    4096 08-31 13:42 ..
-rw-------  1 root    root    6144 08-31 13:38 aquota.group
-rw-------  1 root    root    6144 08-31 13:38 aquota.user
drwx------  2 stud1   users   4096 2007-07-14 stud1
drwx------  2 stud2   users   4096 2007-07-14 stud2
… …
```

在成功创建 aquota.group 和 aquota.user 文件后，就可以在/home 分区下对用户和用户组进行磁盘使用空间的限制。直接运行命令“quota 用户名”，可以显示分给指定用户的磁盘配额：

```
# quota  student
Disk quotas for user tanli (uid 605): none
```

注意：对于有些版本的 Linux，在对/etc/fstab 文件设置配额参数后，需要修改/etc/rc.d/rc.local 脚本文件，才能使系统每次启动时能够自动创建配额文件并自动启用磁盘配额程序。例如，修改/etc/rc.d/rc.local 脚本文件如下：

```
… …
#Check quota and then turn quota on
if  [-x  /sbin/quotacheck ]; then
echo " Checking quotas. This may take some time…"
/sbin/quotacheck -avug
echo  "Done"
fi
if  [-x  /sbin/quotaon ] ; then
echo "Enabling disk quota…"
/sbin/quotaon  -avug
echo  "Done"
fi
… …
```

其中，命令“/sbin/quotacheck -avug”用于扫描/etc/fstab文件中设置磁盘配额的分区，以及在该分区下创建配额文件aquota.group和aquota.user。

5.3.2 对用户设置磁盘配额

在上一节中创建了磁盘配额文件aquota.group和aquota.user。由于aquota.group和aquota.user文件结构复杂，无法直接在编辑器中打开，因此必须通过edquota命令才能正常编辑这两个文件。edquota命令的常用参数及其说明如表5.5所示。

表5.5 edquota命令的常用参数及其说明

常用参数	说明
-g	设置用户组的磁盘配额
-u	设置用户的磁盘配额，默认值
-p	对磁盘配额设置进行复制
-t	为文件系统设置软时间限制

edquota命令进入的是Vim编辑状态（Vim的使用方法参见8.1节Vim的使用的有关内容），可以编辑用户和用户组的磁盘空间限制。图5.2列出了edquota命令的编辑格式。

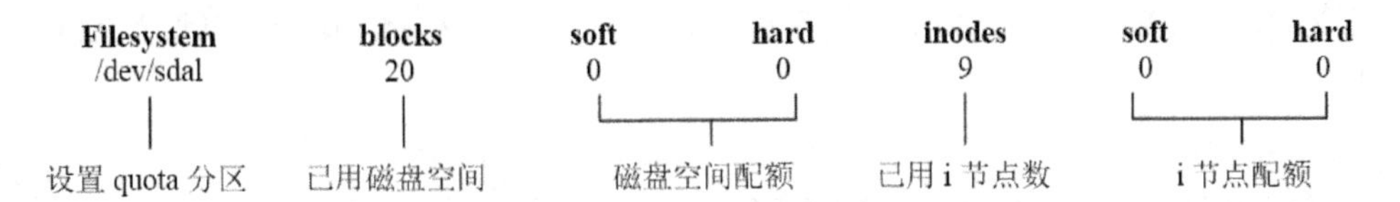

图5.2 edquota命令的编辑格式

其中，“Filesystem”字段指出目前使用磁盘配额的文件系统为/dev/sda1。“blocks”字段表示用户已经使用的磁盘空间为20个blocks，其中1个block是1024B。“blocks”字段后面的“soft”和“hard”字段表示磁盘空间配额的软限额和硬限额，值为“0”表示没有限制。“inodes”表示已使用的i节点数。i节点数就是文件和目录数，其后的“soft”和“hard”字段分别表示i节点数的软限额和硬限额，值为“0”表示没有限制。

所谓软限额，是指用户达到此限制时，系统会发出警告信息，但是用户仍然可以继续使用。而一旦达到硬限额，用户就无法再写入了。

例如，为用户student设置磁盘限额，其中磁盘空间软限额为10 000KB，硬限额为50 000KB；i节点数的软限额为600个，硬限额为800个，使用edquota命令编辑用户student配额如下：

```
#edquota  -u  student
Disk quotas for user student (uid 605):
  Filesystem          blocks       soft        hard      inodes     soft      hard
  /dev/sda1             20        10000       50000         8        600       800
```

其中，blocks为20表示用户student已经使用了20块（20×1KB=20KB）磁盘空间。当用户使用的磁盘空间达到软限额10 000KB时，系统会提示用户student已达到软限额，但用户仍可以继续写入；当达到硬限额 50 000KB 时，系统将禁止用户 student 再向磁盘内写入任何数据。inodes 为 8 表示用户 student 已经创建了 8 个文件。当用户创建的文件数达到 600 个时，系统会给出警告，提示用户已达到软限额；当达到硬限额 800 个时，系统将不再允许用户创建文件或目录。

再如，设置用户 teacher 使用的磁盘空间软限额为 500 000KB，硬限额为 800 000KB；规定创建文件/目录数的软限额为 128 个，硬限额为 512 个，可使用如下 edquota 命令：

```
#edquota  -u  teacher
Disk quotas for user teacher (uid 601):
  Filesystem        blocks        soft        hard     inodes     soft     hard
  /dev/sda1            0        500000      800000        0        128      512
```

如果有很多用户需要设置相同的配额，则可以使用 edquota 命令的“-p”选项。例如，为用户 teacher1、teacher2 和 teacher3 设置与上例中用户 teacher 一样的磁盘配额方案，命令行为：

```
#edquota  -p  teacher -u  teacher1  teacher2  teacher3
```

除了可以限制用户使用磁盘空间大小和 i 节点数，还可以设置“grace period”，即宽限期。所谓宽限期，是指当用户使用的磁盘空间或 i 节点数达到软限额，但还未达到硬限额时，允许用户继续使用的天数。一旦达到硬限额或超出设置的宽限期，用户将无法继续使用磁盘，直到将磁盘的使用量或 i 节点数降到软限额以下。使用“edquota -t”命令可以设置宽限期，代码如下：

```
#edquota  -t
Grace period before enforcing soft limits for users:
Time units may be: days, hours, minutes, or seconds
  Filesystem             Block grace period      Inode grace period
  /dev/sda1                     7days                   7days
```

系统默认的宽限期为 7 天，可以以日、小时、分钟和秒为单位进行修改。在此设置的宽限期对所有用户和用户组有效。

5.3.3 对用户组设置磁盘配额

在多用户操作系统中，每个用户都有自己所属的用户组，一个用户组中可以包含若干个用户，因此可以针对用户组设置磁盘配额。在设置用户组磁盘配额时，应根据用户组内的用户数及每一用户的磁盘配额计算用户组磁盘配额，使用户组磁盘配额限制约等于组内各个用户磁盘配额的总和，否则会出现“不足”或“过剩”现象。

例如，用户组 teacher 包含 Mike 和 Jerry 两个用户。假设 Mike 和 Jerry 各自的磁盘配额上限为 50MB，而用户组 teacher 的磁盘配额上限为 80MB，那么当 Mike 使用 50MB 磁盘空间后，Jerry 只能使用 80MB−50MB＝30MB 磁盘空间，而不再是原先设置的 50MB。

再如，用户组 student 包含 student1～student20 共 20 个用户，每个用户使用的磁盘空间软限额为100MB，硬限额为150MB，则用户组的软限额可以设为100MB×20≈2GB，而硬限额可以设为150MB×20≈3GB。由于用户组内用户较多，同时达到硬限额的可能性很小，为了节省磁盘空间，可以尝试将用户组的磁盘空间硬限额设为2.5GB。

又如，用户组staff包含Jack和Jane两个用户，Jack和Jane各自的磁盘配额上限为20MB。如果将用户组staff的磁盘配额上限设为50 MB，即用户组磁盘配额上限大于用户磁盘配额上限的总和，那么当Jack和Jane均达到各自20MB的磁盘配额上限时，即使用户组的磁盘配额上限还未达到，也不能继续使用磁盘，由此很可能造成磁盘空间浪费。

使用“edquota -g”命令可以对用户组设置磁盘配额。例如，对用户组test设置磁盘配额，设置磁盘空间使用的软限额为4 000 000KB，硬限额为8 000 000KB，对i节点不设限制，配置过程如下。

（1）编辑/etc/fstab文件，添加grpquota参数，如下所示：

```
/dev/VolGroup00/LogVol00 /              ext3    defaults                    1 1
LABEL=/boot               /boot          ext3    defaults, 1 2
LABEL=/home              /home        ext3    defaults,usrquota,grpquota      1 2
devpts                    /dev/pts        devpts  gid=5,mode=620              0 0
tmpfs                     /dev/shm        tmpfs   defaults                    0 0
proc                      /proc         proc    defaults                      0 0
sysfs                     /sys          sysfs   defaults                      0 0
/dev/VolGroup00/LogVol01  swap            swap    defaults                    0 0
```

（2）重新挂载配额分区。可以通过重新启动计算机进行分区重载，也可以使用mount命令对其进行重载，命令行如下：

```
#mount  -o  remount  /home
```

（3）创建aquota.group磁盘配额文件，命令行如下：

```
quotacheck  -avg
```

（4）使用edquota命令为用户组test设置磁盘配额。进入用户组test的磁盘配额编辑状态，命令行如下：

```
#edquota  -g  test
Disk quotas for group test (gid 106):
  Filesystem         blocks        soft        hard      inodes      soft      hard
  /dev/sda1           3242         0            0         34          0         0
```

对其中磁盘空间的“soft”和“hard”字段，以及i节点数的“soft”和“hard”字段进行修改，命令行如下：

```
#edquota  -g  test
Disk quotas for group test(gid 106):
  Filesystem         blocks        soft        hard      inodes      soft      hard
  /dev/sda1           3242       4000000     8000000      0          34         0
```

此外，使用带“-gp”参数的edquota命令可以对磁盘配额进行复制。例如，为用户组review

设置与上例中用户组 test 相同的磁盘配额方案，命令行如下：

```
#edquota  -gp  test  review
```

5.3.4 启动和终止磁盘配额

在设置好磁盘配额之后，用户可以使用 quotaon 和 quotaoff 命令启动和终止磁盘配额的限制。例如，启动/home 磁盘配额，命令行如下：

```
# quotaon  /home
/dev/sda1 [/home]: group quotas turned on
/dev/sda1 [/home]: user quotas turned on
```

终止/home 磁盘配额可以使用如下命令：

```
# quotaoff  /home
/dev/sda1 [/home]: group quotas turned off
/dev/sda1 [/home]: user quotas turned off
```

也可以不指定操作的分区，使用“-aguv”参数设定自动搜索，命令行如下：

```
# quotaon  -aguv
/dev/sda1 [/home]: group quotas turned on
/dev/sda1 [/home]: user quotas turned on
/dev/sda1 [/www]: group quotas turned on
/dev/sda1 [/www]: user quotas turned on
# quotaoff  -aguv
/dev/sda1 [/home]: group quotas turned off
/dev/sda1 [/home]: user quotas turned off
/dev/sda1 [/www]: group quotas turned off
/dev/sda1 [/www]: user quotas turned off
```

5.3.5 使用 quota 命令查看磁盘空间使用情况

在设置磁盘配额后，系统管理员需要查看某个用户使用的磁盘空间情况时，可以直接运行 quota 命令，命令格式如下：

```
quota  -u  用户名
```

例如，查看用户 kitty 使用的磁盘空间情况，命令行如下：

```
#quota  -u  kitty
Disk quotas for userkitty (uid 608):
 Filesystem          blocks        soft      hard     inodes     soft     hard
 /dev/sda1             10           0         0         3         0        0
```

可以看到，用户 kitty 使用了 10KB 磁盘空间，建立了 3 个文件或目录。同样，也可以使用参数“-g”查看用户组使用的磁盘空间情况，命令格式如下：

```
quota  -g  用户组名
```

如果系统没有设置磁盘配额，则无法使用 quota 命令来查看磁盘空间的使用情况，系统将给出提示信息：

```
#quota  -u  kitty
Disk quotas for user kitty (uid 608):none
```

5.3.6　使用 du 命令进行磁盘空间统计

除了可以使用 quota 命令查看磁盘空间使用情况，用户还可以尝试其他方法，如使用 du 命令。du 命令可以统计文件和目录占用的磁盘空间情况，其格式如下：

```
du  [选项]  [文件或目录名]
```

如果没有指定文件或目录名，则默认对当前目录进行统计。du 命令的主要选项及其说明如表 5.6 所示。

表 5.6　du 命令的主要选项及其说明

选　项	说　明
-s	仅显示文件或目录占用的块数，默认 1 块等于 1024B
-a	显示所有文件及其子目录占用的数据块数
-c	在显示结果最后添加一个总计（系统默认设置）
-k	以 1024B，即 1KB 为单位进行统计（系统默认设置）
-b	以 B 为单位进行统计
-l	对于硬链接文件，系统会计算多次
-x	对不同文件系统上的同名目录不进行统计
-m	以 1024KB，即 1MB 为单位进行统计
-h	以人们习惯的方式显示输出结果

例如，使用选项“-a”对用户 kitty 的主目录进行统计（包括其中的子目录），命令行如下：

```
# du  -a  ~kitty
4       /home/stud1/test.2
4       /home/stud1/test.4
4       /home/stud1/test.3
4       /home/stud1/pic/hen
4       /home/stud1/pic/cock
16      /home/stud1/pic
4       /home/stud1/homework.1
4       /home/stud1/test.1
44      /home/stud1
```

又如，使用选项“-s”对指定的用户 kitty 进行统计，命令行如下：

```
# du  -s  ~ kitty
44      /home/stud1
```

如果以 B 为单位进行统计，则命令行如下：

```
# du  -b  ~ kitty
```

```
4096    /home/stud1/pic
8192    /home/stud1
```

如果以 1024 B，即 1KB 为单位进行统计，则命令行如下：

```
# du  -k  ~ kitty
16      /home/stud1/pic
44      /home/stud1
```

如果以 1024 KB，即 1MB 为单位进行统计，则命令行如下：

```
# du  -m  ~ kitty
1       /home/stud1/pic
1       /home/stud1
```

如果希望给显示结果加上总计，则应使用选项“-c”，命令行如下：

```
# du  -c  ~ kitty
16      /home/stud1/pic
44      /home/stud1
44      总计
```

为了使输出结果更加友好（按 KB、MB 或 GB），可以使用选项“-h”，例如：

```
#du -h  ~kitty
16k    ./pic
76k    .
```

命令 du 配合命令 sort，可以按占用空间的大小顺序对磁盘空间的使用情况进行统计。例如，使用下面的命令对当前目录进行统计，并将统计结果保存到/home/disk_used 文件中。

```
#du  -a  |  sort  -n > /home/disk_used  &
```

其中，“du　-a”用于统计当前目录下所有文件和目录占用的磁盘空间；“sort　-n”命令将“du　-a”的统计结果按从小到大的顺序进行排序，然后保存到/home/disk_used 文件中。由于这种对磁盘空间使用情况的统计一般会占用相当长的时间，因此使用“&”将该命令移到后台运行。命令执行完毕后，生成的/home/disk_used 文件内容如下：

```
# cat  /home/disk_used
4       ./pic/cock
4       ./pic/hen
4       ./test.3
8       ./homework.1
8       ./test.2
8       ./test.4
16      ./pic
24      ./test.1
76      .
```

5.4　小结

本章主要介绍了 Linux 的磁盘管理，通过介绍各种常用的磁盘管理工具及每种工具的使用实例，让读者可以更方便、自动化地管理磁盘。另外，还介绍了磁盘配额管理的各种命令及使用技巧，希望读者通过对本章知识的学习可以更方便地进行磁盘管理。

5.5　习题

1．简述目前 Linux 系统中常用的分区及各个分区的特定功能。

2．简述新添加一块硬盘，并且挂载到 Linux 用户系统中的流程。

3．下面哪些是正确的说法？（　）

A．使用 mount 命令格式化硬盘

B．使用 fdisk 命令新建硬盘分区

C．使用 df 命令进行配额管理

D．使用 quota 命令查看磁盘空间使用情况

4．使用命令来挂载和卸载 U 盘。

5．假设有 student0、studen1 和 studen2 3 个用户，添加新硬盘到 Linux 系统中，使用磁盘配额来管理这个新分区，其未来用来存放公司的内部共享文件，3 个用户平均使用该分区。

5.6　上机练习——新添加硬盘，并挂载到/home/linux/newhd/目录中，然后进行磁盘配额操作

实验目的：

了解 Linux 的磁盘管理。

实验内容：

（1）添加新硬盘，需要把硬盘物理连接到计算机上。

（2）通过 fdisk 命令给新硬盘新建一个主分区。

（3）格式化新分区。

（4）挂载新分区到/home/linux/newhd/目录中，并进行磁盘配额操作。

第 6 章　用户管理和常用命令

Linux 和其他类 UNIX 系统一样，是一个多用户、多任务操作系统。多用户特性允许多人在 Linux 中创建独立的账户来确保用户个人数据的安全性；而多任务机制允许多个用户同时登录，同时使用系统的软硬件资源。

本章分别从命令行和图形桌面两方面对普通用户、根用户及用户组的设置与管理进行介绍，并对用户管理常见问题进行分析。用户和用户组管理是 Linux 系统管理的基础，也是实现 Linux 系统安全的重要手段。良好的用户和用户组管理可以为进一步扩展 Linux 系统应用提供强有力的支持。

在 Linux 操作系统中，每个用户都有一个唯一的身份标识，称为用户 ID（UID）。每个用户至少属于一个用户组。用户组是由系统管理员创建，由多个用户组成的用户群体。每个用户组也有一个唯一的身份标识，称为用户组 ID。不同的用户和用户组对系统拥有不同的权限。对文件或目录的访问，以及对程序的执行都需要调用者拥有相符合的身份，同时一个正被执行的程序也相应地继承了调用者的所有权限。

Linux 用户被划分为两类：一类是根用户（root 用户），也称为超级用户；另一类是普通用户。根用户是系统的所有者，对系统拥有最高的权力，可以对所有文件、目录进行访问，可以执行系统中的所有程序，而不管文件、目录和程序的所有者同意与否。普通用户的权限由系统管理员创建时赋予。普通用户通常只能管理属于自己的主文件，或者组内共享及完全共享的文件。根用户与 Windows 系统中的 Administrator 地位相当，但根用户在 Linux 系统中是唯一的，且不允许重新命名。

本章内容包括：

- 用户和组文件。
- 使用命令管理普通用户。
- 使用命令管理根用户。

➯ 使用命令管理用户组。

➯ 使用图形化程序管理用户和用户组。

6.1　用户和组文件

用户管理的基本任务包括添加新用户、删除用户、修改用户属性，以及对现有用户的访问参数进行设置。与此密切相关的文件包括/etc/passwd、/etc/shadow、/etc/group、/etc/gshadow及/home目录下的文件。

6.1.1　用户账号文件——/etc/passwd

/etc/passwd文件存储着用户的相关信息，包括用户名、密码和主目录位置等。根用户对该文件有读和写的权限，普通用户只有读权限。Linux 2.0以上版本为了增强系统的安全性，采用了用户基本信息与密码分开存储的方法，密码已不再存放在/etc/passwd文件中，而是转存到了同目录下的/etc/shadow文件中，其原来存放密码的位置用“x”标识。/etc/passwd存储的信息格式如下：

```
Username:encypted password:UID:GID:full name:home directory:login shell
```

其中共7个字段，各字段之间用“:”分隔。利用cat命令查看/etc/passwd文件内容如下：

```
#cat  /etc/passwd
//根用户的设置项，UID为0，属于root组，登录Shell为/bin/bash
root:x:0:0:root:/root:/bin/bash
bin:x:1:1:bin:/bin:/sbin/nologin  //该用户在/bin下有许多命令，且主目录为/bin
daemon:x:2:2:daemon:/sbin:/sbin/nologin
adm:x:3:4:adm:/var/adm:/sbin/nologin
lp:x:4:7:lp:/var/spool/lpd:/sbin/nologin      //该用户可以控制一些打印功能
sync:x:5:0:sync:/sbin:/bin/sync
shutdown:x:6:0:shutdown:/sbin:/sbin/shutdown
halt:x:7:0:halt:/sbin:/sbin/halt
mail:x:8:12:mail:/var/spool/mail:/sbin/nologin //该用户可以管理电子邮件
news:x:9:13:news:/etc/news:  //该用户可以对Internet新闻服务进行管理
uucp:x:10:14:uucp:/var/spool/uucp:/sbin/nologin
operator:x:11:0:operator:/root:/sbin/nologin
games:x:12:100:games:/usr/games:/sbin/nologin
gopher:x:13:30:gopher:/var/gopher:/sbin/nologin
ftp:x:14:50:FTP User:/var/ftp:/sbin/nologin //该用户管理匿名FTP服务
nobody:x:99:99:Nobody:/:/sbin/nologin
rpm:x:37:37::/var/lib/rpm:/sbin/nologin
dbus:x:81:81:System message bus:/:/sbin/nologin
avahi:x:70:70:Avahi daemon:/:/sbin/nologin
mailnull:x:47:47::/var/spool/mqueue:/sbin/nologin
smmsp:x:51:51::/var/spool/mqueue:/sbin/nologin
```

```
nscd:x:28:28:NSCD Daemon:/:/sbin/nologin
vcsa:x:69:69:virtual console memory owner:/dev:/sbin/nologin
haldaemon:x:68:68:HAL daemon:/:/sbin/nologin
rpc:x:32:32:Portmapper RPC user:/:/sbin/nologin
rpcuser:x:29:29:RPC Service User:/var/lib/nfs:/sbin/nologin
nfsnobody:x:65534:65534:Anonymous NFS User:/var/lib/nfs:/sbin/nologin
sshd:x:74:74:Privilege-separated SSH:/var/empty/sshd:/sbin/nologin
pcap:x:77:77::/var/arpwatch:/sbin/nologin
ntp:x:38:38::/etc/ntp:/sbin/nologin
gdm:x:42:42::/var/gdm:/sbin/nologin
apache:x:48:48:Apache:/var/www:/sbin/nologin         //该用户管理 HTTP 服务
distcache:x:94:94:Distcache:/:/sbin/nologin
postgres:x:26:26:PostgreSQL Server:/var/lib/pgsql:/bin/bash
mysql:x:27:27:MySQL Server:/var/lib/mysql:/bin/bash   //该用户管理 MySQL 数据库
dovecot:x:97:97:dovecot:/usr/libexec/dovecot:/sbin/nologin
webalizer:x:67:67:Webalizer:/var/www/usage:/sbin/nologin
squid:x:23:23::/var/spool/squid:/sbin/nologin
named:x:25:25:Named:/var/named:/sbin/nologin
xfs:x:43:43:X Font Server:/etc/X11/fs:/sbin/nologin
sabayon:x:86:86:Sabayon user:/home/sabayon:/sbin/nologin
yang:x:500:500:yang:/home/yang:/bin/bash         //系统安装时创建的普通用户
teacher:x:501:501::/home/teacher:/bin/bash       //管理员自行添加的用户
```

可以使用 vipw 命令直接编辑/etc/passwd 文件。vipw 命令在功能上相当于“vi /etc/passwd”命令，但比直接使用 vi 命令更安全。在使用 vipw 命令编辑/etc/passwd 文件时，将自动对该文件加锁，待编辑结束后自动解锁，从而保证了数据的一致性。

文件中列出了所有用户的信息，每个用户的信息占用一行，行中各字段含义如下。

（1）用户名：用户名是用户在系统中的标识，通常长度不超过 8 个字符，由字母、数字、下画线或句点组成。

（2）密码：该字段存放加密后的用户密码。由于现在的系统大多采用 Shadow Passwords 技术，因此该字段通常只存放一个特殊的字符“x”，真正的密码已转移到/etc/shadow 文件中。

如果该字段的第一个字母是“#”，如下例所示，则表示该用户已被停用，即系统暂时不再允许该用户登录，但该用户的用户信息和相应的主目录及属主文件仍保存在系统中，并没有被系统删除。

```
yang:x:500:500:yang:/home/yang:/bin/bash
# teacher:x:501:501::/home/teacher:/bin/bash
```

（3）用户标识号（UID）：UID 是用户在系统中的唯一标识号，必须是整数，通常和用户名一一对应。当有多个用户名对应同一个 UID 时，系统会把它们视为同一用户。

UID 的取值范围是 0～65 535。0～499 一般由系统保留，其中“0”由根用户占用，新增用户的 UID 和 GID 需要大于或等于 500。

（4）用户组标识号（GID）：该字段记录用户所属的用户组。用户组的具体定义可以查看/etc/group 文件。

（5）个人信息描述：该字段记录用户的真实姓名、电话、地址和邮编等个人信息。各项之间用“,”分隔。该字段内容可以为空。

（6）登录目录：该目录是用户登录系统后的默认目录，通常就是用户的主目录，一般在/home下。根用户登录系统后默认的登录目录是/root。

（7）登录 Shell：用户以文本方式登录系统后需要启动一个 Shell 进程。Shell 是用户和 Linux 内核之间的接口程序，负责将用户的操作传递给内核，所以 Shell 也被称为命令解释器。在 Linux 系统中有多种 Shell 可以使用，各 Shell 之间略有差别，常用的包括 Bourne Shell（sh）、C Shell（csh）、Korn Shell（ksh）、TENEX/TOPS-20 type C Shell（tcsh）和 Bourne Again Shell（bash）等。其中，C Shell 可以提供方便的用户界面设计，语法与 C 语言很相似；而 Korn Shell 兼有 C Shell 和 Bourne Shell 的优点。

无论是普通用户还是根用户，登录系统后都会进入该字段指定的命令解释器状态，用户输入的每个命令都将被这个命令解释器翻译并执行。

该字段也可以指定一个特定的程序，此时用户登录后只能执行该程序。待程序执行结束，用户会自动退出系统。

6.1.2　用户影子文件——/etc/shadow

由于普通用户可以读取/etc/passwd 文件，因此密码直接保存在该文件中是极不安全的，很可能会被别有用心的人获取并破译。目前的操作系统在密码保护方面大多采用 Shadow Passwords 技术及 MD5 口令保护功能。Shadow Passwords 技术，即影子密码，就是将加密的口令放在另一个文件/etc/shadow 中，并且对/etc/shadow 文件设置严格的权限，只有根用户可以读取该文件。/etc/shadow 文件中存储的信息格式如下：

```
Username:Encypted password:Number of days:Minimum password life:Maximum password life:Warning period:Disable account:Account expiration:Reserved
```

其中共 9 个字段，各字段之间用“:”分隔。利用 cat 命令查看/etc/shadow 文件内容如下：

```
#cat /etc/shadow
//根用户已设置密码，账户 99999 天后失效，失效前 7 天系统会给出警告
root:$1$f9.s.ENV$9PcgRNEuspQsWgG8vX.8V/:13698:0:99999:7:::
bin:*:13698:0:99999:7:::
daemon:*:13698:0:99999:7:::
adm:*:13698:0:99999:7:::
lp:*:13698:0:99999:7:::
sync:*:13698:0:99999:7:::
shutdown:*:13698:0:99999:7:::
halt:*:13698:0:99999:7:::
mail:*:13698:0:99999:7:::
news:*:13698:0:99999:7:::
uucp:*:13698:0:99999:7:::
operator:*:13698:0:99999:7:::
games:*:13698:0:99999:7:::
```

```
gopher:*:13698:0:99999:7:::
ftp:*:13698:0:99999:7:::                //ftp 用户，目前已禁止该用户登录
nobody:*:13698:0:99999:7:::
rpm:!!:13698:0:99999:7:::
dbus:!!:13698:0:99999:7:::
avahi:!!:13698:0:99999:7:::
mailnull:!!:13698:0:99999:7:::
smmsp:!!:13698:0:99999:7:::
nscd:!!:13698:0:99999:7:::
vcsa:!!:13698:0:99999:7:::
haldaemon:!!:13698:0:99999:7:::
rpc:!!:13698:0:99999:7:::
rpcuser:!!:13698:0:99999:7:::
nfsnobody:!!:13698:0:99999:7:::
sshd:!!:13698:0:99999:7:::
pcap:!!:13698:0:99999:7:::
ntp:!!:13698:0:99999:7:::
gdm:!!:13698:0:99999:7:::
apache:!!:13698:0:99999:7:::            //http 用户，未启用，暂无法登录
distcache:!!:13698:0:99999:7:::
postgres:!!:13698:0:99999:7:::
mysql:!!:13698:0:99999:7:::             //mysql 用户，未启用，暂无法登录
dovecot:!!:13698:0:99999:7:::
webalizer:!!:13698:0:99999:7:::
squid:!!:13698:0:99999:7:::
named:!!:13698:0:99999:7:::
xfs:!!:13698:0:99999:7:::
sabayon:!!:13698:0:99999:7:::
yang:$1$9y0JsfWl$fW4uZTnP6r7hLykdf7jQ71:13698:0:99999:7:::
teacher::13698:0:99999:7:::            //设置用户 teacher 的密码为空
```

其中列出了所有有效用户的密码信息，每个用户的信息占用一行，一行分 9 个字段，前 8 个字段分别表示用户名、密码、从 1970 年 1 月 1 日到上次修改密码的天数、密码必须连续使用的天数、密码有效期、密码失效前警告的天数、从密码过期到彻底停用的天数、账号失效日期，最后一个字段作为保留字段，详情见表 6.1。将/etc/shadow 文件与/etc/passwd 文件进行对比可以发现，/ect/shadow 文件中每行记录所记载的用户信息是一一对应的。

表 6.1 /ect/shadow 文件中各字段说明

序　号	字　段	说　明
1	Username	用户的登录名
2	Encypted password	已加密的密码
3	Number of days	从 1970 年 1 月 1 日到上次修改密码的天数
4	Minimum password life	至少在设定的天数内密码是不能修改的
5	Maximum password life	在设定的天数之后必须重新设置密码
6	Warning period	在密码失效前，提前提醒用户密码即将失效的天数
7	Disable account	设定密码过期之后，如果该账号仍没有被使用，则停用该账号的天数

续表

序　号	字　段	说　明
8	Account expiration	设定账号失效日期。如果到期还没有使用该账号，则用户将不能以该账号身份登录。日期的格式可以是 YYYY-MM-DD，也可以是距 1970 年 1 月 1 日的天数
9	Reserved	系统保留

注意：MD5（Message-Digest Algorithm 5）是密码学中的经典算法之一，经常应用于数字签名技术。MD5 可以接收任意长度的字符串，并根据输入的字符串产生一组 128 位的信息摘要。从理论上讲，输入两组不同的字符串不可能得到相同的输出，所以 MD5 可以有效地保护用户的口令安全。

6.1.3　用户组账号文件——/etc/group 和/etc/gshadow

用户组账号文件位于/etc/group，其中存放的是用户组的账号信息。对用户组的添加、删除和修改实际上就是对该文件的更新。该文件的内容任何用户都可以读取，但只有根用户可以修改：

```
#ls -l /etc/group
-rw-r--r-- 1 root root 735 Jul 20 07:10 /etc/group
```

/etc/group 文件中的每一行对应一个用户组，用“:”分隔成 4 个字段，各字段说明如表 6.2 所示。

表 6.2　/etc/group 文件中各字段说明

字　段	说　明
Group_name	用户组的名称
Encrypted_password	用户组的密码。由于安全原因，相应内容已转存到/etc/gshadow 文件中，在此仅用“x”占位
GID	用户组标识号，该数字在系统中必须唯一，且不能为负，0～499 系统预留
User_list	组成员列表

/etc/group 文件内容及相关说明如下：

```
#cat /etc/group
root:x:0:root               //root 用户组，组成员只有 root，GID 为 0
bin:x:1:root,bin,daemon
daemon:x:2:root,bin,daemon //守护进程用户组，组成员包括 root、bin、daemon，GID 为 2
sys:x:3:root,bin,adm
adm:x:4:root,adm,daemon
tty:x:5:
disk:x:6:root
lp:x:7:daemon,lp mem:x:8:
kmem:x:9:
wheel:x:10:root
mail:x:12:mail
news:x:13:news
uucp:x:14:uucp
man:x:15:
games:x:20:                 //安装 X-Window 服务需要该组
gopher:x:30:
```

```
dip:x:40:
ftp:x:50:                    //ftp 用户组，GID 为 50
lock:x:54:
nobody:x:99:
//普通 users 用户组，GID 为 100，组成员包括 student3、student4。在创建普通用户时，若不指定组，则默认为 users 用户组
users:x:100:student3,student4
rpm:x:37:
dbus:x:81:
utmp:x:22:
utempter:x:35:
avahi:x:70:
mailnull:x:47:
smmsp:x:51:
nscd:x:28:
floppy:x:19:
vcsa:x:69:
haldaemon:x:68:
rpc:x:32:
rpcuser:x:29:
nfsnobody:x:65534:
sshd:x:74:
pcap:x:77:
ntp:x:38:
slocate:x:21:
gdm:x:42:
apache:x:48:
distcache:x:94:
postgres:x:26:                    //安装 postgreSQL 数据库服务器时使用
mysql:x:27:                       //安装 MySQL 服务器时使用
dovecot:x:97:
webalizer:x:67:
squid:x:23:                       //安装代理服务器 Squid 时使用
named:x:25:                       //安装 DNS 服务器时使用
xfs:x:43:
sabayon:x:86:
screen:x:84:
teacher:x:500:teacher,director    //teacher 用户组的 GID 为 500，组成员包括 teacher、director
```

注意：与 vipw 命令类似，可以使用 vigr 命令直接编辑/etc/group 文件。vigr 命令在功能上相当于"vi /etc/group"命令，但比直接使用 vi 命令更安全。在使用 vigr 命令编辑/etc/group 文件时，系统会自动对/etc/group 文件加锁，待编辑结束后自动解锁，从而保证了数据的一致性。

在 Red Hat Enterprise Linux 中，用户组密码的保护机制与用户密码的保护机制一样采用了 Shadow Passwords 技术。加密后的用户组密码信息保存在/etc/gshadow 文件中。该文件只有 root 用户可以读取，文件中每行定义一个用户组的信息，行中各字段用“:”分隔。/etc/gshadow 文

件内容及相关说明如下：

```
#cat /etc/gshadow
root:::root                       //root 用户组，组成员只有 root，组密码为空
bin:::root,bin,daemon
daemon:::root,bin,daemon
sys:::root,bin,adm
adm:::root,adm,daemon
tty:::
disk:::root
lp:::daemon,lp
mem:::
kmem:::
wheel:::root
mail:::mail
news:::news
uucp:::uucp
man:::
games:::
gopher:::
dip:::
ftp:::                            //ftp 用户组，组成员为空，组密码为空
lock:::
nobody:::
users:::student3,student4         //普通用户组，组密码为空
rpm:x::
dbus:x::
utmp:x::
utempter:x::
avahi:x::
mailnull:x::
smmsp:x::
nscd:x::
floppy:x::
vcsa:x::
haldaemon:x::
rpc:x::
rpcuser:x::
nfsnobody:x::
sshd:x::
pcap:x::
ntp:x::
slocate:x::
gdm:x::
apache:x::                        //Apache 服务的密码设置项
distcache:x::
postgres:x::
mysql:x::                         //MySQL 数据库的密码设置项
dovecot:x::
webalizer:x::
```

```
squid:x::
named:x::                           //域名服务器的密码设置项
xfs:x::
sabayon:x::
screen:x::
teacher:!!::
student:!::                         //用户组 student 已停用
```

从/etc/gshadow 文件的内容中可以看出，每行信息分为 4 个字段，各字段说明如表 6.3 所示。

表 6.3 /etc/gshadow 文件中各字段说明

字　段	说　明
Group_name	用户组的名称
Encrypted_password	用户组的密码，该字段用于保存加密后的密码
Group administrators	用户组的管理员账号，管理员可以对该组进行增、删、改等操作
User_list	组成员列表，列表中多个用户间用“,”分隔

6.1.4 使用 pwck 和 grpck 命令检查用户和组文件

这里不推荐使用手动修改文件的方式对用户和组文件进行操作。如果需要手动修改文件内容，则修改后需要使用 pwck 和 grpck 命令对用户和组文件进行检查。

pwck 命令检查用户密码文件（/etc/passwd 及/etc/shadow 文件）的完整性。pwck 命令格式为：

```
pwck [-q] [-s] [passwd [ shadow ]]
         [-q] [-r] [passwd shadow]
```

各选项的意义如下。

- -q：只显示错误信息，不显示警告。
- -s：按 ID 排序。
- -r：以只读方式检查。

grpck 命令检查用户组及密码文件（/etc/group 及/etc/gshadow 文件）的完整性。grpck 命令格式为：

```
grpck [-r] [group [ shadow ]]
         [-s] [group [ shadow ]]
```

各选项的意义同 pwck 命令。

6.2 使用命令管理普通用户

虽然 Red Hat Enterprise Linux 提供了图形化工具用于完成用户管理的基本任务，但大多数管理员更习惯于在命令行界面中执行管理操作。

6.2.1 添加新用户

在 Linux 系统中，一个合法的用户应该具有用户名、真实姓名、密码和登录环境等用户信息。与此相对应，添加一个新用户通常需要系统完成以下几项操作。

（1）设置用户名称及密码。

（2）设置用户的 UID。系统在/etc/passwd 文件中查找目前使用的大于或等于 500 的 UID 的最大编号，加 1 后赋予当前的新用户；若目前还没有大于 500 的编号，则将 500 赋予该用户。

（3）添加该新用户所属的用户组。每个用户都属于一个或多个用户组。系统在添加新用户时默认添加的用户组名与新用户名相同，同时会赋予该用户组一个 GID，通常 GID 的编号与 UID 的编号相同。

（4）创建以新用户的用户名为名称的主目录。在大多数系统中，用户的主目录都被创建在同一个特定目录下，如/home。各用户对自己的主目录有完全的读、写、执行权限，其他用户只能依据该目录的权限设置进行访问。

（5）设定用户的 Shell 环境，默认是/bin/bash。

（6）设定用户的失效时间，默认是 99 999 天后。

（7）设定失效前发出警告的天数，默认是失效前 7 天。

在 Red Hat Enterprise Linux 的安装过程中，系统会自动创建若干默认的标准用户（Standard Users），其中除 root 代表系统管理员外，其余账号都是系统账号。系统账号是应用程序在运行过程中所具有的权限。有关标准用户的详细说明如表 6.4 所示。

表 6.4　Linux 系统标准用户的详细说明

用户名	用户 ID	用户组 ID	用户所在组	用户主目录	使用的 Shell
root	0	0	root	/root	/bin/bash
bin	1	1	bin	/bin	/sbin/nologin
daemon	2	2	daemon	/sbin	/sbin/nologin
adm	3	4	adm	/var/adm	/sbin/nologin
lp	4	7	lp	/var/spool/lpd	/sbin/nologin
sync	5	0	sync	/sbin	/bin/sync
shutdown	6	0	shutdown	/sbin	/sbin/shutdown
halt	7	0	halt	/sbin	/sbin/halt
mail	8	12	mail	/var/spool/mail	/sbin/nologin
news	9	13	news	/etc/news	
uucp	10	14	uucp	/var/spool/uucp	/sbin/nologin
operator	11	0	operator	/root	/sbin/nologin
games	12	100	games	/usr/games	/sbin/nologin
gopher	13	30	gopher	/var/gopher	/sbin/nologin
ftp	14	50	FTP User	/var/ftp	/sbin/nologin
nobody	99	99	Nobody	/	/sbin/nologin
rpm	37	37		/var/lib/rpm	/sbin/nologin

续表

用户名	用户 ID	用户组 ID	用户所在组	用户主目录	使用的 Shell
dbus	81	81	System message bus	/	/sbin/nologin
avahi	70	70	Avahi daemon	/	/sbin/nologin
mailnull	47	47		/var/spool/mqueue	/sbin/nologin
smmsp	51	51		/var/spool/mqueue	/sbin/nologin
nscd	28	28	NSCD Daemon	/	/sbin/nologin
vcsa	69	69	virtual console memory owner	/dev	/sbin/nologin
haldaemon	68	68	HAL daemon	/	/sbin/nologin
rpc	32	32	Portmapper RPC user	/	/sbin/nologin
rpcuser	29	29	RPC Service User	/var/lib/nfs	/sbin/nologin
nfsnobody	65534	65534	Anonymous NFS User	/var/lib/nfs	/sbin/nologin
sshd	74	74	Privilege-separated SSH	/var/empty/sshd	/sbin/nologin
pcap	77	77		/var/arpwatch	/sbin/nologin
ntp	38	38		/etc/ntp	/sbin/nologin
gdm	42	42		/var/gdm	/sbin/nologin
apache	48	48	Apache	/var/www	/sbin/nologin
distcache	94	94	Distcache	/	/sbin/nologin
postgres	26	26	PostgreSQL Server	/var/lib/pgsql	/bin/bash
mysql	27	27	MySQL Server	/var/lib/mysql	/bin/bash
dovecot	97	97	dovecot	/usr/libexec/dovecot	/sbin/nologin
webalizer	67	67	Webalizer	/var/www/usage	/sbin/nologin
squid	23	23		/var/spool/squid	/sbin/nologin
named	25	25	Named	/var/named	/sbin/nologin
xfs	43	43	X Font Server	/etc/X11/fs	/sbin/nologin
sabayon	86	86	Sabayon user	/home/sabayon	/sbin/nologin

管理员可以使用 useradd 或 adduser 命令来添加一个新用户。在 Red Hat Enterprise Linux 中，通过查看 useradd 和 adduser 命令的文件信息可以看出，它们的功能是完全相同的。

```
    #ls -l /usr/sbin/useradd  /usr/sbin/adduser
    lrwxrwxrwx. 1 root root 7 6 月 4 2013 /usr/sbin/adduser -> useradd //链接文件
-rwxr-x---. 1 root root 101168 8月  2 2011 /usr/sbin/useradd //普通文件
```

可以看出，adduser 命令只是 useradd 命令的一个链接文件，如此设计只是为了方便用户使用。useradd 程序通常在/usr/sbin 目录中，命令格式为:

```
useradd [-c comment] [-d home_dir]
        [-e expire_date] [-f inactive_time]
        [-g initial_group] [-G group[,...]]
        [-m [-k skeleton_dir] | -M] [-s shell]
        [-u uid [ -o]] [-n] [-r] login
useradd -D [-g default_group] [-b default_home]
        [-f default_inactive] [-e default_expire_date]
        [-s default_shell]
```

当不带-D 参数时，useradd 命令用来指定新账户的设定值；如果没有指定，则使用系统的默认值。useradd 可使用的选项如下。

- -c comment：用户的注释说明。
- -d home_dir：用户每次登录系统时所使用的登录目录，可以用来取代默认的/home/username 主目录。
- -e expire_date：账号失效日期。日期的指定格式为 MM/DD/YY。
- -f inactive_time：设定从账号过期到永久停用的天数。当其值为 0 时，账号到期后会立即被停用。而当其值为-1 时，账号不会被停用。系统默认值为-1。
- -g initial_group：用户默认的用户组或默认的组 ID。该用户组或组 ID 必须是已经存在的，其默认组 ID 值为 100，即属于 users 组。
- -G group [,...]：设定该用户为若干用户组的成员。每个用户组使用“,”分隔，且不可以夹杂空格。组名与-g 选项的限制相同，且-g 的设定值为用户的第一用户组。
- -m：用户目录若不存在，则自动建立。若使用-k 选项，则 skeleton_dir 目录内的文档会复制至此用户目录中，同时/etc/skel 目录下的文档也会被复制过去。任何在 skeleton_dir 或/etc/skel 中的目录，也同样会在该用户目录下一一建立。-m 和-k 的默认值是不建立目录及不复制任何文档。
- -M：不建立用户主目录，使用/etc/login.defs 系统文件对用户进行设定。
- -n：系统默认用户组名称与用户名称相同。打开此选项将取消该默认设定。
- -r：此参数用来建立系统账号。系统账号的 UID 是比定义在/etc/login.defs 中的 UID_MIN 小的值，UID_MIN 的默认值是 500。
- -s default_shell：指定用户的登录 Shell，系统默认为/bin/bash。
- -u uid：用户的 UID 值。该数值在系统中必须唯一，且不可为负值。0～499 传统上预留给系统账号使用。

注意：“useradd -r”命令所建立的账号不会创建用户主目录，也不会依据/etc/login.defs 对用户进行设置。如果想创建用户主目录，则必须额外指定-m 参数。

useradd 命令带-D 参数且配合其他选项，可以对系统的默认值进行重新设定。如果不带任何其他选项，则显示当前的默认值，如下所示：

```
#useradd -D
GROUP=100
HOME=/home
INACTIVE=-1
EXPIRE=
SHELL=/bin/bash
SKEL=/etc/skel
CREATE_MAIL_SPOOL=yes
```

比如使用 useradd 命令修改系统默认值，命令行如下：

```
//修改 useradd 命令使用的 Shell 的默认值为/bin/csh
#useradd -D -s /bin/csh
#useradd -D             //显示默认值
GROUP=100
HOME=/home
INACTIVE=-1
EXPIRE=
SHELL=/bin/csh          //默认 Shell 已改为/bin/csh
SKEL=/etc/skel
CREATE_MAIL_SPOOL=yes
```

例如，添加一个新用户 student2，UID 为 502，用户组 ID 为 100（users 用户组的标识符是 100），用户目录为/home/student2，用户的默认 Shell 为/bin/bash，账号的失效日期为 2027 年 10 月 30 日，其命令行为：

```
#useradd student2 -u 550 -d /home/student -s /bin/bash -e 10/30/27  -g 100
//新添加用户的用户信息存储在/etc/passwd 和/etc/shadow 文件尾行，使用 tail 命令可以查看指定的行
#tail -1 /etc/passwd            //显示/etc/passwd 文件最后一行内容
student2:x:550:100::/home/student:/bin/bash
#tail -1 /etc/shadow           //显示/etc/shadow 文件最后一行内容
student2:!!:15860:0:99999:7::13816:
```

如果新添加的用户名已经存在，那么执行 useradd 命令后，系统会提示用户已存在：

```
#useradd student2
useradd: user 'student2' already exists
```

6.2.2 修改用户的账号

修改用户的账号包括更改用户的用户名、密码、主目录、所属用户组和登录 Shell 等信息。

1. 修改用户的基本信息

修改用户的基本信息可以使用 usermod 命令，其命令格式为：

```
usermod [-c comment] [-d home_dir [ -m]]
        [-e expire_date] [-f inactive_time]
        [-g initial_group] [-G group[,...]]
        [-l login_name] [-s shell]
        [-u uid [ -o]] login
```

usermod 命令会参照命令行中指定的选项对用户账号进行修改。下列为 usermod 命令的可用选项。

- -c comment：更新用户的注释信息。
- -d home_dir：更新用户的登录目录。如果指定了-m 选项，则旧目录中的内容会复制到新目录中。如果新目录不存在，则自动创建。
- -e expire_date：更新用户账号停用日期。其日期格式为 MM/DD/YY。

- -f inactive_time：设定账号从失效到永久停用的天数。当值为 0 时，账号到期后立刻被停用。而当值为-1 时，则关闭此功能。默认值为-1。
- -g initial_group：更新用户的初始登录用户组，即第一用户组。用户组名必须已经存在，默认值为 users 组。
- -G group [,...]：更新用户所属的用户组。通常一个用户可以属于多个用户组，成为多个用户组的成员。每个用户组名之间必须用“,”分隔。如果用户当前所在的用户组不在此项中，则会从当前用户组中删除此用户。
- -l login_name：变更用户登录时的名称为 login_name。
- -s shell：指定用户新的登录 Shell。如果此项留白，则系统将选用默认的 Shell。
- -u uid：更新用户的 UID 值。该值修改后，用户目录树下所有的文件、目录的用户 UID 值会自动改变，但放在用户主目录外的文件和目录的 UID 值则需要用户手动更新。

例如：

```
#usermod  -d  /home/student2  -s  /bin/ksh  -g users student
```

此命令将用户的登录目录改为/home/student2，登录 Shell 改为 ksh，所在的组改为 users 和 student。

2. 修改用户密码

密码管理是用户管理的一项重要内容。用户在刚创建账号时，如果没有设定密码，则该账号将被系统锁定，用户无法使用该账号登录。只有为其指定密码（即使密码为空），才能激活该账号。

指定和修改用户密码的命令是 passwd。根用户不仅可以修改自己的密码，还可以修改其他用户的密码。普通用户则只能修改自己的密码。passwd 命令格式为：

```
passwd  [-k]  [-l][-u][-f][-d][-n mindays][-x maxdays][-w warndays]
        [-i inactivedyas][-S][--stdin][username]
```

各选项的意义如下。

- -k：表示只有密码过期时才需要用户重新设定密码。
- -l：通过在用户的密码字段前加前缀“!”，对用户进行锁定。锁定的用户无法登录系统。该命令只有根用户有权使用。例如，锁定 student 用户使其不能登录的命令为：

```
#passwd  -l  student
```

- --stdin：表示从标准输入重新读入密码。该标准输入也可为一个管道。
- -u：该参数与-l 相反，是对锁定的用户进行解锁操作。该操作会删除密码字段前的“!”，使用户可以重新登录系统。对于口令为空的用户，系统原则上是不允许解锁的，需配合使用-f 参数，才能强制解锁。
- -d：快速删除用户的密码。该命令只对根用户有效。例如，删除 student 用户的密码可以执行以下命令：

```
#passwd -d student
```

- -n：设定最短的密码有效期。
- -x：设定最长的密码有效期。
- -w：设定密码过期前，发出警告的提前天数。
- -i：设定从密码过期到账号停用的天数。
- -S：显示指定用户的当前密码状态。

其中 username 的默认值为当前用户，即用户名为空，则修改当前用户的密码。设定新密码需输入旧密码进行验证，如果验证不正确，则不允许修改。新密码需连续输入两次，如果两次输入一致，则新密码生效。例如：

```
$passwd
Changing password for user student
Changing password for student
(current) UNIX password:
passwd: authentication token manipulation error //不能提供合法的旧密码，验证失败
$passwd
Changing password for user student
Changing password for student
(current) UNIX password:
New password:
Retype new password:
passwd: all authentication tokens updated successfully//两次输入一致，密码生效
```

当根用户修改普通用户的密码时，则无须知道该普通用户的原始密码。例如：

```
#passwd student
Changing password for user student
New UNIX password:
Retype new UNIX password:
passwd: all authentication tokens updated successfully
```

密码应是字母、数字及符号的组合，不应小于 5 个字符的长度，密码过短或过于简单时系统会提示其是弱口令。如果用户执意要将弱口令设为密码，则继续输入即可。例如：

```
#passwd student
Changing password for user student
New UNIX password:                                          //仅输入 3 位密码
BAD PASSWORD: it is WAY too short                           //密码过短
Retype new UNIX password:
//虽然密码过短但已生效
passwd: all authentication tokens updated successfully
#passwd student
Changing password for user student
New UNIX password:
BAD PASSWORD: it is too simplistic/systematic               //密码过于简单
Retype new UNIX password:
//虽然密码过于简单但已生效
passwd: all authentication tokens updated successfully
```

6.2.3　删除用户

当不允许用户再次登录本系统时，可以将该用户从系统中删除。准备删除的用户如果已经登录，则必须退出系统后才能删除。与添加用户的操作相反，删除用户时系统需要修改/etc/passwd、/etc/shadow 和/etc/group 文件中的对应条目，还需删除用户的主目录及所属文件。删除用户可以使用 userdel 命令，命令格式如下：

```
userdel  [-r]  login
```

使用 userdel 命令如果不带选项-r，则只删除用户在系统中的账户信息，用户的主目录及相关文件依然保留在系统中。使用选项-r，则可将用户主目录下的文档全部删除；同时，该用户放在其他位置的文档也会被一一找出并删除。例如：

```
userdel  -r  student
```

执行该命令后，系统将删除 student 账号，同时删除 student 的主目录、邮件及相关属主文档。删除用户前应检查系统中是否还有该用户的相关进程正在运行。如果存在该用户的进程，则需等待其执行完毕或直接终止该用户的进程。例如，可以使用 ps 或 top 命令对进程进行查看，并使用 kill 命令终止该用户的进程。

```
#ps  -aux  |  grep  "student"
student  4001  0.0  0.5  4712  666  ?  S  12:15  0:00  studentproc
#kill  4001
```

用 crontab 命令可查看是否还有该用户设定的定时任务，如果有，则进行删除。

```
#crontab  -u  student  -r
```

6.2.4　用户的临时禁用

如果不想删除用户，只是临时禁止该用户登录系统，则可以通过对/etc/passwd 或/etc/shadow 文件的修改来实现。例如，可以直接修改/etc/passwd 文件中希望禁用的用户记录行，在该用户记录行的行首添加“#”；也可以修改/etc/shadow 文件中的密码字段，在希望禁用的用户所对应的密码字段前添加“*”或“!”。如果想重新启用该用户，则只需恢复上面所做的操作。

例如，在前面的/etc/passwd 文件中，对用户 yang 设置临时禁用：

```
#yang:x:500:500:yang:/home/yang:/bin/bash
```

再如，在前面的/etc/shadow 文件中，对用户 teacher 设置临时禁用：

```
teacher:*$1$v4pzr72Z$wBrJyro1SI622P4nI.UJE.:13698:0:99999:7:::
```

6.2.5　用户默认配置文件/etc/login.defs

/etc/login.defs 文件中存储的是用户的默认设置。useradd 命令和 User Manager 窗口都通过读取该文件来获得新账户的默认值。可以使用带-D 选项的 useradd 命令修改这些值，也可以直接手动编辑该文件。该文件的具体内容和相关注释如下：

```
# *REQUIRED*
#   Directory where mailboxes reside, _or_ name of file, relative to the
#   home directory. If you _do_ define both, MAIL_DIR takes precedence.
#   QMAIL_DIR is for Qmail
#
#QMAIL_DIR Maildir
MAIL_DIR /var/spool/mail        //用户的初始信箱建立在该目录下
#MAIL_FILE .mail
# Password aging controls:
#
#PASS_MAX_DAYS Maximum number of days a password may be used.
#PASS_MIN_DAYS Minimum number of days allowed between password changes.
#PASS_MIN_LEN Minimum acceptable password length.
#PASS_WARN_AGE Number of days warning given before a password expires.
#
PASS_MAX_DAYS 99999             //设置密码可以使用 99999 天
PASS_MIN_DAYS 0                 //设置密码可以连续使用的天数，0 表示可以一直使用
PASS_MIN_LEN  5                 //设置密码的最小长度为 5 个字符
PASS_WARN_AGE 7                 //设置密码失效前 7 天开始发出警告
#
# Min/max values for automatic uid selection in useradd
#
UID_MIN  500                    //设置自动生成的 UID 的最小值为 500
UID_MAX  60000                  //设置自动生成的 UID 的最大值为 60000
#
# Min/max values for automatic gid selection in groupadd
#
GID_MIN  500                    //设置自动生成的 GID 的最小值为 500
GID_MAX  60000                  //设置自动生成的 GID 的最大值为 60000
#
# If defined, this command is run when removing a user.
# It should remove any at/cron/print jobs etc. owned by
# the user to be removed (passed as the first argument).
#
#USERDEL_CMD /usr/sbin/userdel_local
#
# If useradd should create home directories for users by default
# On RH systems, we do. This option is overridden with the -m flag on
# useradd command line.
#
CREATE_HOME    yes              //设定自动创建主目录
# The permission mask is initialized to this value. If not specified,
# the permission mask will be initialized to 022.
UMASK          077              //设定新建文件或目录的权限是 077
# This enables userdel to remove user groups if no members exist.
#
USERGROUPS_ENAB yes             //设定如果组内成员为空，则自动删除该用户组
```

其中以“#”开头的行为注释行，空行和注释行都会被系统忽略。“#”通常用来屏蔽系统暂不使用的功能，若需启用相关功能，则可将其行首的“#”删除。所有其他行均包括一个关键字和其设置值，可以直接修改设置值，从而改变系统默认值。不带其他选项使用“useradd -D”命令，也可以查看系统默认设置。

6.2.6　使用 newusers 命令批量添加用户

管理员有时需要一次性创建大量用户账号，如新学期开学或成立新的部门时。如果仍使用 useradd 命令逐一创建，那么不仅浪费时间，而且也很可能在录入期间产生错误。通常在此情况下，可以利用脚本程序完成批量用户的添加和修改。

例如，编写 Shell 程序让系统自动创建 20 个用户，用户名为 student1～student20，用户组为 users。程序中主要用到变量赋值语句、命令替换语句、循环语句及流过滤语句 awk。具体操作步骤如下。

（1）使用 tail 命令查看/etc/passwd 和/etc/shadow 文件格式。

```
#tail  -1  /etc/passwd
teacher:x:500:500:teacher:/home/teacher:/bin/bash
#tail  -1  /etc/shadow
teacher: :13707:0:99999:7:::
```

（2）根据上述查看情况编写脚本程序。

```
#!/bin/sh
i=1
//首先提取最大的用户 ID 号
//将/etc/passwd 文件中的第三列暂存到 uid_list 文件中
awk 'BEGIN { FS= ":" ; }  { print $3 } ' /etc/passwd > uid_list
temp=` tail -1 uid_list `           //该处使用反引号，提取 uid_list 文件中的最后一行
while [  $i  -le  20  ]
do
   //创建新用户的主目录
  mkdir  /home/student${i}
  temp=$(($i+1))
  //在/etc/passwd 和/etc/shadow 文件中添加新的用户信息
  echo  "student${i}:x:${temp}:100:student${i}:/home/student${i}:/bin/bash">>
/etc/passwd
  echo  "student${i}: :13707:0:099999:7:::">>/etc/shadow
  i=$(($i+1))
done
```

对于不熟悉程序编写的读者，Red Hat Enterprise Linux 也提供了创建大量用户账号的工具，即 newusers 和 chpasswd。newusers 命令能够用一个含有用户名和密码的用户信息文件来生成和修改大量的账号。这个用户信息文件必须具有与/etc/passwd 文件相同的格式，且每个账号的用户名和用户 ID 必须不同。密码字段可以为空或输入“x”。创建本例中所需的用户信息文件如下：

```
#vi  /new_account
student1:x:501:100: :/home/student1:/bin/bash
student2:x:501:100: :/home/student2:/bin/bash
student3:x:501:100: :/home/student3:/bin/bash
student4:x:501:100: :/home/student4:/bin/bash
… …
```

将所创建的用户信息文件/new_account 传输给 newusers 命令，即可完成新用户的批量自动创建，命令行如下：

```
#newusers < /new_account
```

（3）通过查看/etc/passwd 文件和/home 目录，可以看到新用户已经被添加，并且相应的主目录也已经被创建。

```
#tail -20 /etc/passwd
student1:x:501:100: :/home/student1:/bin/bash
student2:x:501:100: :/home/student2:/bin/bash
student3:x:501:100: :/home/student3:/bin/bash
student4:x:501:100: :/home/student4:/bin/bash
… …
#ls /home
student1 student2 student3 student4 student5 student6 student7 student8
student9 student10
student11 student12 student13 student14 student15 student16 student17
student18 student19 student20
teacher yang
```

（4）创建批量用户的密码也可采用如上所述的方法。首先创建用户的密码文件，命令行如下：

```
#vi /password_account
student1:ijl335u
student2:4jslfjkl
student3:ijl335u
student4:4jslfjkl
…
```

然后将编辑好的密码文件传输给 chpasswd 命令，即可完成用户密码的批量设置，命令行如下：

```
#chpasswd < /password_account
```

（5）完成以上步骤后，就可以使用这些账号来登录系统了。

6.3 使用命令管理根用户

在 Red Hat Enterprise Linux 系统中，首要的管理员用户被称为根用户（root 用户）。根用户对系统拥有完全的控制权，可以对系统做任何设置和更改，其权力远远大于普通用户。因此，根用户一般也被称为 Super User，即超级用户。由于根用户对系统的使用不会受到任何限制和约束，非法用户以根用户的身份登录系统或经验不足的Linux用户使用root账号所做的误操作，都可能会给系统带来严重的后果，因此根用户的账号安全显得格外重要。在 Red Hat Enterprise Linux 系统安装过程中，除创建根用户外，还将创建系统默认的普通用户。在不是绝对必要的情况下，最好不要使用 root 账号登录系统。

6.3.1 修改 root 密码

由于根用户的特殊性，修改根用户的密码也需格外慎重，可以使用 passwd 命令对其进行修改：

```
#passwd root
Changing password for user root
New password:
Retype new password:
passwd: all authentication tokens updated successfully
```

root 密码的安全至关重要，密码的设置尽量不要基于单词，最好是字母、数字和符号的组合，否则很容易被暴力破解。

6.3.2 使用 su 命令临时切换为根用户

当用户使用普通账号登录系统后，由于缺少管理权限，无法对系统进行重新设置。使用 su 命令可临时切换为根用户：

```
$whoami         //显示当前用户的用户名
teacher
$su             //切换为根用户
Password:
#whoami         //显示当前用户的用户名
root
```

当完成相关的系统设置后，利用 exit 命令可以切换回普通用户的身份。如果要切换到其他用户，则可以在 su 命令后加上其他用户的账号名称，并输入该账号的密码。

```
$whoami
teacher
$su             //切换到根用户
Password:
#whoami
root
#exit           //切换回 teacher 用户
$whoami
teacher
$su student     //切换到 student 用户
Password:
```

```
$whoami
student
```

6.3.3 root 密码丢失的处理方法

由于对系统的许多配置必须由 root 用户来完成，因此 root 密码丢失会导致系统配置无法进行，从而使系统管理员失去对系统的控制。

1. 使用 passwd 命令重新设置 root 密码

Linux 系统可以运行在多种模式下，其中在单用户模式下用户不需要输入密码即可进入。丢失 root 密码的用户可以以单用户模式进入系统，使用 passwd 命令对密码进行重新设置，操作步骤如下。

（1）当系统启动时，按回车键进入系统选项菜单界面，如图 6.1 所示。若安装了多个系统，则在菜单中会显示多个系统引导选项。用上下光标键选中要启动的系统，按回车键可以直接启动。按“e”键可以对启动命令进行编辑，按“a”键可以修改内核的启动参数，按“c”键将直接进入 GRUB 命令行。选择“Red Hat Enterprise Linux Server”，并按“e”键进入命令菜单编辑状态。

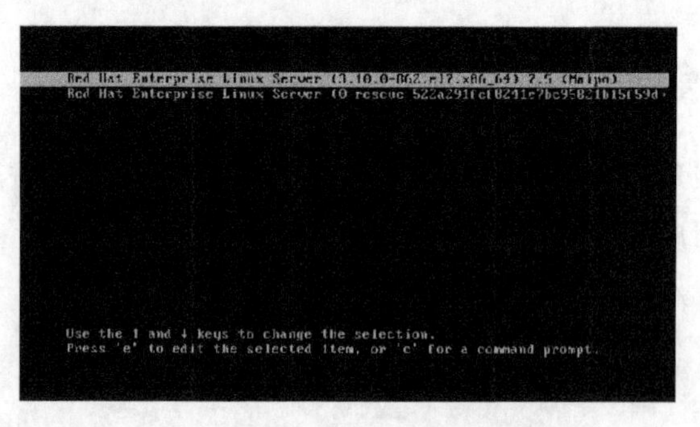

图 6.1　系统选项菜单界面

（2）如图 6.2 所示，找到用线框框起来的部分，将其修改为如图 6.3 所示。

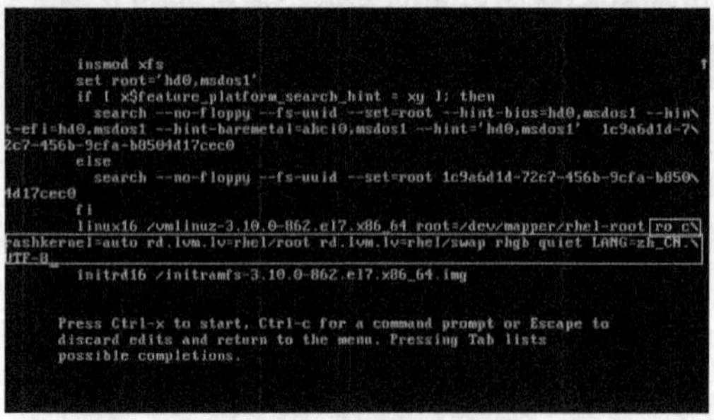

图 6.2　编辑命令行

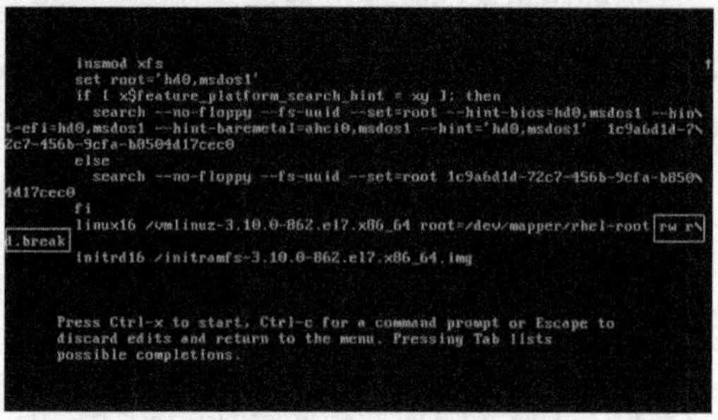

图 6.3　命令行编辑完成

（3）使用“Ctrl+x”组合键启动系统，进入后如图 6.4 所示。

```
[  OK  ] Started dracut initqueue hook.
[  OK  ] Reached target Remote File Systems (Pre).
[  OK  ] Reached target Remote File Systems.
[  OK  ] Started File System Check on /dev/mapper/rhel-root.
         Mounting /sysroot...
[  OK  ] Mounted /sysroot.
[  OK  ] Reached target Initrd Root File System.
         Starting Reload Configuration from the Real Root...
[  OK  ] Started Reload Configuration from the Real Root.
[  OK  ] Reached target Initrd File Systems.
[  OK  ] Reached target Initrd Default Target.
         Starting dracut pre-pivot and cleanup hook...
[    2.898080] dracut-pre-pivot[380]: Warning: Break before switch_root
         Starting Dracut Emergency Shell...

Generating "/run/initramfs/rdsosreport.txt"


Entering emergency mode. Exit the shell to continue.
Type "journalctl" to view system logs.
You might want to save "/run/initramfs/rdsosreport.txt" to a USB stick or /boot
after mounting them and attach it to a bug report.


switch_root:/#
```

图 6.4　进入 Shell

（4）使用 mount 命令重新挂载文件系统，然后切换到/sysroot/下，利用 passwd 命令重新设置 root 密码，并生成临时文件/.autorelabel，如图 6.5 所示。

```
         Starting Dracut Emergency Shell...

Generating "/run/initramfs/rdsosreport.txt"


Entering emergency mode. Exit the shell to continue.
Type "journalctl" to view system logs.
You might want to save "/run/initramfs/rdsosreport.txt" to a USB stick or /boot
after mounting them and attach it to a bug report.


switch_root:/# mount -o re[    7.117001] random: crng init done
mount,rw /sysroot
switch_root:/# mount -o remount,rw /sysroot
switch_root:/# chroot /sysroot/
sh-4.2# passwd
■ ■ ■ ■  root ■ ■ ■  ■
■ ■  ■ ■ ■
■ ■ ■ ■ ■ ■  ■ ■ ■ ■  8 ■ ■ ■
■ ■ ■ ■ ■ ■  ■ ■ ■
passwd■ ■ ■ ■ ■ ■ ■ ■ ■ ■ ■ ■ ■ ■ ■
sh-4.2# touch /.autorelabel
sh-4.2# exit
exit
switch_root:/# exit
```

图 6.5　重置密码

（5）使用 exit 命令退出，并使用 reboot 命令重新启动系统，用新设置的密码进行登录。

2. 直接删除 root 密码

由于 Linux 密码文件存放在/etc/shadow 文件中，因此通过对该文件进行修改，也可以重新设定 root 密码。具体操作步骤如下。

（1）用光盘、U 盘引导系统，并且挂载 Linux 的系统硬盘。

（2）用 vi 命令打开/etc/passwd 文件，按“x”键逐一删除 root 行中密码字段的内容，并存盘退出。

```
#vi /etc/passwd
root::13698:0:99999:7:::      //删除密码字段的字符串
bin:*:13698:0:99999:7:::
daemon:*:13698:0:99999:7:::
… …
```

（3）重新启动系统并使用 root 用户身份登录，此时 root 密码为空。进入系统后即可利用 passwd 命令重新设置 root 密码。

6.4 使用命令管理用户组

用户组的管理主要涉及用户组的添加、修改和删除等操作。这些操作与系统中的/etc/group 和/etc/gshadow 文件密切相关。

6.4.1 添加新用户组

在 Linux 系统中，每个账号都属于一个用户组。账号的管理应以“组”为单位进行，即先把希望具有相同权限的用户分到同一个用户组中，然后对该用户组的权限进行指定，以此来对用户进行统一管理。

在 Red Hat Enterprise Linux 的安装过程中，系统除自动创建默认的标准账号外，还会自动创建默认的标准用户组（Standard Groups）账号。除 root 组用来组织管理者外，其他组账号都是供应用程序在执行时使用的。标准用户组说明如表 6.5 所示。

表 6.5 标准用户组说明

用户组的名称	用户组的标识号	用户组成员列表（列表中多个用户间用“,”分隔）
root	0	root
bin	1	root,bin,daemon
daemon	2	root,bin,daemon
sys	3	root,bin,adm
adm	4	root,adm,daemon
tty	5	
disk	6	root
lp	7	daemon,lp
mem	8	
kmem	9	
wheel	10	root
mail	12	mail
news	13	news
uucp	14	uucp
man	15	
games	20	
gopher	30	
gip	40	
ftp	50	
lock	54	
nobody	99	
users	100	
rpm	37	

续表

用户组的名称	用户组的标识号	用户组成员列表 （列表中多个用户间用“,”分隔）
dbus	81	
utmp	22	
utempter	35	
avahi	70	
mailnull	47	
smmsp	51	
nscd	28	
floppy	19	
vcsa	69	
haldaemon	68	
rpc	32	
rpcuser	29	
nfsnobody	65534	
sshd	74	
pcap	77	
ntp	38	
slocate	21	
gdm	42	
apache	48	
distcache	94	
postgres	26	
mysql	27	
dovecot	97	
webalizer	67	
squid	23	
named	25	
xfs	43	
sabayon	86	
screen	84	

可以使用 groupadd 命令添加用户组，其命令格式如下：

```
groupadd [-g GID [-o]] [-r] [-f]  [-K KEY=VALUE]  group
```

groupadd 命令会参照命令行中指定的选项对用户组进行设定。以下列出的是 groupadd 命令的可用选项。

- -g GID：组的 GID，除非使用-o 选项，否则该值在系统中必须唯一，且不能为负值。该值应大于 499 且大于系统中已存在的任何组的 GID 值。
- -r：创建小于 500 的系统组。若不指定-g 选项，则按递减顺序从小于 500 的可用值中挑选。

- -f：如果所定义的组已经存在，则退出并显示成功信息。如果同时指定了-g 和-f 选项，而-g 选项所指定的组已经存在，则忽略-g 的值，重新指定新的值。
- -o：允许指定不唯一的 GID，即用新的标识号取代原用户组的标识号。
- -K KEY=VALUE：重载/etc/login.defs 中的默认值，如用 GID_MIN 对用户组标识号最小值进行设定，用 GID_MAX 对用户组标识号最大值进行设定等。

例如，添加一个新用户组 student，GID 为 502，命令行如下：

```
#groupadd -g 502 student
#tail -1 /etc/group
student:x:502:
```

在 Red Hat Enterprise Linux 中，添加用户可以使用 useradd 或 adduser 命令，但用户组的添加不存在 addgroup 命令。如果需要，则可自行创建一个名为 addgroup 的链接命令，链接到 groupadd 命令。

```
#ln /usr/sbin/groupadd  /usr/sbin/addgroup
```

6.4.2 修改用户组属性

修改用户组属性的命令是 groupmod，其命令格式如下：

```
groupmod [-g GID [-o]] [-n new group name] group
```

groupmod 命令会参照命令行中指定的选项对用户组属性进行修改。以下列出的是 groupmod 命令的可用选项。

- -g GID：为用户组指定新的 GID，除非使用-o 选项，否则该值在系统中必须唯一，且不能为负值。该选项并不能对文件的 GID 进行自动更新，文件的 GID 需要用户手动修改。
- -n：更改用户组的名称。

例如，修改 teacher 用户组的组标识号为 503，命令行为：

```
#groupmod -g 503 teacher
```

再如，将 teacher 用户组的组标识号改为 550，用户组名称改为 director，命令行为：

```
#groupmod -g 550 -n director teacher
```

一个用户可以同时属于多个用户组，但用户登录系统后，默认只属于一个用户组。可以使用 newgrp 命令使用户在多个用户组之间进行切换，其命令格式为：

```
Newgrp [-] [group]
```

其中，选项[-]用于重新加载用户工作环境。如果不带[-]选项，则在切换用户组时，用户的工作环境（包括当前工作目录等）不会改变。

6.4.3　删除用户组

在创建用户账号时，系统会自动创建该账号所属的用户组。但在删除用户账号时，系统不会自动删除用户组。删除用户组可以使用 groupdel 命令完成，其命令格式如下：

```
groupdel group
```

例如，可以使用如下命令删除 teacher 用户组：

```
#groupdel  teacher
```

如果希望删除的用户组中仍有用户登录了系统，则无法删除该用户组，必须等该用户组的所有用户退出系统后才能正常删除。例如：

```
$whoami
teacher
$groupdel  teacher
groupdel: cannot remove user's primary group.
```

6.5　使用图形化程序管理用户和用户组

Red Hat Enterprise Linux 是一种多用户的企业级 Linux 产品，除提供命令行方式外，Red Hat Enterprise Linux 还提供了图形化的管理程序来简化用户和用户组的管理。

6.5.1　添加新用户

Red Hat Enterprise Linux 中内置了名为“用户管理者”的图形化工具，可以方便地对用户和用户组进行管理。要启动该工具，可以单击“系统工具”→“设置”选项，弹出“设置”窗口，然后单击“详细信息”，找到“用户”选项卡，如图 6.6 所示。添加一个新用户的步骤如下。

（1）单击打开的“用户”窗口界面右上方的“解锁”按钮，默认为锁定状态，需要输入密码才可以操作，解锁后如图 6.7 所示。

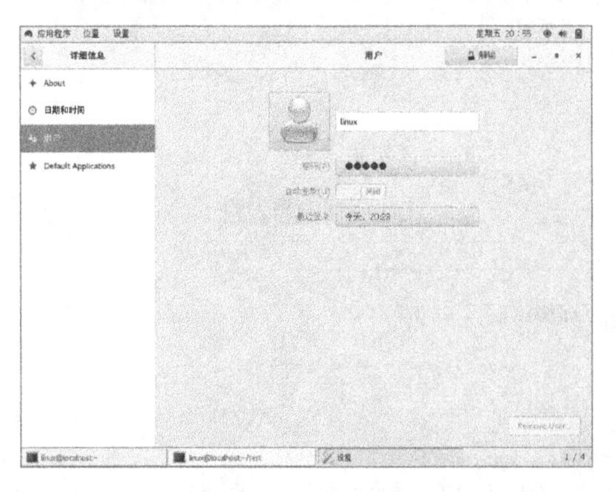

图 6.6　未解锁状态

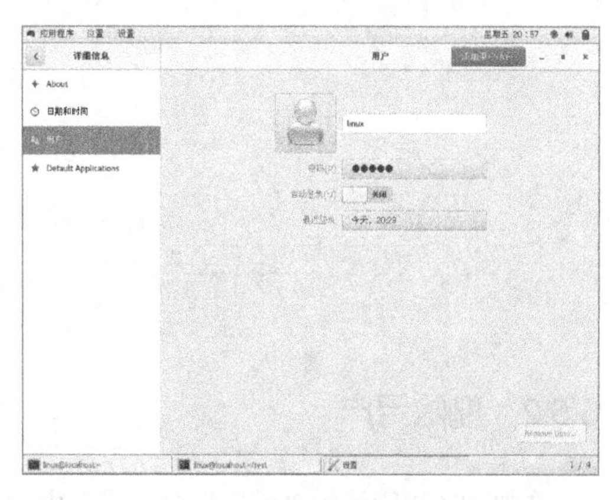

图 6.7　解锁状态

（2）单击“添加用户”按钮，出现添加用户界面，如图 6.8 所示。

图 6.8 添加用户界面

（3）设置完成后，单击“添加”按钮，返回“用户”窗口界面，新添加的用户将显示在列表中，如图 6.9 所示。

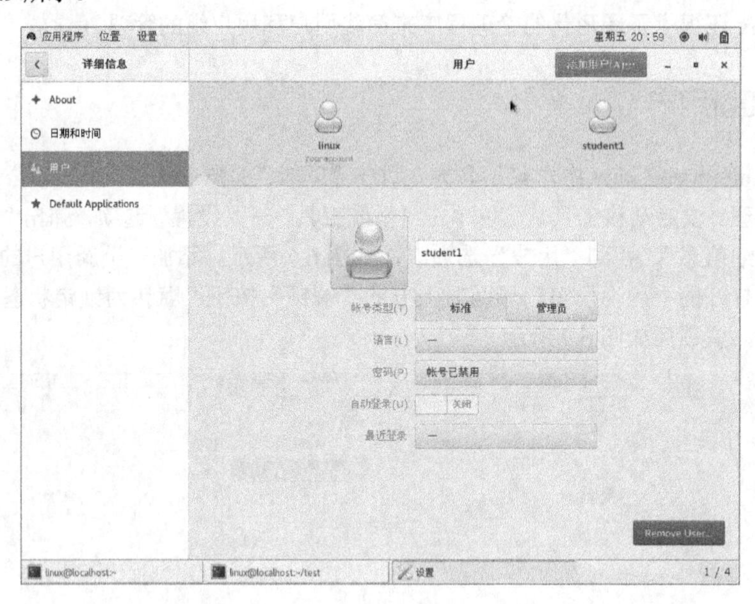

图 6.9 用户列表

6.5.2 删除用户

在如图 6.9 所示的“用户”窗口界面中选择待删除的用户，单击右下方的“Remove User”按钮，系统会询问是否将该用户的主目录等文件一同删除，可以根据需要对用户数据进行有保留的删除，如图 6.10 所示。

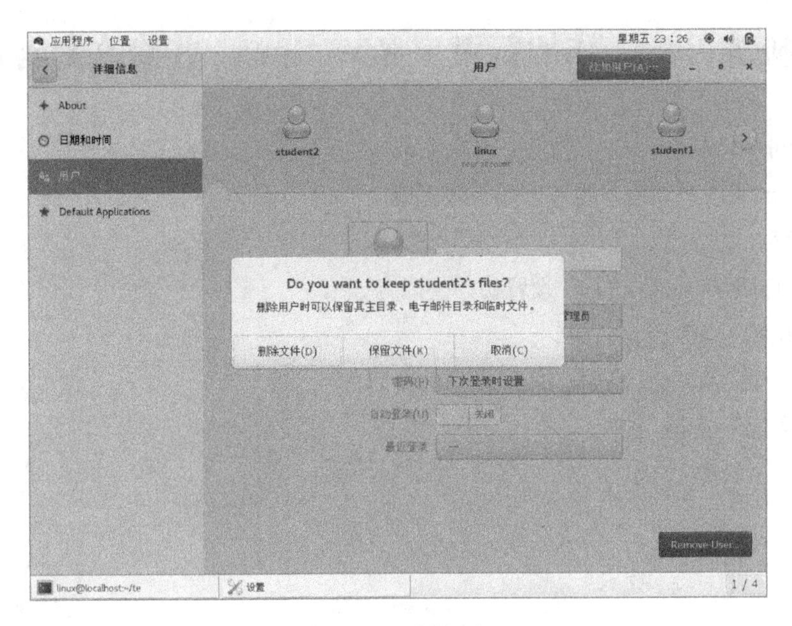

图 6.10　删除用户

6.6　小结

本章主要介绍了用户和用户组管理，用户和用户组管理是 Linux 系统管理的基础，了解了用户和组文件，学习了普通用户和根用户的区别，通过命令行和图形桌面两种方式来实现用户和用户组管理。希望读者通过本章知识的学习可以更方便地进行用户和用户组管理，为后续内容的学习提供强有力的支持。

6.7　习题

1．简述 root 密码丢失的处理方法。

2．简述 Linux 用户账号文件的组成。

3．下面哪些是正确的说法？（　）

　A．使用 useradd 命令来删除一个用户

　B．在文件/etc/passwd 中可以通过 vi 命令修改密码

　C．只要新建一个用户，必然新建一个用户组

　D．新建用户的权限不可以超过 root 用户

4．使用命令添加新用户，并分配新的组给用户。

5．使用 passwd 命令修改 root 密码。

6.8 上机练习——添加新用户 new_linux，并修改密码和用户组

实验目的：

了解 Linux 下用户、用户组和密码权限管理。

实验内容：

（1）添加新用户 new_linux，设置初始密码为 old。

（2）将新用户修改到 root 组。

（3）使用 root 用户修改 new_linux 用户的密码。

（4）删除 new_linux 用户。

第 7 章　软件包管理

在主机中安装好 Red Hat Enterprise Linux 7.5 操作系统后，就具备了提供软件服务、网络服务等基础功能。然而，操作系统能提供的仅仅是一些基本的软件，软件数量较少，实现的功能也是有限的。想要让 Linux 提供一些专门的功能供用户使用，还需安装一些应用程序。在红帽系列中，安装软件有 3 种方法：RPM 软件包安装、yum 源安装和源码包编译安装。本章将学习通过这 3 种方法在 Linux 中安装、管理应用程序。

本章内容包括：

- 使用 rpm 命令管理 RPM 软件包。
- 使用 yum 管理 RPM 软件包。
- 使用源码安装软件。

7.1　使用 rpm 命令管理 RPM 软件包

RPM 软件包是 Linux 的各个发行版本中应用非常广泛的软件包格式之一。RPM 软件包管理机制最早由 Red Hat 公司提出，后来随着版本的升级演化逐渐融入了许多优秀的特性，成为众多 Linux 发行版公认的软件包管理标准。在官方网站 http://www.rpm.org 中，可以了解到 RMP 软件包管理机制的详细信息。

RPM 软件包管理器通过建立统一的文件数据库，对在 Linux 系统中安装、卸载、升级的各种 RPM 软件包进行详细记录，并且能够自动分析软件包之间的依赖关系，保持各个应用程序在一个协调、有序的环境中。

RPM 封装的软件包文件拥有约定的命名格式，一般使用“软件名-软件版本-发布次数-硬件平台类型.rpm”的文件形式，如“fish-4.2-17.1.i386.rpm”。

在 Red Hat Enterprise Linux 7.5 的安装光盘里面，携带了大量的 RPM 软件包。

7.1.1 查询 RPM 软件包

在安装软件前，要简单查询一下软件包里包含的内容。

软件安装到系统后，使用 rpm 命令的查询功能可以检查某个软件包是否已经安装，了解软件包的用途、软件包已经在系统中的安装信息等，以便更好地管理 Linux 系统中的程序。

针对尚未安装的 RPM 软件包，查询功能通过“-qp”选项实现；针对已安装的 RPM 软件包，查询功能通过“-q”选项实现。根据所查询的具体项目不同，还可以为这两个选项指定相关的子选项。

1. 查询已安装的 RPM 软件包的信息

rpm 命令配合不带子选项的“-q”选项可用于查询已知名称的软件包是否已经安装，需要使用准确的软件包文件名称作为参数。结合不同的子选项使用时，主要包括以下查询形式，如表 7.1 所示。

表 7.1 查询已安装的 RPM 软件包命令的部分选项

选 项	作 用
qa	显示系统以 RPM 安装的所有软件
qi	查看指定软件包的名称、版本、许可协议、用途等（--info）
ql	显示指定软件包在系统中安装的所有目录、文件列表（--list）
qf	查看指定的文件或目录是由哪个软件包所安装的（--file）
qc	显示指定软件包在当前系统中的安装配置文件列表（--configfiles）
qd	显示指定软件包在系统中的安装文档文件列表（--docfiles）

下面的例子用来测试目前选项。

显示当前系统中已安装的所有 RPM 软件包列表，并统计软件包的个数：

```
# rpm -qa|wc -l
1963
```

查看当前系统中安装了哪些与 wget 相关的软件包：

```
# rpm -qa|grep wget
wget-1.14-15.el7_4.1.x86_64
```

显示当前系统中是否已安装 wget 软件包：

```
# rpm -q wget
wget-1.14-15.el7_4.1.x86_64
```

显示当前系统中已安装 wget 软件包的所有目录、文件位置：

```
# rpm -ql wget
/etc/wgetrc
/usr/bin/wget
/usr/share/doc/wget-1.14
/usr/share/doc/wget-1.14/AUTHORS
```

```
/usr/share/doc/wget-1.14/COPYING
/usr/share/doc/wget-1.14/MAILING-LIST
/usr/share/doc/wget-1.14/NEWS
/usr/share/doc/wget-1.14/README
/usr/share/doc/wget-1.14/sample.wgetrc
/usr/share/info/wget.info.gz
/usr/share/locale/be/LC_MESSAGES/wget.mo
/usr/share/locale/bg/LC_MESSAGES/wget.mo
/usr/share/locale/ca/LC_MESSAGES/wget.mo
/usr/share/locale/cs/LC_MESSAGES/wget.mo
/usr/share/locale/da/LC_MESSAGES/wget.mo
/usr/share/locale/de/LC_MESSAGES/wget.mo
/usr/share/locale/el/LC_MESSAGES/wget.mo
/usr/share/locale/en_GB/LC_MESSAGES/wget.mo
/usr/share/locale/eo/LC_MESSAGES/wget.mo
/usr/share/locale/es/LC_MESSAGES/wget.mo
/usr/share/locale/et/LC_MESSAGES/wget.mo
/usr/share/locale/eu/LC_MESSAGES/wget.mo
/usr/share/locale/fi/LC_MESSAGES/wget.mo
/usr/share/locale/fr/LC_MESSAGES/wget.mo
/usr/share/locale/ga/LC_MESSAGES/wget.mo
/usr/share/locale/gl/LC_MESSAGES/wget.mo
/usr/share/locale/he/LC_MESSAGES/wget.mo
/usr/share/locale/hr/LC_MESSAGES/wget.mo
/usr/share/locale/hu/LC_MESSAGES/wget.mo
/usr/share/locale/id/LC_MESSAGES/wget.mo
/usr/share/locale/it/LC_MESSAGES/wget.mo
/usr/share/locale/ja/LC_MESSAGES/wget.mo
/usr/share/locale/lt/LC_MESSAGES/wget.mo
/usr/share/locale/nb/LC_MESSAGES/wget.mo
/usr/share/locale/nl/LC_MESSAGES/wget.mo
/usr/share/locale/pl/LC_MESSAGES/wget.mo
/usr/share/locale/pt/LC_MESSAGES/wget.mo
/usr/share/locale/pt_BR/LC_MESSAGES/wget.mo
/usr/share/locale/ro/LC_MESSAGES/wget.mo
/usr/share/locale/ru/LC_MESSAGES/wget.mo
/usr/share/locale/sk/LC_MESSAGES/wget.mo
/usr/share/locale/sl/LC_MESSAGES/wget.mo
/usr/share/locale/sr/LC_MESSAGES/wget.mo
/usr/share/locale/sv/LC_MESSAGES/wget.mo
/usr/share/locale/tr/LC_MESSAGES/wget.mo
/usr/share/locale/uk/LC_MESSAGES/wget.mo
/usr/share/locale/vi/LC_MESSAGES/wget.mo
/usr/share/locale/zh_CN/LC_MESSAGES/wget.mo
/usr/share/locale/zh_TW/LC_MESSAGES/wget.mo
/usr/share/man/man1/wget.1.gz
```

查看已安装 wget 软件包的配置文件列表：

```
# rpm -qc wget
/etc/wgetrc
```

查看 wget 可执行程序由哪个软件包安装，并且显示该软件包的详细信息：

```
# which wget
/usr/bin/wget
# rpm -qf /usr/bin/wget
wget-1.14-15.el7_4.1.x86_64
```

显示已安装 wget 软件包的版本、用途等详细信息：

```
# rpm -qi wget
Name        : wget
Version     : 1.14
Release     : 15.el7_4.1
Architecture: x86_64
Install Date: 2019年03月07日 星期四 18时16分06秒
Group       : Applications/Internet
Size        : 2055532
License     : GPLv3+
Signature   : RSA/SHA256, 2017 年 10 月 24 日 星期二 19 时 27 分 41 秒, Key ID
199e2f91fd431d51
Source RPM  : wget-1.14-15.el7_4.1.src.rpm
Build Date  : 2017年10月24日 星期二 19时12分41秒
Build Host  : x86-017.build.eng.bos.redhat.com
Relocations : (not relocatable)
Packager    : Red Hat, Inc. <http://bugzilla.redhat.com/bugzilla>
Vendor      : Red Hat, Inc.
URL         : http://www.gnu.org/software/wget/
Summary     : A utility for retrieving files using the HTTP or FTP protocols
Description :
GNU Wget is a file retrieval utility which can use either the HTTP or
FTP protocols. Wget features include the ability to work in the
background while you are logged out, recursive retrieval of
directories, file name wildcard matching, remote file timestamp
storage and comparison, use of Rest with FTP servers and Range with
HTTP servers to retrieve files over slow or unstable connections,
support for Proxy servers, and configurability.
```

2. 查询未安装的 RPM 软件包的信息

rpm 命令配合不带子选项的“-qp”选项可用于查询未安装的软件包，需要使用准确的软件包文件名称作为参数。结合不同的子选项使用时，主要包括以下查询形式，如表 7.2 所示。

表 7.2　查询未安装的 RPM 软件包命令的部分选项

选　项	作　用
qpi	查看指定软件包的名称、版本、许可协议、用途等
qpl	显示指定软件包准备在系统中安装的所有目录、文件列表
qpc	显示指定软件包准备在当前系统中安装的配置文件列表
qpd	显示指定软件包准备在系统中安装的文档文件列表

下面的例子用来测试目前选项。在安装光盘中有 RPM 软件包，读者也可上网查找 RPM 软件包。

显示光盘中 RPM 软件包文件的摘要信息：

```
# cd /run/media/linux/RHEL-7.5\ Server.x86_64/Packages/
# rpm -qpi openssh-7.4p1-16.el7.x86_64.rpm
Name        : openssh
Version     : 7.4p1
Release     : 16.el7
Architecture: x86_64
Install Date: (not installed)
Group       : Applications/Internet
Size        : 1987388
License     : BSD
Signature   : RSA/SHA256, 2017 年 11 月 24 日 星期五 23 时 19 分 40 秒, Key ID
199e2f91fd431d51
Source RPM  : openssh-7.4p1-16.el7.src.rpm
Build Date  : 2017年11月24日 星期五 22时13分09秒
Build Host  : x86-034.build.eng.bos.redhat.com
Relocations : (not relocatable)
Packager    : Red Hat, Inc. <http://bugzilla.redhat.com/bugzilla>
Vendor      : Red Hat, Inc.
URL         : http://www.openssh.com/portable.html
Summary     : An open source implementation of SSH protocol versions 1 and 2
Description :
SSH (Secure SHell) is a program for logging into and executing
commands on a remote machine. SSH is intended to replace rlogin and
rsh, and to provide secure encrypted communications between two
untrusted hosts over an insecure network. X11 connections and
arbitrary TCP/IP ports can also be forwarded over the secure channel.

OpenSSH is OpenBSD's version of the last free version of SSH, bringing
it up to date in terms of security and features.

This package includes the core files necessary for both the OpenSSH
client and server. To make this package useful, you should also
install openssh-clients, openssh-server, or both.
```

查看光盘中 ssh 软件包准备安装到系统的目录、文件列表：

```
#rpm -qpl openssh-7.4p1-16.el7.x86_64.rpm
/etc/ssh
/etc/ssh/moduli
/usr/bin/ssh-keygen
/usr/libexec/openssh
/usr/libexec/openssh/ctr-cavstest
/usr/libexec/openssh/ssh-keysign
```

```
/usr/share/doc/openssh-7.4p1
/usr/share/doc/openssh-7.4p1/CREDITS
/usr/share/doc/openssh-7.4p1/ChangeLog
/usr/share/doc/openssh-7.4p1/INSTALL
/usr/share/doc/openssh-7.4p1/OVERVIEW
/usr/share/doc/openssh-7.4p1/PROTOCOL
/usr/share/doc/openssh-7.4p1/PROTOCOL.agent
/usr/share/doc/openssh-7.4p1/PROTOCOL.certkeys
/usr/share/doc/openssh-7.4p1/PROTOCOL.chacha20poly1305
/usr/share/doc/openssh-7.4p1/PROTOCOL.key
/usr/share/doc/openssh-7.4p1/PROTOCOL.krl
/usr/share/doc/openssh-7.4p1/PROTOCOL.mux
/usr/share/doc/openssh-7.4p1/README
/usr/share/doc/openssh-7.4p1/README.dns
/usr/share/doc/openssh-7.4p1/README.platform
/usr/share/doc/openssh-7.4p1/README.privsep
/usr/share/doc/openssh-7.4p1/README.tun
/usr/share/doc/openssh-7.4p1/TODO
/usr/share/licenses/openssh-7.4p1
/usr/share/licenses/openssh-7.4p1/LICENCE
/usr/share/man/man1/ssh-keygen.1.gz
/usr/share/man/man8/ssh-keysign.8.gz
```

7.1.2 RPM 软件包的安装

RPM 软件包在安装时有依赖关系，一般需要用户手动处理。安装软件包使用“-i”选项，表示在当前系统中安装一个新的 RPM 软件包。

另外，还有几个选项用于辅助安装、卸载软件包，如表 7.3 所示。

表 7.3 辅助安装、卸载命令选项

选 项	作 用
--force	强制安装某个软件包，可以用于替换现已安装版本或安装旧版本
--nodeps	在安装、升级、卸载时，不检查与其他软件包的依赖关系
-h	在安装、升级过程中，以“#”显示安装进度
-v	显示软件安装过程中的详细信息

使用 rpm 命令安装软件包时，需要指定完整的软件包文件名称作为参数。需要同时安装多个 RPM 软件包时，可以采用通配符“*”，这种方式在安装存在相互依赖关系的多个软件包时特别有用，系统会自动检测依赖关系。

下面的例子用来测试目前选项：

```
#rpm -ivh openssh-7.4p1-16.el7.x86_64.rpm
准备中...                        ################################# [100%]
    软件包 openssh-7.4p1-16.el7.x86_64 已经安装
```

7.1.3　RPM 软件包的卸载

卸载软件包使用“-e”选项，表示在当前系统中卸载一个 RPM 软件包，并且验证卸载的软件包的依赖关系。

使用 rpm 命令卸载软件包时，只需指定软件包文件名称即可。

下面的例子用来测试目前选项。

检测并卸载 openssh 软件包：

```
#rpm -e openssh
错误：依赖检测失败：
    openssh = 7.4p1-16.el7 被 (已安装) openssh-clients-7.4p1-16.el7.x86_64 需要
    openssh = 7.4p1-16.el7 被 (已安装) openssh-server-7.4p1-16.el7.x86_64 需要
```

强制卸载 openssh 软件包，并且查找系统中是否还有该软件包存在：

```
#rpm -e openssh --nodeps

#rpm -q openssh
未安装软件包 openssh
#rpm -e openssh
错误：依赖检测失败：
    openssh = 7.4p1-16.el7 被 (已安装) openssh-clients-7.4p1-16.el7.x86_64 需要
```

7.1.4　RPM 软件包的升级

升级软件包和安装软件包十分类似：.

```
#rpm  -Uvh openssh-7.6p1-6.fc27.x86_64.rpm --nodeps
警告：openssh-7.6p1-6.fc27.x86_64.rpm: 头 V3 RSA/SHA256 Signature, 密钥 ID
f5282ee4: NOKEY
准备中...                         ################################# [100%]
正在升级/安装...
   1:openssh-7.6p1-6.fc27            ################################# [ 50%]
正在清理/删除...
   2:openssh-7.4p1-16.el7            ################################# [100%]
```

RPM 将自动卸载已安装的老版本的 OpenSSH 软件包，用户不会看到有关信息。事实上，可能总是使用“-U”选项来安装软件包，因为即便以往未安装过该软件包，也能正常运行。RPM 执行智能化的软件包升级。使用“--nodeps”选项，在升级过程中，不需要考虑依赖关系，直接安装即可。如果不使用该选项，则发生的依赖关系需要用户自行解决。

自动处理配置文件，对配置文件的修改不一定能向上兼容。因此，RPM 会先备份老文件，再安装新文件。应当尽快解决这两个配置文件有所不同的问题，以使系统能持续正常运行。

因为软件包的升级实际上包括软件包的卸载与安装两个过程，所以可能会遇到由这两项操作引起的错误。还有一个可能碰到的问题是，当使用旧版本的软件包来升级新版本的软件时，会产生以下错误信息：

```
#rpm-Uvh openssh-7.4p1-16.el7.x86_64.rpm
准备中...                    ################################# [100%]
   软件包 openssh-7.6p1-6.fc27.x86_64 (比 openssh-7.4p1-16.el7.x86_64 还要新)
已经安装
```

如果需要将该软件包降级，则加入“--oldpackage”选项即可。

```
#rpm -Uvh openssh-7.4p1-16.el7.x86_64.rpm  --oldpackage
准备中...                    ################################# [100%]
正在升级/安装...
   1:openssh-7.4p1-16.el7         ################################# [50%]
正在清理/删除...
   2:openssh-7.6p1-6.fc27         ################################# [100%]
```

7.1.5 RPM 软件包的验证

验证软件包是通过比较已安装的文件和软件包中的原始文件信息来进行的。验证主要是比较文件的尺寸、MD5 校验码、文件权限、类型、属主和用户组等。

使用“-V”选项来验证一个软件包。可以使用任何包选择选项来查询要验证的软件包。

```
# rpm -V openssh
```

验证包含特定文件的软件包：

```
rpm -Vf /bin/vi
```

验证所有已安装的软件包：

```
rpm -Va
```

根据一个 RPM 软件包来验证：

```
rpm -Vp libpython-2.7.16-alt1.x86_64.rpm
SM5....T   /usr/lib64/libpython2.7.so.1.0
```

如果担心 RPM 数据库已被破坏，就可以使用这种方式。

如果一切均校验正常，则不会产生任何输出。如果有不一致的地方，就会显示出来。错误输出的格式是 8 位长字符串，接着是文件名。8 位长字符串中的每一个字符用于表示文件与 RPM 数据库中一种属性的比较结果。.（点）表示测试通过。比如，在上述 libpython 的 RPM 软件包中，libpython2.7.so.1.0 文件的尺寸、模式、MD5 校验码、文件修改日期都和系统中的不一致。下面的字符表示对 RPM 软件包进行某种测试失败：

```
显示字符 错误源
5 MD5 校验码
S 文件尺寸
L 符号链接
T 文件修改日期
D 设备
U 用户
G 用户组
M 模式 e （包括权限和文件类型）
```

7.2　使用 yum 管理 RPM 软件包

yum，是 yellowdog updater modified 的简称，是杜克大学为了提高 RPM 软件包的安装性而开发的一种软件包管理器。yum 的理念是使用一个中心仓库（Repository）管理一部分甚至一个分支（Distribution）的应用程序的相互关系，根据计算出来的软件依赖关系进行相关的升级、安装、删除等操作，解决 Linux 用户一直头疼的依赖性问题。

yum 的主要功能是更方便地添加、删除、更新 RPM 软件包，自动解决软件包的依赖性问题，便于管理大量系统的更新。yum 可以同时配置多个资源库，简洁地配置文件，自动解决添加或删除 RPM 软件包时遇到的依赖性问题，保持与 RPM 数据库的一致性。

7.2.1　查询 RPM 软件包

使用 yum 的搜索功能查找已经配置到仓库中的软件包或系统中已经安装的软件包。

使用 yum list 命令，通过软件包名称和属性进行查找，如下所示：

```
# yum list openssh
已加载插件：langpacks, product-id, search-disabled-repos, subscription-manager
Repo rhel-7-server-rpms forced skip_if_unavailable=True due to: /etc/pki/entitlement/9109109353164643738-key.pem
已安装的软件包
openssh.x86_64                  7.4p1-16.el7          @anaconda/7.5
```

如果不知道软件包名称，则可以通过 search、provides 功能进行搜索。另外，可以使用通配符和正则表达式来扩大搜索范围。search 功能查找匹配所有可用的软件的名称、描述等；provides 功能检测软件包中包含的文件及提供的功能，但需要下载索引，如下所示：

```
# yum search openssh
已加载插件：langpacks, product-id, search-disabled-repos, subscription-manager
Repo rhel-7-server-rpms forced skip_if_unavailable=True due to: /etc/pki/entitlement/9109109353164643738-key.pem
已安装的软件包
openssh.x86_64                  7.4p1-16.el7          @anaconda/7.5
```

7.2.2　RPM 软件包的安装

（1）使用 yum install 命令安装软件包：

```
#yum install mediainfo
```

（2）使用 yum groupinstall 命令安装软件包：

```
#yum groupinstall "MySQL Databases"
```

（3）使用 yum localinstall 命令安装软件包：

```
#yum localinstall openssh-7.4p1-16.el7.x86_64.rpm
```

7.2.3 RPM 软件包的卸载

如果要卸载软件，则在系统中用 yum 指定被卸载的软件，以及任何依赖于它的软件。

卸载软件，代码如下：

```
# yum remove mediainfo
```

卸载软件组，代码如下：

```
# yum groupremove "MySQL Databases"
```

7.2.4 RPM 软件包的升级

升级某个软件包，代码如下：

```
# yum update evince
已加载插件：langpacks, product-id, search-disabled-repos, subscription-manager
正在解决依赖关系
--> 正在检查事务
---> 软件包 evince.x86_64.0.3.22.1-7.el7 将被升级
--> 正在处理依赖关系 evince(x86-64) = 3.22.1-7.el7，它被软件包 evince-nautilus-
3.22.1-7.el7.x86_64 需要
---> 软件包 evince.x86_64.0.3.28.2-5.el7 将被更新
--> 正在处理依赖关系 evince-libs(x86-64) = 3.28.2-5.el7，它被软件包 evince-3.28.2-
5.el7.x86_64 需要
--> 正在处理依赖关系 libfribidi.so.0()(64bit)，它被软件包 evince-3.28.2-5.el7.
x86_64 需要
--> 正在处理依赖关系 libgnome-desktop-3.so.17()(64bit)，它被软件包 evince-
3.28.2-5.el7.x86_64 需要
--> 正在检查事务
---> 软件包 evince-libs.x86_64.0.3.22.1-7.el7 将被升级
---> 软件包 evince-libs.x86_64.0.3.28.2-5.el7 将被更新
---> 软件包 evince-nautilus.x86_64.0.3.22.1-7.el7 将被升级
---> 软件包 evince-nautilus.x86_64.0.3.28.2-5.el7 将被更新
---> 软件包 fribidi.x86_64.0.1.0.2-1.el7 将被安装
---> 软件包 gnome-desktop3.x86_64.0.3.22.2-2.el7 将被升级
---> 软件包 gnome-desktop3.x86_64.0.3.28.2-2.el7 将被更新
--> 正在处理依赖关系 gsettings-desktop-schemas >= 3.27.0，它被软件包 gnome-
desktop3-3.28.2-2.el7.x86_64 需要
--> 正在检查事务
---> 软件包 gsettings-desktop-schemas.x86_64.0.3.24.1-1.el7 将被升级
---> 软件包 gsettings-desktop-schemas.x86_64.0.3.28.0-2.el7 将被更新
--> 解决依赖关系完成

依赖关系解决

===========================================================================
============================================================
 Package       架构              版本                源                   大小
```

```
 ================================================================
================================================================
 正在更新:
  evince       x86_64    3.28.2-5.el7      rhel-7-server-rpms  2.3 M
 为依赖而安装:
  fribidi      x86_64    1.0.2-1.el7      rhel-7-server-rpms  79 k
 为依赖而更新:
  evince-libs x86_64    3.28.2-5.el7      rhel-7-server-rpms  392 k
  evince-nautilus x86_64  3.28.2-5.el7    rhel-7-server-rpms 42 k
  gnome-desktop3  x86_64   3.28.2-2.el7   rhel-7-server-rpms  594 k
  gsettings-desktop-schemas    x86_64 3.28.0-2.el7  rhel-7-server-rpms 605 k

 事务概要
 ================================================================
================================================================
 安装          ( 1 依赖软件包)
 升级  1 软件包 (+4 依赖软件包)

 总计: 3.9 M
 Is this ok [y/d/N]: y
 Downloading packages:
 Running transaction check
 Running transaction test
 Transaction test succeeded
 Running transaction
   正在安装    : fribidi-1.0.2-1.el7.x86_64                       1/11
   正在更新    : evince-libs-3.28.2-5.el7.x86_64                  2/11
   正在更新    : gsettings-desktop-schemas-3.28.0-2.el7.x86_64    3/11
   正在更新    : gnome-desktop3-3.28.2-2.el7.x86_64               4/11
   正在更新    : evince-3.28.2-5.el7.x86_64                       5/11
   正在更新    : evince-nautilus-3.28.2-5.el7.x86_64              6/11
   清理        : evince-nautilus-3.22.1-7.el7.x86_64              7/11
   清理        : evince-3.22.1-7.el7.x86_64                       8/11
   清理        : gnome-desktop3-3.22.2-2.el7.x86_64               9/11
   清理        : gsettings-desktop-schemas-3.24.1-1.el7.x86_64   10/11
   清理        : evince-libs-3.22.1-7.el7.x86_64                 11/11
   验证中      : gsettings-desktop-schemas-3.28.0-2.el7.x86_64    1/11
   验证中      : evince-3.28.2-5.el7.x86_64                       2/11
   验证中      : gnome-desktop3-3.28.2-2.el7.x86_64               3/11
   验证中      : fribidi-1.0.2-1.el7.x86_64                       4/11
   验证中      : evince-libs-3.28.2-5.el7.x86_64                  5/11
   验证中      : evince-nautilus-3.28.2-5.el7.x86_64              6/11
   验证中      : evince-nautilus-3.22.1-7.el7.x86_64              7/11
   验证中      : gnome-desktop3-3.22.2-2.el7.x86_64               8/11
   验证中      : evince-libs-3.22.1-7.el7.x86_64                  9/11
   验证中      : evince-3.22.1-7.el7.x86_64                      10/11
   验证中      : gsettings-desktop-schemas-3.24.1-1.el7.x86_64   11/11
```

```
作为依赖被安装：
  fribidi.x86_64 0:1.0.2-1.el7
更新完毕：
  evince.x86_64 0:3.28.2-5.el7
作为依赖被升级：
  evince-libs.x86_64                                          0:3.28.2-5.el7
evince-nautilus.x86_64  0:3.28.2-5.el7              gnome-desktop3.x86_64
0:3.28.2-2.el7
  gsettings-desktop-schemas.x86_64 0:3.28.0-2.el7
```

升级系统所有软件包，代码如下：

```
# yum update
```

升级软件组中的所有软件包，代码如下：

```
# yum groupupdate "MySQL Databases"
```

7.2.5 新的软件源服务器的添加

要添加一个仓库作为软件来源，必须在/etc/yum.repos.d/目录下新建一个后缀名为.repo 的仓库描述文件，使用 yum repolist 命令查看目前的源情况，如下所示：

```
# yum repolist
已加载插件：langpacks, product-id, search-disabled-repos, subscription-manager
Repo    rhel-7-server-rpms    forced    skip_if_unavailable=True    due    to:
/etc/pki/entitlement/9109109353164643738-key.pem
rhel-7-server-rpms/7Server/x86_64                                 Red Hat
Enterprise Linux 7 Server (RPMs)                          23,906
repolist: 23,906
```

进入系统配置，配置如下信息。其中，name 是仓库的描述；baseurl 是仓库的位置；enabled 为 1 表示启用，为 0 表示禁用；gpgcheck 代表是否检测 GPG 签名；gpgkey 代表 GPG 所存放的地址。

```
# cd /etc/yum.repos.d/
# vi bak.repo

#编辑文件内容如下

[base]

name=RedHat

baseurl=http://mirrors.163.com/centos/7/os/$basearch/

enabled=1

gpgcheck=0
```

```
gpgkey=http://mirror.centos.org/centos/RPM-GPG-KEY-CentOS-7
```

至此，yum 仓库配置完毕。

重新检测 repo 列表，到此已经安装好新的软件源服务器，如下所示：

```
# yum repolist
已加载插件：langpacks, product-id, search-disabled-repos, subscription-manager

Repo    rhel-7-server-rpms    forced    skip_if_unavailable=True    due    to:
/etc/pki/entitlement/9109109353164643738-key.pem
base                                             | 3.6 kB  00:00:00
(1/2): base/x86_64/group_gz                      | 166 kB  00:00:00
(2/2): base/x86_64/primary_db                    | 6.0 MB  00:00:02
base/x86_64                                                      RedHat
10,019
rhel-7-server-rpms/7Server/x86_64                               Red Hat
Enterprise Linux 7 Server (RPMs)                      23,906
repolist: 33,925
```

7.3 使用源码安装软件

Linux 系统之所以能在 20 多年的时间里发展壮大，其开放源码的特性是很重要的原因。Linux 操作系统包括内核在内，所有软件都可以获取源码，并且可以修改定制后再使用。

现在的 Linux 发行版本通常使用包管理机制对软件进行打包安装，这样方便管理，大大简化了 Linux 的安装、使用成本。但是在部分情况下，还需要用到源码。

编译源码需要相应的开发环境，对于开源软件来说，GCC 编译器是最佳选择。GCC 编译器由 GNU 项目贡献。

首先要确认系统中安装了 GCC 编译器，代码如下：

```
# gcc -v
使用内建 specs。
COLLECT_GCC=gcc
COLLECT_LTO_WRAPPER=/usr/libexec/gcc/x86_64-redhat-linux/4.8.5/lto-wrapper
目标：x86_64-redhat-linux
配 置 为 ： ../configure    --prefix=/usr    --mandir=/usr/share/man
--infodir=/usr/share/info  --with-bugurl=http://bugzilla.redhat.com/bugzilla
--enable-bootstrap          --enable-shared          --enable-threads=posix
--enable-checking=release    --with-system-zlib    --enable-__cxa_atexit
--disable-libunwind-exceptions                  --enable-gnu-unique-object
--enable-linker-build-id                      --with-linker-hash-style=gnu
--enable-languages=c,c++,objc,obj-c++,java,fortran,ada,go,lto --enable-plugin
--enable-initfini-array                                     --disable-libgcj
--with-isl=/builddir/build/BUILD/gcc-4.8.5-20150702/obj-x86_64-redhat-linux/is
```

```
l-install
--with-cloog=/builddir/build/BUILD/gcc-4.8.5-20150702/obj-x86_64-redhat-linux/
cloog-install        --enable-gnu-indirect-function        --with-tune=generic
--with-arch_32=x86-64 --build=x86_64-redhat-linux

    线程模型：posix
    gcc 版本 4.8.5 20150623 (Red Hat4.8.5-36) (GCC)
```

7.3.1 源码包的获取

下面以 glibc 2.5 版本为例，演示该版本的源码包的安装方式。首先到官网 http://ftp.gnu.org/gnu/glibc/glibc-2.5.tar.bz2 上获取 glibc 的源码，放到家目录下，如下所示：

```
#wget http://ftp.gnu.org/gnu/glibc/glibc-2.5.tar.bz2
```

7.3.2 源码包的编译

1. 解包

在源码根目录下执行解压命令：

```
#tar xvf glibc-2.5.tar.bz2
```

2. 配置

在源码根目录下执行，新建文件夹 glib-2.5_bin./configure 脚本文件，如下所示：

```
#../glibc-2.5/configure
```

3. 编译

在源码根目录下执行 make 命令：

```
#make
```

7.3.3 源码包的安装

在源码根目录下执行 make install 命令完成安装，如下所示：

```
#make  install
```

7.3.4 源码包的卸载

在源码根目录下执行 make uninstall 命令完成卸载，如下所示：

```
#make uninstall
```

7.4 小结

本章详细介绍了 Linux 常用的软件安装方式，包括使用 rpm 命令管理 RPM 软件包、使用 yum 管理 RPM 软件包，以及使用源码安装软件；了解了软件包之间的依赖问题，以及如何使用 yum 来自动解决依赖问题。本章知识点需要多加练习、实践，希望读者认真学习。

7.5 习题

1．简述 Linux 系统中使用 rpm 命令安装的软件包含哪些文件。

2．简述使用源码包编译安装程序的基本过程。

3．在使用源码安装软件的过程中，以下哪个命令用于编译生成可执行程序？（ ）

A．./configure

B．make

C．tar xvf

D．make uninstall

4．使用 rpm 命令安装软件包可以使用哪几个选项？

5．使用 yum 查找软件包的命令是什么？

7.6 上机练习——安装 PHP 软件

实验目的：

学习 Linux 下软件包的安装方式。

实验内容：

（1）到 PHP 官方网站上下载 PHP 的 RPM 软件包，并使用 rpm 命令安装。

（2）使用 rpm 命令卸载 PHP 软件。

（3）使用 yum 命令直接安装 PHP 软件。

第二部分　Linux 编程

第 8 章　文本编辑器的使用

在 Linux 下进行编程时，第一个遇到的问题就是选择合适的文本编辑器。Linux 下常用的文本编辑器有 Vim、gVim、gedit 等，本章将对它们进行详细介绍，读者可以根据自己的喜好进行选择。

本章内容包括：

➪ Vim 的使用。
➪ Vim 使用实例。
➪ gVim 的使用。
➪ gedit 的使用。

8.1　Vim 的使用

Vim 是“Visual Interface IMproved”的简称，是 Linux 最常用的文本编辑器。Vim 可以完成文本的输入、删除、查找、替换、块操作等功能。用户还可以根据需要对其进行定制，使用插件扩展 Vim 的功能。本节将讲述 Vim 的使用方法。

8.1.1　Vim 的启动

在使用 Vim 之前，需要从终端中输入“vim”命令启动 Vim。通过下面的步骤可以启动 Vim 文本编辑器。

（1）打开系统的终端。执行“应用程序”→“系统工具”→“终端”命令，打开一个系统终端。

（2）在终端界面中输入“vim”命令，然后按“Enter”键，系统会启动 Vim。Vim 的工作界面如图 8.1 所示。

图 8.1 Vim 的工作界面

8.1.2 在桌面上创建 Vim 启动器

Linux 系统中的启动器相当于 Windows 系统中的快捷方式。除了可以在终端中用命令来启动 Vim，还可以在桌面上新建一个 Vim 启动器，通过双击 Vim 启动器的图标来启动 Vim。

如图 8.2 所示，将已经找到的终端拖曳到桌面上，如图 8.3 所示。

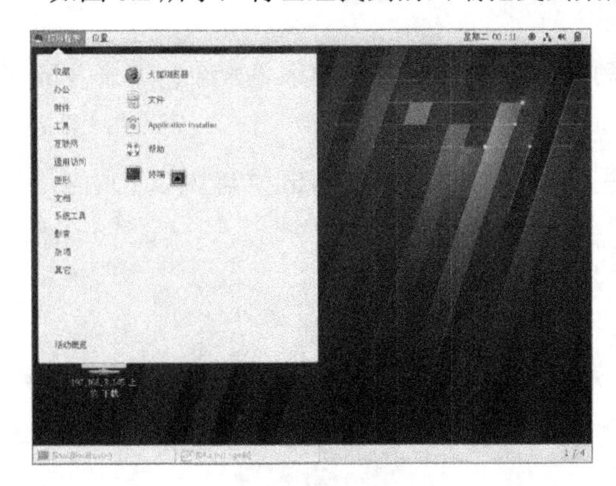

图 8.2 找到终端应用

图 8.3 将终端拖曳到桌面上

8.1.3 Vim 的工作模式

Vim 的工作模式指的是 Vim 不同的使用方式。Vim 有普通（Normal）模式、插入（Insert）模式和可视（Visual）模式 3 种工作模式。3 种工作模式的表现形式与功能如下。

- 普通模式：在进入 vim 后，默认是普通模式，这时可以输入一些命令。图 8.1 所示就是 Vim 的普通模式。在普通模式中，可以在一个冒号的后面输入一个命令，按“Enter”键执行这一命令。
- 插入模式：在普通模式下，按“i”键或“a”键则进入插入模式。这时所有的输入都是 Vim 的编辑内容。输入结束后，按“Esc”键可切换回普通模式。
- 可视模式：在普通模式下，按“v”键则进入可视模式。在可视模式下，主要进行复制和粘贴操作，按“Esc”键可以切换回普通模式。

Vim 的 3 种工作模式与切换方法如图 8.4 所示。

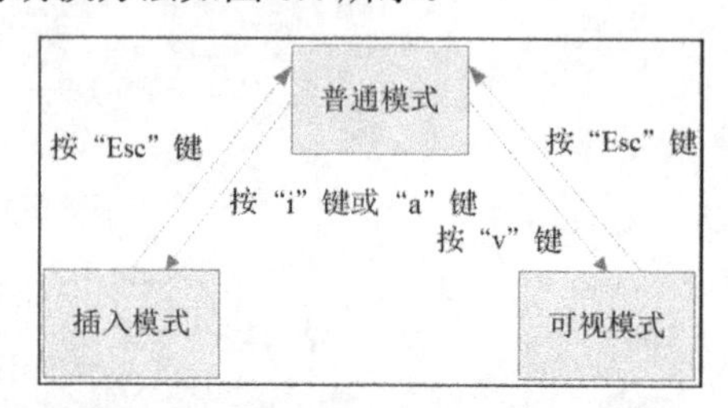

图 8.4　Vim 的 3 种工作模式与切换方法

8.1.4　保存与打开文件

在 Vim 中，保存文件的命令是“:w”，打开文件的命令是“:r”。下面讲解如何在 Vim 中用命令保存与打开文件。

（1）执行“主菜单”→“系统工具”→“终端”命令，打开一个系统终端。在终端中输入“vim”命令，按“Enter”键打开 Vim。

注意：Vim 是在终端中打开的。Vim 中的菜单命令都是终端的菜单命令，单击 Vim 中的菜单命令是对终端进行操作。

（2）这时 Vim 处于普通模式，按“i”键进入插入模式，然后在 Vim 中输入以下内容：

```
good moring everyone !
I am learning vim !
```

这时 Vim 的工作界面如图 8.5 所示。

（3）按“Esc”键切换回普通模式，这时输入下面的命令，将文件保存到/home/linux/文件夹下，并命名为 vim1.txt。

```
:w /home/linux/vim1.txt
```

Vim 会显示下面的提示信息：

```
"~/vim1.txt" [新] 3L ,48C 已写入
```

这表示新建了文件 vim1.txt，该文件有 3 行，48 个字符。

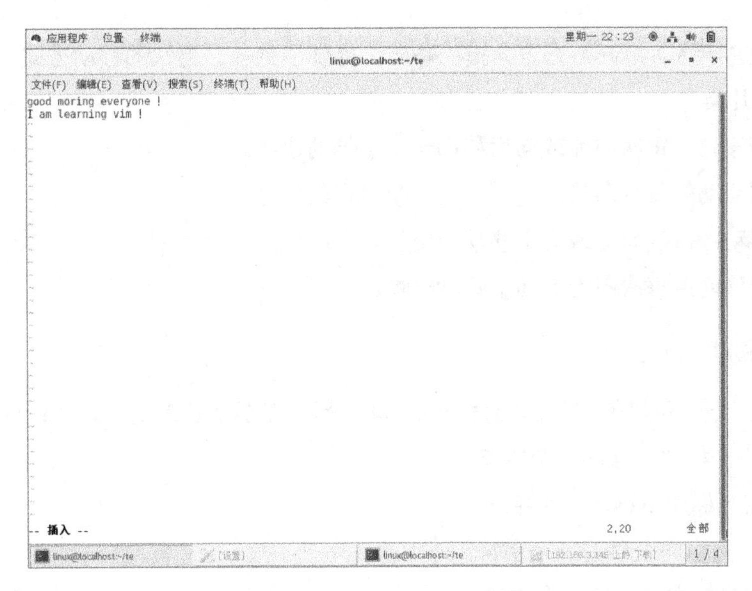

图 8.5　在 Vim 中输入文本

（4）如果再次输入“w /home/linux/vim1.txt”命令，并以同样的文件名保存文件，则 Vim 会有以下提示：

```
E13: File exists (add ! to override)
```

Vim 提示有重名文件，可以在命令后面添加“!”覆盖以前的文件，命令如下：

```
:w! /home/linux/vim1.txt
```

（5）按“Esc”键进入普通模式，输入“:q”命令退出 Vim。Vim 显示如下信息：

```
E37 No write since last change (add ! to override)
```

信息的含义是最后的编辑没有保存，在命令后面加“!”强制退出。

（6）保存并退出 Vim。按“Esc”键进入普通模式，输入“:wq”命令，再按“Enter”键，Vim 会保存文件并退出。

（7）再次在终端中输入“vim”命令，按“Enter”键打开 Vim。

（8）打开的 Vim 默认是普通模式。输入下面的命令打开前面步骤编辑的文件：

```
:-r /home/linux/vim1.txt
```

（9）这时 Vim 会读入一个文件并显示。按“i”键进入插入模式，继续编辑文件。

（10）按“Esc”键切换回普通模式，输入“:q”命令退出 Vim。这时 Vim 提示文件没有保存。输入“:q!”命令可以在不保存文件的情况下退出 Vim。

（11）在终端中，可以输入“vim /home/linux/vim1.txt”命令来启动 Vim 并打开一个文本。

8.1.5　移动光标

Vim 中的移动指的是在 Vim 中移动光标的位置。在 3 种模式下，都可以按键盘上的上、下、左、右方向键进行移动。Vim 在方向键的基础上提供了更多、更快的移动方式，这些移动方式可以分为以下几类。

- 字符移动：每次向前或向后移动一个字符的位置。
- 单词移动：每次向前或向后移动一个单词的位置。
- 行移动：每次向上或向下移动一整行。
- 页面移动：每次向上或向下移动一页。

1．字符移动

在普通模式下，可以使用下面的命令来移动光标。需要注意的是，这些命令都是小写的。

- h：将光标向左移动一个字符。
- j：将光标向下移动一个字符。
- k：将光标向上移动一个字符。
- l：将光标向右移动一个字符。

代表这 4 个命令的字母是键盘上“G”右边的 4 个字母，非常便于使用。这几个键可以代替方向键进行光标移动。

2．单词移动

在普通模式下，使用 w 命令可以将光标向后移动一个单词。在 w 前面指定一个数字前缀，光标会向后移动指定数目的单词。例如，3w 命令可以将光标向后移动 3 个单词。b 命令的作用和 w 命令的作用相反，可以将光标向前移动一个单词；也可以加一个数字前缀，一次将光标向前移动多个单词。

e 命令可将光标移动到下一个单词的最后一个字符。与之相对应的是 be 命令，可以将光标移动到前一个单词的最后一个字符。这相当于用 b 命令向前移动一个单词，然后用 e 命令将光标移动到最后一个字符。

3．行移动

Vim 中有着丰富的行移动功能，这些行移动功能可以取代图形桌面中的滚动条。行移动的命令如下所示。

- $命令：使用$命令可以将光标移动到当前行的行尾，作用类似于键盘上的“End”键。该命令可接受一个数字前缀，表示将光标向后移动到若干行的行尾。比如，命令 1$会将光标移动到当前行的行尾，2$则会将光标移动到下一行的行尾。
- 0 命令：和$命令对应的命令是 0 命令，其可将光标移动到当前行的第一个字符，相当于“Home”键的功能。该命令不能接受数字前缀。
- ^命令：使用^命令可将光标移动到当前行的第一个非空白字符。在该命令前面加上数字没有任何效果。

- 冒号命令：最简单的行移动方法是使用冒号（:）+具体的行号，这样光标就会移动到指定的行。
- j 命令：使用 j 命令可以向下跳转若干行。在命令前面加上数字，就可以跳转相应的行数。
- G 命令：使用 G 命令可以把光标定位到指定的行。例如，15G 命令会把光标定位到第 15 行。如果没有指定命令前面的数字，则会把光标定位到最后一行。
- gg 命令：使用 gg 命令可以跳转到第一行，与 1G 命令效果一样。
- 百分比命令：在百分比命令前面指定一个命令计数，可以将文件定位到这个指定百分比的位置上。例如，90%命令会跳转到接近文件尾部的地方，50%命令会把光标定位到文件的中间位置。

要想显示当前屏幕的行，可以使用 H、M 和 L 命令，其功能如表 8.1 所示。

表 8.1 H、M 和 L 命令的功能

命令	意义	功能
H	Home	移动到当前屏幕的第一行
M	Middle	移动到当前屏幕的中间一行
L	Last	移动到当前屏幕的最后一行

4. 页面移动

Vim 可以实现所显示页面的向上、向下移动，相当于在图形桌面中拖动滚动条。常用的页面移动命令如下所示。

- Ctrl+u 命令可使文本向上移动半屏。与之相对应的命令是 Ctrl+d 命令，可将文本向下移动半屏。
- 如果一次滚动一行，则可以使用 Ctrl+e（向上滚动）和 Ctrl+y（向下滚动）命令。
- 向上滚动一整屏的命令是 Ctrl+f。相反，Ctrl+b 命令是向下滚动一整屏。
- 使用%命令可以匹配括号。在书写程序或阅读代码时，使用%命令可跳转到与当前光标下的括号相匹配的另半个括号上。可能是向前或向后跳转。这里的括号匹配可以匹配小括号、中括号、花括号 3 种。
- zz 命令把光标所在的行滚动到屏幕正中央。与其相似的命令有：zt 命令，把光标所在的行滚动到屏幕顶端；zb 命令，把光标所在的行滚动到屏幕底端。

8.1.6 插入

插入指的是在光标位置的前后行、前后字符处插入新行或新字符；也可能是删除指定数目的行和字符，然后输入新的内容。插入命令如表 8.2 所示。需要强调的是，这里的命令操作都是在普通模式下进行的。

表 8.2 插入命令

命　令	意　义
i	在光标前插入
I	在当前行首插入
a	在当前光标后插入
A	在当前行尾插入
o	在当前行之下新开一行
O	在当前行之上新开一行
r	替换当前字符
R	替换当前字符及其后的字符，直至按“Esc”键
s	从当前光标位置处开始，以输入的文本替代指定数目的字符
S	删除指定数目的行，并以所输入的文本代替
ncw/nCW	修改指定数目的字符
nCC	修改指定数目的行

在普通模式下按“i”键以后，Vim 会在窗口底部显示“--Insert—”提示，这表明用户可以在光标处输入内容。此时按“Esc”键，会返回到普通模式。a 命令用来在当前光标处追加内容。o 命令可以在当前行的下面新起一行，在新行中输入内容。

8.1.7 删除

Vim 可以通过使用命令对光标处的字符进行删除，也可以对单词、整行进行删除。其删除命令如表 8.3 所示。

表 8.3 删除命令

命　令	意　义
x	删除光标所在的当前字符
ndw	删除光标处及其后的 n-1 个单词
do	删除当前行光标以前的所有字符
d$	删除当前行光标以后的所有字符
dd	删除光标所在的行
ndd	删除当前行及其后 n-1 行
X	删除光标前的一个字符。而 x 删除光标所在的当前字符

x 命令可以删除光标处的一个字符，在命令前可以添加参数，如 4x 命令可以删除 4 个字符。ndw 命令可以删除光标处及其后的 n-1 个单词，其中 w 命令可以看作将光标向右移动一个单词的距离；d 命令后面可以跟任何一个位移命令，它将删除从当前光标起到位移的终点处的文本内容。do 命令可以删除当前行光标以前的所有字符，d$命令可以删除当前行光标以后的所有字符，ndd 命令可以删除当前行及其后 n-1 行的内容。

8.1.8　取消

在进行编辑时，如果因为错误操作而修改了原有的文本，则可以使用取消命令来取消之前的修改操作。Vim 也可以多次取消之前的操作。常用的取消命令如表 8.4 所示。

表 8.4　常用的取消命令

命　令	意　义
.（英文句号）	重复上一次修改
u	取消上一次修改
U	将当前行恢复到修改前的状态

U 命令会一次撤销对一行的全部操作。第 2 次使用 U 命令则会撤销前一个 U 命令的操作。连接使用 u 或.命令可以多次执行取消或重复上一次修改操作。

8.1.9　退出

Vim 在结束工作时需要退出。在退出之前，需要对当前编辑的文件进行处理。退出命令如表 8.5 所示。

表 8.5　退出命令

命　令	意　义
:q	退出 Vim。如果文件没有保存，则不会退出
:q!	不保存文件，强制退出 Vim
zz	保存并退出

:q 命令直接退出 Vim 而不保存任何修改。这时，如果用户已经修改了文本，则 Vim 会提示文件没有保存，不会退出。:q!命令可以放弃保存退出编辑。zz 命令可以保存当前文件并退出。

8.1.10　查找

/string 命令用于搜索一个字符串(string),其会从光标开始处向文件尾部搜索所有的 string；而? string 命令从光标开始处向文件首部搜索所有的 string。需要强调的是，字符.、*、[、]、^、%、/、?、~、$有特殊意义，如果需要查找的内容中包含这些字符，则要在这些字符前加上一个反斜杠（\）对字符进行转义。

n 命令在同一方向上重复上一次搜索命令。N 命令在反方向上重复上一次搜索命令。常用的特殊字符匹配有以下两个。

- *：在查找的字符串中匹配任意字符。
- ?：在查找的字符串中匹配一个字符。

8.1.11 替换

Vim 有着强大的替换功能。除了可以进行字符串替换，还可以使用正则表达式进行替换。常用的替换命令如下。

- s/p1/p2/g：将当前行中的所有字符串 p1 用字符串 p2 替换。
- n1,n2s/p1/p2/g：将第 n1 至 n2 行中的所有字符串 p1 用字符串 p2 替换。
- g/p1/s//p2/g：将文件中的所有字符串 p1 均用字符串 p2 替换。

8.1.12 选项设置

Vim 编辑器可以用 set 命令设置一些特定的选项来定制编辑环境。表 8.6 列出了 set 命令的部分选项。

表 8.6 set 命令的部分选项

选项	作用
all	列出所有选项设置情况
term	终端类型
ignorance	在搜索中忽略大小写
list	显示制表位（Ctrl+I）和行尾标志（$）
number	显示行号
nomagic	允许在搜索模式时使用前面不带“\”的特殊字符
nowrapscan	禁止 Vim 在搜索到达文件两端时，又从另一端开始

如果要查看所有选项的设置，则在普通模式下输入“:set all”命令，会显示 Vim 的详细配置列表。如果要改变某个设置，则可以输入“:set option(=value)”命令。其中，“option”就是列表中的选项名，选项的值“(=value)”根据选项不同是可选的设置。每次进入 Vim 所有的选项将会被设置为默认值。进入 Vim 之后对选项的修改，只在当前窗口中有效。

8.1.13 调用 Shell 命令

在使用 Vim 编辑文本时，有时需要执行一些 Shell 命令。在 Vim 中使用 Shell 命令的方法如表 8.7 所示。

表 8.7 在 Vim 中使用 Shell 命令的方法

命令格式	说明
:!cmd	执行 cmd 命令
:m,n w!cmd	执行 cmd 命令，将文本中从 m 到 n 行的内容作为 cmd 命令的参数
:r!cmd	执行 cmd 命令，将 cmd 命令的结果插入到当前文本中

例如，在插入模式下需要查看用户目录下的文件，这时可以按“Esc”键切换回普通模式，然后输入“:ls /home/linux”命令，Vim 中就会显示/home/linux 目录下的文件列表。如果要把文件列表插入到当前编辑的文本中，则可以使用“:r!ls /home/linux”命令。

8.2 Vim 使用实例

Vim 是一个功能强大的文本编辑器，在插入模式下完成文本编辑的各种操作。下面将通过实例讲解 Vim 的文本编辑操作。

8.2.1 字符的插入与删除

文本编辑最基本的操作是文本的插入与删除。Vim 有各种字符插入与删除命令，下面将进行字符的插入与删除练习。

（1）在 Red Hat Enterprise Linux 的桌面上，执行“应用程序”→“系统工具”→“终端”命令，打开系统终端。在终端中输入“vim”命令，然后按“Enter”键启动 Vim。

（2）这时 Vim 的默认模式是普通模式，按“i”键进入插入模式，然后在 Vim 中输入下面的程序：

```
void main()
{
printf("hello , Linux .");
}
```

Vim 中的文本如图 8.6 所示。

图 8.6　在 Vim 中输入文本

（3）当前光标停留在最后一行。按“Esc”键返回普通模式，然后按“O”键在当前光标的上一行插入一行。需要注意的是，“O”要大写，小写表示在当前行的下一行插入一行。

（4）当前光标停留在插入的新行中，已经进入插入模式，输入下面一行文本：

```
getch();
```

（5）移动光标。按“Esc”键返回普通模式，使用“k”命令向上移动光标，使用“h”命令向左移动光标，把光标移动到文本的第一个字符上。

（6）删除字符。按“Esc”键返回普通模式，使用“x”命令删除当前光标处的字符。多次使用“x”命令，删除文本中的“void”。

（7）按“i”键进入插入模式，然后在光标处输入文本“int”。

（8）按“Esc”键返回普通模式，使用“j”命令向下移动光标，使用“h”命令向左移动光标。按“i”键进入插入模式，在两行代码前输入空格进行缩进。编辑以后的文本如图 8.7 所示。

图 8.7 编辑以后的文本

（9）保存文件。按“Esc”键返回普通模式，输入命令“:w /home/linux/01.c”，然后按“Enter”键保存文件。

（10）退出 Vim。按“Esc”键返回普通模式，输入命令“:q”，然后按“Enter”键退出 Vim，回到终端。

8.2.2 字符的查找与替换

（1）用与上一节步骤（1）相同的方法打开终端，然后在终端中打开 Vim。

（2）打开文件。打开 Vim 时，默认是普通模式，这时输入命令“:r /home/linux/01.c”，可以打开上一节中输入的文本。

（3）查找字符。按“Esc”键返回普通模式，输入命令“/i”，表示在文本中查找字符“i”，然后按“Enter”键。这时 Vim 会以标黄样式显示文本中所有的字符“i”，如图 8.8 所示。

图 8.8　查找字符

（4）替换字符。按“Esc”键返回普通模式，输入命令“:g/i/s//z/g”，然后按“Enter”键，会将文本中所有的字符“i”替换为字符“z”。之后用命令“:g/z/s//i/g”将文本中的字符“z”替换回字符“i”。

（5）使用外部命令。按“Esc”键返回普通模式，输入命令“:!ls”，这时会执行外部命令查看当前的目录，命令的执行结果显示在 Vim 中，如图 8.9 所示。这时按任意键均可回到原来的 Vim 编辑窗口中。

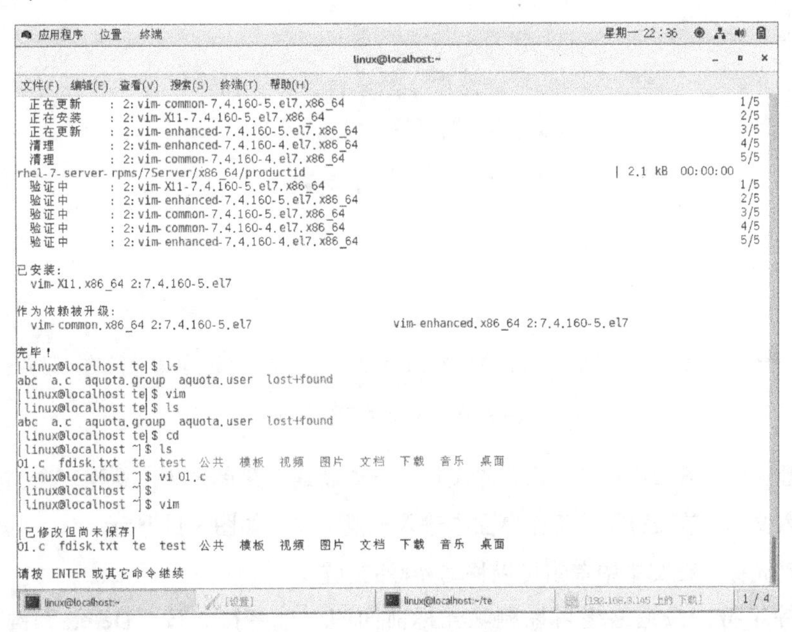

图 8.9　Vim 执行外部命令的结果

（6）不保存文件退出 Vim。按“Esc”键返回普通模式，输入命令“:q!”，然后按“Enter”键，可以不保存文件退出 Vim。

8.3 gVim 的使用

gVim 是一个有着菜单操作功能的 Vim 文本编辑器。除包含 Vim 的所有功能外，gVim 还可以通过使用鼠标用菜单命令进行操作。gVim 可以使用命令的强大功能，如果不熟悉命令，则可以使用鼠标完成各种操作。

8.3.1 文件的新建与保存

gVim 可以使用与 Vim 完全相同的命令和操作，但不同的是，gVim 可以使用菜单命令和对话框代替命令的输入。下面讲述 gVim 的文件新建与保存操作。

（1）打开 gVim。打开系统终端，在终端中输入“gvim”命令，然后按“Enter”键启动 gVim。gVim 的工作界面如图 8.10 所示。

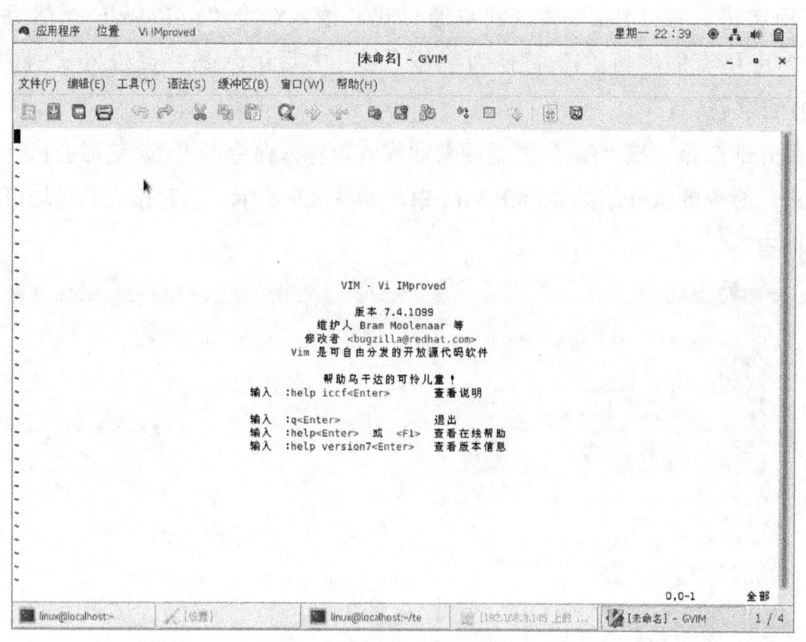

图 8.10 gVim 的工作界面

（2）新建文件。在 gVim 中，执行“文件”→“新建”菜单命令，新建一个文件。

（3）输入文本。在 gVim 的工作界面中输入一段文本，如图 8.11 所示。

（4）移动光标。在文本中单击可以移动光标的位置。

（5）删除字符。按退格键可以删除光标前面的一个字符。按“Delete”键可以删除光标后面的一个字符。按住鼠标左键在文本上拖动可以选中文本，然后按“Delete”键可以删除选中的文本。

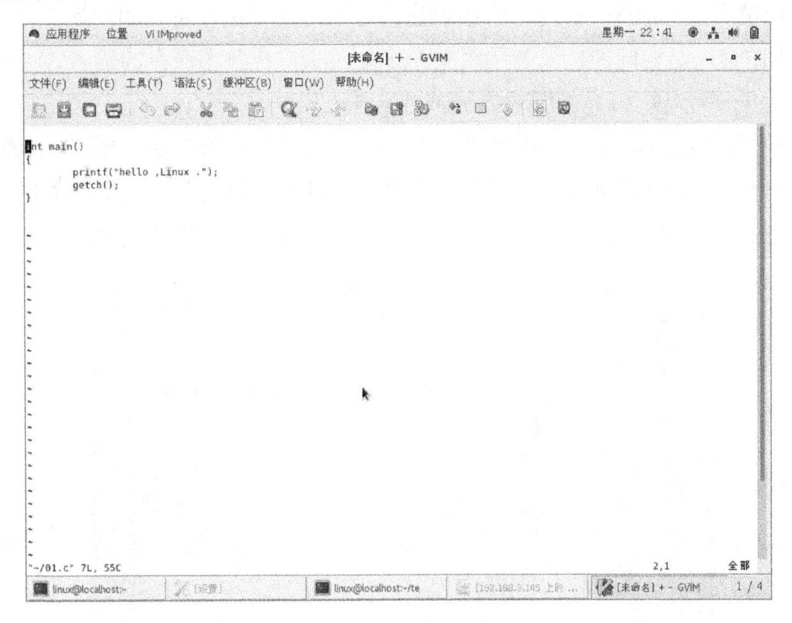

图 8.11　在 gVim 的工作界面中输入一段文本

（6）保存文件。执行“文件”→“保存”菜单命令，弹出“另存为”对话框，如图 8.12 所示。单击目录列表中的目录，可以选择将文件保存到哪个目录下。当前的默认目录是用户主目录/home/linux/。在“名称”文本框中输入文件名“03.c”，然后单击“保存”按钮保存文件。

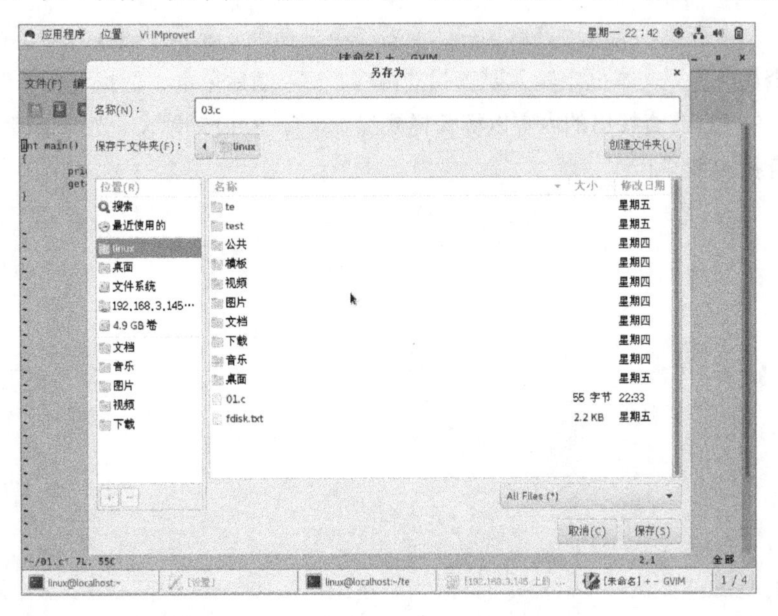

图 8.12　保存文件

（7）退出 gVim。单击 gVim 工作界面右上角的“关闭窗口”工具✕，退出 gVim。

8.3.2 查找与替换

gVim 可以使用菜单命令，在对话框中设置内容后对文本进行查找和替换操作。这种查找和替换与 Vim 中的命令是相同的，只是用菜单命令与对话框代替了命令的输入。

（1）用与上一节步骤（1）相同的方法打开 gVim。

（2）打开文件。在 gVim 中，执行“文件”→“打开”菜单命令，显示“编辑文件”对话框，如图 8.13 所示。在目录列表中可以单击选择一个目录。默认目录是用户主目录。在文件列表中单击选择上一节保存的文件“03.c”，然后单击“打开”按钮打开文件。

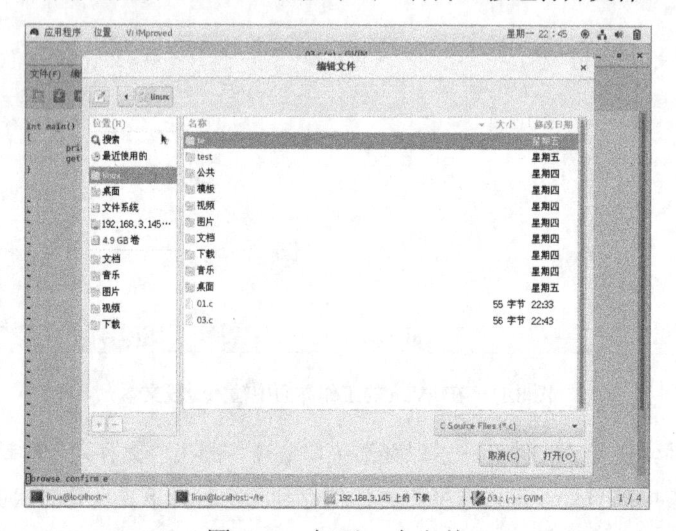

图 8.13　打开一个文件

（3）在文本中查找。执行“菜单”→“查找”菜单命令，显示“查找”对话框，如图 8.14 所示。在“查找内容”文本框中输入要查找的内容“(”，然后单击“查找下一个”按钮，gVim 会查找出所有的“(”。查找出的内容以标黄样式显示，如图 8.15 所示。光标会移动到当前光标的下一个要查找的字符上。

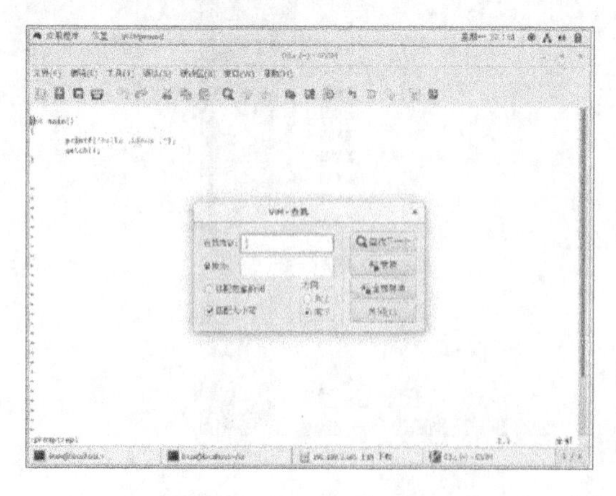

图 8.14　在文本中查找

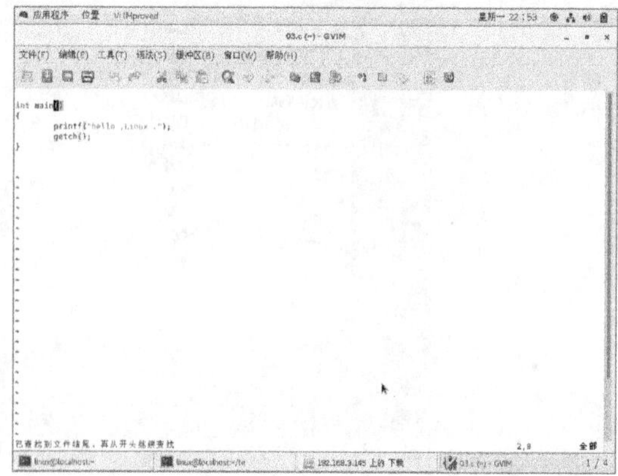

图 8.15　查找出的内容以标黄的形式显示

（4）替换文本。执行“编辑”→“查找和替换”菜单命令，显示“查找与替换”对话框，如图 8.16 所示。在“查找内容”文本框中输入“(”，在“替换为”文本框中输入“[”，然后单击“查找下一个”按钮，可以查找出下一处要替换的内容，但不替换。单击“替换”按钮可以替换光标所在位置的一个字符串；单击“全部替换”按钮可以替换文本中所有匹配的字符串。

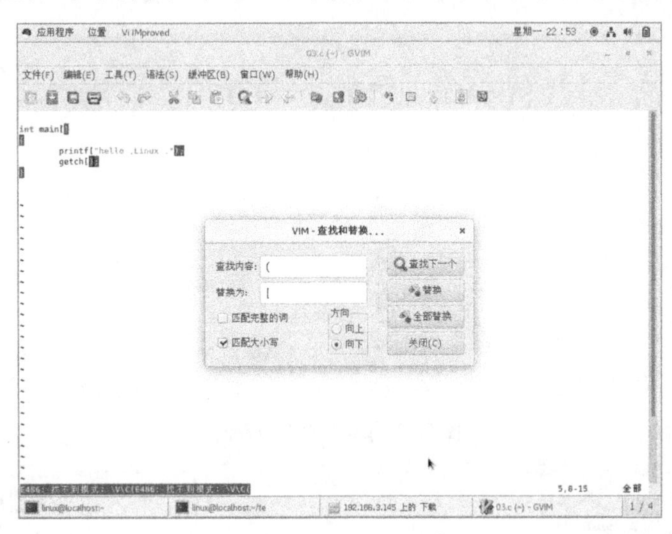

图 8.16　替换文本

8.4　gedit 的使用

gedit 是 Red Hat Enterprise Linux 下常用的图形桌面编辑器。与 Vim 或 gVim 最大的不同是，gedit 采用了方便的图形桌面，用户不需要输入命令就可以完成文本的编辑工作。gedit 的功能与操作与 Windows 系统下的记事本相似。下面对 gedit 的使用进行讲解。

8.4.1　gedit 的启动与打开文件

gedit 可以通过命令或主菜单的方式启动。打开文件可以在终端中使用命令行，也可以使用 gedit 中的菜单工具。

（1）在终端中启动 gedit。打开系统终端，在终端中输入“gedit”命令，然后按“Enter”键，启动 gedit。gedit 的工作界面如图 8.17 所示。

（2）在主菜单中启动 gedit。执行“应用程序”→“附件”→“文本编辑器”命令，打开 gedit。

（3）在 gedit 中打开文件。执行“文件”→“打开”→“其他文档”菜单命令，显示“打开”对话框，如图 8.18 所示。在文件夹列表中可以选择一个目录。在文件列表中单击选择上一节保存的文件“03.c”，然后单击“打开”按钮打开文件。

（4）可以在终端中直接用命令打开一个文件。在终端中输入下面的命令：

```
gedit /home/linux/03.c
```

gedit 命令后面有一个文件名，gedit 打开时会自动打开这个文件。

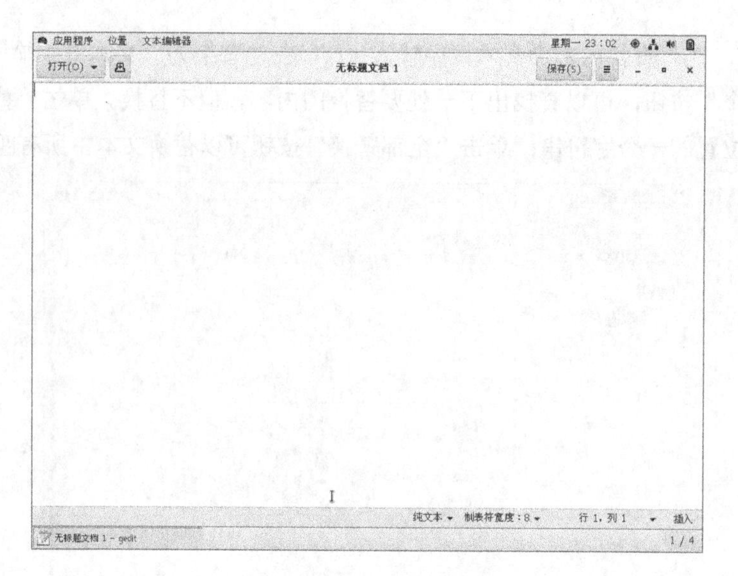

图 8.17 gedit 的工作界面

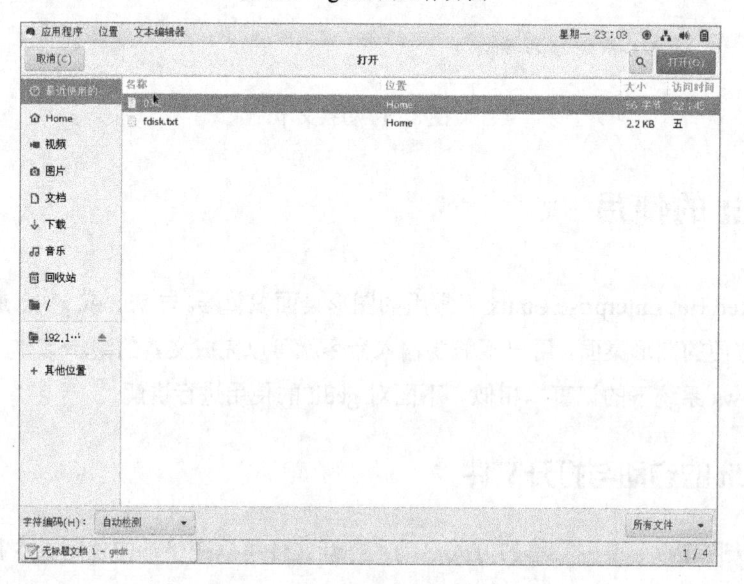

图 8.18 在 gedit 中打开一个文件

8.4.2 编辑文件

gedit 可以方便地使用各种工具进行文件编辑。在进行文件编辑时，不需要输入命令，可使用菜单命令、工具、右键菜单等来实现。下面讲述在 gedit 中如何进行文件编辑操作。

（1）用与上一节相同的方法打开 gedit。

（2）在 gedit 中输入如下 C 语言程序代码：

```
void main()
{
  printf("hello ,Linux. ");
```

```
    getch();
}
```

（3）保存文件。执行“文件”→“另存为”菜单命令，显示保存对话框，如图 8.19 所示。在该对话框中已经选择当前用户的主目录。在“名称”文本框中输入文件名“04.c”，然后单击“保存”按钮保存文件。

图 8.19　保存文件

（4）也可以单击工具栏中的“保存”工具保存正在编辑的文件。

（5）移动光标。在 gedit 的文本中单击，即可移动光标所在的位置。

（6）选择文本。按住鼠标左键在需要选择的文本上拖动，即可选择一段文本。

（7）选择一个单词。在需要选择的单词上单击，即可选择一个单词。

（8）文本的复制和粘贴。选择需要复制的文本以后，可以复制选中的文本，然后移动到需要粘贴的位置，右击鼠标后进行粘贴。这些基本的文件编辑操作与 Windows 系统是相同的。

8.4.3　打印文件

在编辑文本或编写代码时，常常需要打印文件。gedit 提供了基本的文件打印功能。下面将讲解如何在 gedit 中打印文件。

（1）打开 gedit，执行“文件”→“打开”→“其他文档”菜单命令，在打开的“打开”对话框中打开上一节编辑的文件“04.c”。

（2）打印文件。在右上方的菜单图标中单击打印图标，如图 8.20 所示。

（3）打印设置。打印设置如图 8.21 所示。

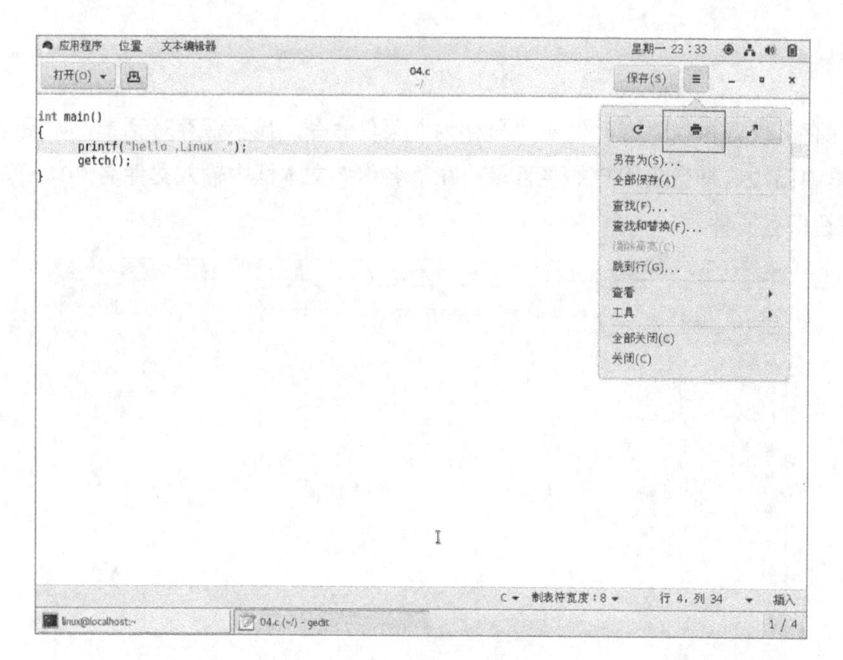

图 8.20　打印文件

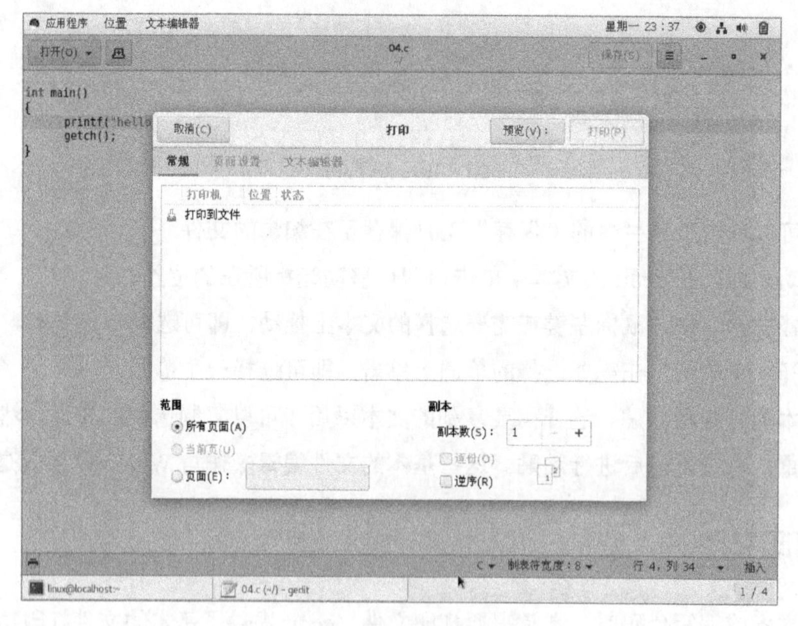

图 8.21　打印设置

8.4.4　gedit 的首选项设置

gedit 可以对软件的很多参数进行设置，这些设置有利于文本编辑和软件使用。下面讲述 gedit 的首选项设置。

打开 gedit。在 gedit 中执行“文本编辑器”→“首选项”菜单命令，显示“首选项”对话框，如图 8.22 和图 8.23 所示。

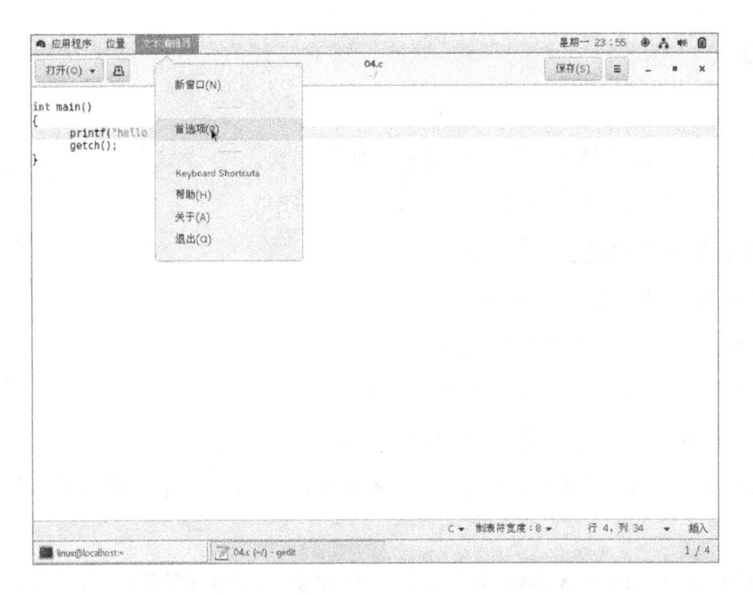

图 8.22　执行“文本编辑器”→“首选项”菜单命令

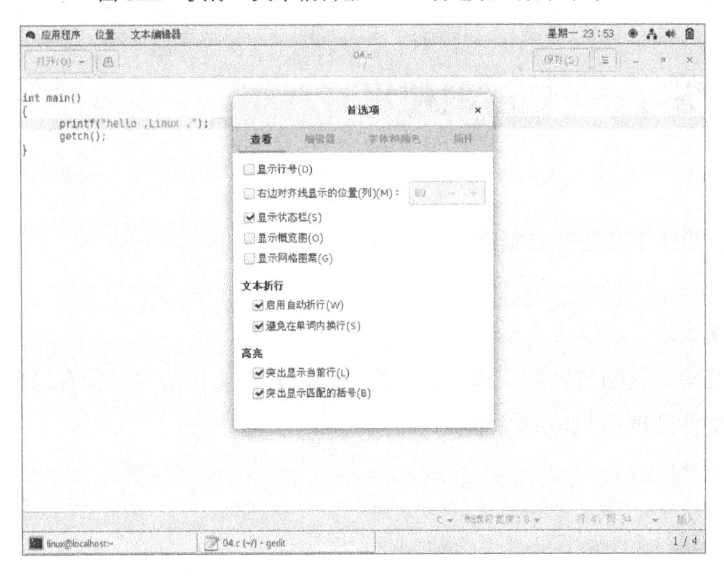

图 8.23　“首选项”对话框

8.5　小结

本章主要介绍了 Linux 系统下的几种文本编辑器，包括最常用的 Vim 编辑器，详细介绍了 Vim 编辑器的启动、3 种工作模式等，接着还列举了一些 Vim 使用实例，供读者学习；gVim 编辑器，虽然它不是很常用，但功能和 Vim 编辑器是一样的；gedit 文本编辑器也是很常用的，希望读者可以通过使用这些工具提高日常工作效率。

8.6 习题

1．简述 Vim 编辑器包括哪几种工作模式，如何切换。

2．在 Vim 编辑器中，如何查找文件中特定的字符串？

3．下面哪些是正确的说法？（ ）

A．使用 Vim 来直接修改 root 密码

B．Vim 的使用需要很高的 CPU 资源

C．Vim 在插入模式下不能切换到命令模式

D．Vim 灵活的地方在于通过键盘完成文本编辑

4．使用你熟悉的语言，利用 Vim 写一段 helloworld 代码，注意不要使用鼠标，记忆相关的命令。

5．使用 Vim 在/home/linux/.bashrc 中添加一行命令：echo $PATH，每次登录终端都会查看环境变量。

8.7 上机练习——Vim 的使用

实验目的：

了解 Linux 系统下常用文本编辑器的灵活使用。

实验内容：

（1）模式切换。

（2）光标移动、复制与粘贴、删除、查找文件内容、撤销编辑及保存退出。

（3）保存文件及退出 Vim 编辑器。

（4）替换文件内容。

第 9 章　Shell 编程

Shell 有多种版本，在 Red Hat Enterprise Linux 中默认的版本是 bash。用户成功登录系统以后，Shell 为用户与系统内核进行交互，直至用户退出系统。系统上的所有用户都有一个默认的 Shell。每个用户的默认 Shell 在系统中的/etc/passwd 文件中被指定。

本章内容包括：

- Shell 编程概述。
- Shell 程序的基本结构。
- Shell 程序中的变量。
- Shell 程序中的运算符。
- Shell 程序的输入和输出。
- 引号的使用方法。
- 测试语句。
- 流程控制结构。
- Shell 编程实例。

9.1　Shell 编程概述

Linux 的命令可以分为内部命令和外部命令。内部命令在系统启动时就调入内存，是常驻内存的。而外部命令是系统的软件功能，用户需要时才从硬盘中读入内存。例如，下面就是几个常用的内部命令。

- exit：终止当前 Shell 的执行。
- export：设置一个环境变量，当前 Shell 的所有子进程都可以访问这一个环境变量。
- kill：终止某个进程的执行。当带有进程 PID 参数时，可以中止对应进程的执行。

9.1.1 命令补齐功能

命令补齐功能可以自动补齐没有输入完整的命令。当用户不能拼写整个命令时，只需要输入开头的几个字符，然后按“Tab”键即可。如果开头的几个字符输入没有错误，系统就会自动补齐整个命令。除可以对命令输入进行提示外，该功能还可以加快输入命令的速度。例如，下面的操作使用了 bash 的命令补齐功能。

（1）执行“主菜单”→“系统工具”→“终端”命令，打开系统终端。

（2）在终端中输入“ifco”，然后按“Tab”键，这时会自动补齐为“ifconfig”命令。

（3）在终端中输入“ch”，然后按两次“Tab”键，这时会列出所有以“ch”开头的命令，如下所示：

```
chacl  cheatmake  chinput    chmoddic       chroot
chage  checkXML   chkconfig     chooser     chsh
chat      chfn            chkfontpathchown      chvt
chattr chgrp      chmod      chpasswd
```

这时可以使用这些提示书写相关命令。

9.1.2 命令通配符

所谓通配符，就是可以在命令中用一个字符来代替一系列字符或字符串。在 bash 中有 3 种通配符，其中?和[]代表单个字符；*可以代表一个或多个字符，也可以是空字符串。

- *：匹配任何字符和字符串，包括空字符串。
- ?：匹配任意一个字符。比如?abc，可以匹配任何以“abc”结尾，以任意字符开头的 4 个字符的字符串。
- []：匹配括号里列出的任何单字符。比如 abc[def]，可以匹配以“abc”开头，以“def”中任意一个字符结尾的字符串。

下面的例子就在命令中使用了通配符。

（1）从主菜单中打开一个终端。

（2）查看主目录下所有的 C 程序文件。C 程序文件的扩展名都是.c，所以输入以下命令：

```
ls *.c
```

注意：用*匹配一个任意字符串。

命令的运行结果如下：

```
01.c  02.c  03.c  aa.c  h.c  hello.c
```

（3）列出用户主目录中以“0”开头的 C 程序文件，输入如下命令：

```
ls 0*.c
```

注意：用*匹配一个任意字符串。

命令的运行结果如下：

```
01.c  02.c  03.c
```

（4）列出用户主目录中文件名只有 2 个字符的 C 程序文件，输入如下命令：

```
ls ??.c
```

注意：用?匹配一个单一字符。

命令的运行结果如下：

```
01.c  02.c  03.c  aa.c
```

9.1.3 使用命令的历史记录

在终端中，如果需要再次使用已经输入过的命令，则可以按向上方向键依次显示以前的命令，待查找到需要的命令后，按“Enter”键执行。

history 命令可以显示命令的记录列表，其用法如下：

```
history [n]
```

参数 n 是一个可选的整数。当没有参数时，history 命令会列出以前执行过的所有命令；当有参数 n 时，history 命令会列出最后执行的 *n* 个命令。例如，用下面的命令来查看已经执行过的操作：

```
history 5
```

该命令会显示最后执行的 5 个命令的操作列表，结果如下：

```
152  ls ??.c
153  fc
154  ls ??.c
155  ls
156  history 5
```

9.1.4 定义命令别名

定义命令别名指的是自定义一个命令代替其他命令，可以作为其他命令的缩写，用来减少键盘输入。定义命令别名使用 alias 命令，如下所示：

```
alias list='ls -l'                  //定义一个文件列表的别名
alias allfile='ls -a'               //定义显示所有文件命令的别名
alias lsc='ls *.c'                  //定义显示所有 C 程序文件命令的别名
```

注意：定义命令别名时，等号的两边不能有空格。

如果想取消别名，则可以使用 unalias 命令。例如，使用下面的命令可以取消上面代码中定义的 lsc 别名。

```
unalias lsc
```

9.2 Shell 程序的基本结构

Shell 程序就是一系列的 Linux 程序写在一个文件中，Shell 依次执行这些程序。本节将用一个简单的 Shell 程序的例子来讲解 Shell 程序的基本结构。

（1）打开终端，在终端中输入“vim”命令，按“Enter”键进入 Vim。

（2）在 Vim 中按“i”键进入插入模式，然后输入下面的文本：

```
#!/bin/bash
#hello                                    #注意：#后面的内容是 Shell 程序的注释
echo 'hello Linux'
echo 'this is a Shell file.'
```

（3）在 Vim 中按“Esc”键返回普通模式，然后输入命令“:w a.sh”，保存该文件到用户主目录下，文件名为 a.sh。

（4）输入命令“:q”，退出 Vim。

（5）输入下面的命令为文件 a.sh 添加可执行权限。一个文本文件是没有执行权限的。

```
chmod +x a.sh
```

（6）输入下面的命令运行这个 Shell 程序。该程序执行了两次字符串输出。

```
./a.sh
```

（7）该程序的运行结果如下：

```
hello Linux
this is a Shell file.
```

这个程序虽然简单，但包含了 Shell 程序的一些基本特征，具体内容如下。

（1）所有的 Shell 程序第一行都以#!开头，后面跟执行此 Shell 程序的 Shell 解释器目录与名称。系统默认的 Shell 解释器是 bash。本书中所有的 Shell 程序都是使用 bash 来解释执行的。

（2）程序的第 2 行以注释的方式写出程序的名称，这是 Shell 编程的一种习惯。

（3）最简单的 Shell 程序就是一组 Shell 命令。在这个程序中，使用两个 echo 命令输出了两个字符串。

（4）Shell 程序是一个普通的文本，添加可执行权限后才可以执行。执行一个没有权限的 Shell 程序，显示结果如下：

```
bash: ./c.sh //权限不够
```

9.3 Shell 程序中的变量

在 Shell 程序中，需要用变量来存储程序的数据。Shell 程序中的变量可分为局部变量、环境变量和位置变量 3 种。本节将讲述 Shell 程序中变量的使用方法。

9.3.1 局部变量

Shell 语言是解释型语言，不需要像 C 或 Java 语言一样在编程时要事先声明变量。当对一个变量进行赋值时，就定义了该变量。局部变量指的是只在当前的进程和程序中有效的变量。

Shell 程序中的变量是无数据类型的，可以使用同一个变量存放不同数据类型的值。变量赋值之后，只需在变量前面加一个“$”符号，即可访问变量的值。可以用赋值符号“=”为变量赋值。如果对没有空格的字符串赋值，则可以不用引号。输出变量的命令是 echo。例如，下面是建立一个 Shell 程序的步骤，在程序中定义变量并输出变量的值。

（1）从主菜单中打开一个终端，在终端中输入“vim”命令打开 Vim。

（2）在 Vim 中按“i”键进入插入模式，然后输入下面的代码：

```
#!/bin/bash
#bianliang 4.2.sh
a=123
b=1.23
c=xyz
d=efgh xyz
e='efgh xyz'
echo $a
echo $b
echo $c
echo $d
echo $e
```

（3）保存文件。按“Esc”键切换回普通模式，然后输入命令“:w 4.2.sh”，按“Enter”键保存该文件。

（4）在 Vim 中输入“:q”命令，退出 Vim。

（5）为文件 4.2.sh 添加可执行权限，在终端中输入下面的命令：

```
chmod +x 4.2.sh
```

（6）在终端中输入命令“./4.2.sh”，然后按“Enter”键运行这个 Shell 程序。程序的运行结果及分析如下：

```
123                              //$a 是一个整数赋值
1.23                             //$b 是一个小数赋值
xyz                              //$c 是一个字符串赋值
                                 //$d 赋值时出现空格，赋值错误
efgh xyz                         //$e 用引号将一个含空格的字符串引起来再赋值
```

9.3.2 环境变量

环境变量是在一个用户的所有进程中都可以访问的变量。在系统中常常使用环境变量来存储常用的信息。下面讲述环境变量的查看、访问、定义等操作。

1. 环境变量的查看

使用 export 命令可以查看系统的环境变量列表。打开一个终端，在终端中输入命令“export”，然后按“Enter”键，在终端中显示的环境变量列表如下：

```
declare -x BASH_ENV="/root/.bashrc"
declare -x COLORTERM="gnome-terminal"
declare -x DESKTOP_STARTUP_ID=""
declare -x DISPLAY=":0.0"
declare -x GDMSESSION="Default"
declare -x GNOME_DESKTOP_SESSION_ID="Default"
declare -x GTK_RC_FILES="/etc/gtk/gtkrc:/root/.gtkrc-1.2-gnome2"
declare -x G_BROKEN_FILENAMES="1"
declare -x HISTSIZE="1000"
declare -x SHELL="/bin/bash"
declare -x SHLVL="2"
declare -x SSH_AGENT_PID="1858"
declare -x SSH_ASKPASS="/usr/libexec/openssh/gnome-ssh-askpass"
declare -x SSH_AUTH_SOCK="/tmp/ssh-XXEMD4KZ/agent.1804"
declare -x TERM="xterm"
declare -x USER="root"
declare -x USERNAME="root"
declare -x WINDOWID="29512886"
declare -x XAUTHORITY="/root/.Xauthority"
declare -x XMODIFIERS="@im=Chinput"
```

2. 环境变量的访问

访问环境变量，需要在环境变量的前面加一个“$”符号。例如，在终端中执行如下命令可以访问环境变量：

```
echo $SSH_ASKPASS
```

程序的运行结果如下：

```
/usr/libexec/openssh/gnome-ssh-askpass
```

3. 环境变量的定义

可以使用 export 命令来定义一个环境变量。环境变量的命令一般都是大写的。例如，在终端中输入如下命令来定义一个环境变量：

```
export XX=1234
```

可以使用如下语句来访问这个环境变量：

```
echo $XX
```

命令的运行结果如下：

```
1234
```

4．在系统配置文件中定义环境变量

上面定义的环境变量，只在当前运行的所有进程中有效，并没有保存到系统的文件中，一旦系统重启，就无法再访问这些环境变量。我们可以在系统配置文件中定义这些环境变量。

环境变量的系统配置文件是/etc/profile。根据下面的步骤在系统配置文件中查看和定义环境变量。

（1）打开一个终端，在终端中输入并执行如下命令：

```
gedit /etc/profile
```

（2）文本编辑器会打开环境变量的系统配置文件/etc/profile。在文件中可以发现，有下面这样的语句输出了环境变量：

```
export PATH USER LOGNAME MAIL HOSTNAME HISTSIZE INPUTRC
```

（3）在文件的最后一行输入如下代码，添加两个环境变量：

```
export A1=hello
export A2=12345
```

（4）执行文本编辑器的“文件”→“保存”菜单命令，保存这个文件。

（5）重新启动计算机以后，系统中会存在上面所设置的两个环境变量。

9.3.3 位置变量

位置变量指的是 Shell 程序在运行时传入的参数。在程序中可以用变量的形式来调用这些参数。这些参数被存放在 1～9 9 个变量名中，被形象地称为位置变量。与普通变量一样，位置变量用“$”前缀加这个数字来表示。比如，第 5 个参数，表示为$5。例如，要向 Shell 程序传递参数“Beijing is a beautiful city”，用表 9.1 来说明如何访问每个参数。

表 9.1 Shell 程序中的位置变量

$0	$1	$2	$3	$4	$5	$6	$7	$8	$9
bash	Beijing	is	a	beautiful	city				

在位置变量中，$0 的值为 bash；$1 及其以后的变量是输入参数的列表。

下面是一个访问位置变量的 Shell 程序实例。

（1）执行“应用程序”→“系统工具”→“终端”命令，打开一个终端。在终端中输入“vim”命令，启动 Vim。

（2）在 Vim 中按“i”键，进入插入模式，然后输入下面的代码：

```
#!/bin/bash
#4.3.sh;
echo $1;
echo $2;
echo $3;
echo $4;
```

（3）这个程序的内容很简单，用 echo 语句输出 Shell 程序运行时输入的 4 个参数。

（4）按“Esc”键切换回普通模式，输入“:w 4.3.sh”命令，然后按“Enter”键保存文件。

（5）输入“:q”命令，按“Enter”键退出 Vim。

（6）新建的 Shell 程序是没有执行权限的，输入如下命令为该文件添加可执行权限：

```
chmod +x 4.3.sh
```

（7）输入如下命令执行该程序，在命令中输入程序的参数：

```
./4.3.sh Beijing is a beautiful city
```

（8）程序输出$1～$4 位置变量中的 4 个参数，运行结果如下：

```
Beijing
is
a
beautiful
```

9.4 Shell 程序中的运算符

Shell 程序中的运算符可以实现变量的赋值、算术运算、测试、比较等功能，运算符是构成表达式的基础。本节将讲述 Shell 程序中运算符的使用。

9.4.1 变量赋值

在 Shell 程序中使用“=”进行变量赋值，也可以使用“=”来改变或初值化一个变量的值。在进行赋值时是不考虑数据类型的，这是由 Shell 程序中变量数据类型的特点决定的。下面是使用“=”进行赋值的例子。

（1）从主菜单中打开一个终端。

（2）在终端中输入如下命令对一个变量进行赋值：

```
STR=123
```

（3）输入如下命令输出这个变量的值：

```
echo $STR
```

（4）Shell 程序会输出这个变量的值，结果如下：

```
123
```

（5）可以赋予同一个变量不同的值，命令如下：

```
STR=asdf
```

（6）输入如下命令输出变量的值：

```
echo $STR
```

（7）变量值的输出结果如下：

```
asdf
```

9.4.2 算术运算符

算术运算符指的是可以在程序中实现加、减、乘、除等数学运算的运算符。Shell 程序中常用的算术运算符如下。

- +：对两个变量做加法运算。
- -：对两个变量做减法运算。
- *：对两个变量做乘法运算。
- /：对两个变量做除法运算。
- **：对两个变量做幂运算。
- %：取模运算，第一个变量除以第二个变量求余数。
- +=：加等于，在第一个变量的基础上加第二个变量。
- -=：减等于，在第一个变量的基础上减去第二个变量。
- *=：乘等于，在第一个变量的基础上乘以第二个变量。
- /=：除等于，在第一个变量的基础上除以第二个变量。
- %=：取模赋值，第一个变量对第二个变量进行取模运算，再赋值给第一个变量。

在使用这些运算符时，需要注意运算顺序问题。例如，输入下面的命令，输出 1+2 的结果：

```
echo 1+2
```

Shell 程序并没有输出结果 3，而是输出了 1+2。在 Shell 程序中有 3 种方法可以更改运算顺序：

- 用 expr 改变运算顺序。可以用 echo `expr 1 + 2`来输出 1+2 的结果，expr 表示后面的表达式为一个数学运算。需要注意的是，`并不是一个单引号，而是“Tab”键上方的那个符号。
- 用 let 指示数学运算。可以先将运算的结果赋值给变量 b，运算命令是 b=let 1 + 2，然后用 echo $b 来输出 b 的值。如果没有 let，则会输出 1+2。
- 用$[]表示数学运算。将一个数学运算写到“$[]”符号的中括号中，中括号中的内容将先进行数学运算。例如，命令 echo $[1+2]，将输出结果 3。

下面是一个 Shell 程序实例，实现数学函数 $S=3x^y+4x^2+5y+6$ 的运算。在程序中，以位置变量的方式输入 x 与 y 的值。程序的编写步骤如下。

（1）在主菜单中打开一个终端，在终端中输入“vim”命令打开 Vim。

（2）在 Vim 中按“i”键进入插入模式，然后输入下面的代码：

```
#!/bin/bash
#4.4.sh
```

```
s=0                                 #定义一个求和变量，初值为 0
t=`expr $1**$2`                     #用 expr 改变运算顺序，求 x 的 y 次方
t=$[t*3]                            #t 乘以 3
s=$[s+t]                            #结果相加
t=$[$1**2]                          #求 x 的平方
t=$[t*4]                            #结果乘以 4
s=$[s+t]                            #结果相加
t=`expr $2*5`                       #求 5y 的值
s=$[s+t]                            #结果相加
s=$[s+6]                            #结果加上 6
echo $s                             #输出结果
```

（3）在这个程序中，需要注意算术运算的写法。如果没有使用 expr 或$[]更改运算顺序，则会将运算式以字符串的形式赋值。

（4）按“Esc”键切换回普通模式，然后输入“:w 4.4.sh”命令保存文件。

（5）输入“:q”命令，按“Enter”键退出 Vim。

（6）在终端中，输入如下命令为 4.4.sh 文件添加可执行权限：

```
chmod +x 4.4.sh
```

（7）输入如下命令运行程序，在命令中需要输入两个参数：

```
./4.4.sh 2 4
```

（8）程序会完成 $S=3x^y+4x^2+5y+6$ 的数学运算并输出结果。结果如下：

```
90
```

9.5 Shell 程序的输入和输出

输入指的是 Shell 程序读入数据，包括从文件读取、从用户输入读取等方式。输出指的是 Shell 程序的运行结果的处理，可以显示到屏幕上或保存到文件中。本节将讲述 Shell 程序的输入和输出。

9.5.1 使用 echo 命令输出结果

echo 命令可以输出文本或变量的值，是 Shell 程序中最常用的输出方式。结果可以输出到终端中，也可以写入文件中。该命令的用法如下：

```
echo $str                   #将结果输出到终端中
echo $str >file             #将结果保存到文件 file 中，如果没有文件，则会新建一个文件；如果已有文件，则会覆盖以前的文件
echo $str >>file            #将结果追加到文件 file 中
```

对于 echo 命令输出的内容，可以通过下面的格式控制字符来控制输出格式。

- \c：末尾加上\c 表示这一行输出完毕以后不换行。

- \t：输出一个跳格，相当于按下“Tab”键。
- \n：输出一个换行。

需要注意的是，如果要输出特殊字符，则必须加-e 选项，否则在输出结果中会直接输出字符。加-n 选项可以禁止 echo 命令的输出结果换行。下面是使用 echo 命令进行输出的例子。

（1）从主菜单中打开一个终端。

（2）在终端中输入如下命令，输出一行文本：

```
echo "hello ,Beijing"
```

（3）按“Enter”键，运行结果如下：

```
hello ,Beijing
```

（4）在输出内容中加入一个换行符，输入如下命令：

```
echo "hello ,\nBeijing"
```

（5）按“Enter”键，运行结果如下：

```
hello ,\nBeijing
```

换行符\n 被直接输出，并没有换行。

（6）如果需要在输出内容中显示换行，则需要在 echo 后加-e 选项。输入如下命令：

```
echo  -e "hello ,\nBeijing"
```

（7）按“Enter”键，运行结果如下：

```
hello ,
Beijing
```

换行符\n 处输出了一个换行。

（8）在文本中输出几个跳格，输入如下命令：

```
echo  -e "hello ,\t\t\tBeijing"
```

（9）按“Enter”键，运行结果如下：

```
hello ,            Beijing
```

（10）将结果输出到文件中。在终端中输入如下命令：

```
echo "hello ,Beijing .">a.txt
```

（11）按“Enter”键，在终端中没有输出显示。输入“vim a.txt”命令，用 Vim 查看 a.txt 文件，可以发现，在文件 a.txt 中有如下文本：

```
hello ,Beijing .
```

（12）再次向这个文本中输出结果，在终端中输入如下命令：

```
echo "abcde">a.txt
```

（13）按“Enter”键，在终端中没有输出显示。输入“vim a.txt”命令查看 a.txt 文件，可以发现，在文件中有如下文本：

```
abcde
```

第二次的输出覆盖了第一次输出时创建的文件。

（14）用追加的方法向这个文本中输出结果，在终端中输入如下命令：

```
echo "hijkl">>a.txt
```

（15）按“Enter”键，在终端中没有输出显示。输入“vim a.txt”命令查看 a.txt 文件，其中文本的内容如下：

```
abcde
hijkl
```

第二次的输出追加到了第一次输出结果的末尾。

9.5.2 使用 read 命令读取信息

read 命令可以通过键盘或从文件中读入信息，并赋给一个变量。read 命令读取信息的方法如下。

- 如果只读入一个变量，则会把通过键盘输入的所有信息赋值给这个变量。按“Enter”键结束输入。
- 如果输入多个变量，则用空格键将输入的变量隔开。如果输入变量的个数多于需要读取变量的个数，则将会把剩余的变量赋值给最后一个变量。
- 在读取语句后面添加<filename，表示从文件中读取数据，并且赋值给变量。

例如下面的操作，就是通过键盘或从文本文件中读取变量。

（1）从主目录中打开一个终端。

（2）在主目录中输入如下命令，读取一个变量并赋值给 A：

```
read A
```

（3）按“Enter”键，终端会等待用户输入。在终端中输入如下字符：

```
asdf
```

（4）按“Enter”键，再输入“echo $A”命令输出变量的值。显示结果如下：

```
asdf
```

（5）读取多个字符串的变量。在终端中输入“read A”命令，然后按“Enter”键，在光标后面输入如下字符串：

```
asd fgh jkl
```

（6）在终端中输入“echo $A”命令显示这个变量，按“Enter”键后显示如下结果：

```
asd fgh jkl
```

（7）读取多个变量。在终端中输入如下命令，然后按“Enter”键：

```
read A B C
```

（8）在终端中等待光标后面输入如下字符串：

```
aaa sss ddd
```

（9）在终端中分别输入如下命令输出变量的值，然后按“Enter”键：

```
echo $A
echo $B
echo $C
```

（10）3 次命令的运行结果分别如下：

```
aaa
sss
ddd
```

（11）如果输入的数据多于需要读取的字符串，则将会把多余的输入信息赋值给最后一个变量。在终端中输入如下命令：

```
read A B
```

（12）按“Enter”键，在光标处输入如下字符串：

```
aaa bbb ccc ddd
```

（13）输出变量。在终端中输入“echo $A”命令，然后按“Enter”键，会输出 aaa。再输入“echo $B”命令，按“Enter”键，在终端中输出的结果如下：

```
bbb ccc ddd
```

（14）从文件中读取信息。在终端中输入“vim”命令，打开 Vim。

（15）在 Vim 中按“i”键进入插入模式，然后输入下面的字符串：

```
aaa bbb
```

（16）按“Esc”键切换回普通模式，输入“:w a.txt”命令，然后按“Enter”键保存这个文件。再输入“:q”命令，退出 Vim。

（17）在终端中输入下面的命令，从文本中读取字符串并赋值给变量：

```
read A B <a.txt
```

（18）输出变量。在终端中输入“echo $A”命令，然后按“Enter”键，在终端中会显示 aaa；输入“echo $B”命令，然后按“Enter”键，在终端中会显示 bbb。

9.5.3　文件重定向

文件重定向指的是，在执行命令时指定命令的输入、输出方式。例如，可以将命令的结果输出到一个文件中。表 9.2 列出了文件重定向的常见使用方法。

表 9.2　文件重定向的常见使用方法

命令格式	说　明
command > filename	把标准输出重定向到一个文件中
command>> filename	把标准输出以追加的方式重定向到一个文件中
command > filename 2>&1	把标准输出和标准错误一起重定向到一个文件中
command >> filename 2>&1	把标准输出和标准错误一起追加到一个文件中
command < filename >filename2	command 命令以 filename 文件作为标准输入，以 filename2 文件作为标准输出，即输入、输出都是文件
command < filename	command 命令以 filename 文件作为标准输入

下面是在命令中使用文件重定向的例子。

（1）从主菜单中打开一个终端。

（2）在终端中输入下面的命令，查看当前的文件夹，把结果保存到文件 a.txt 中。

```
ls > a.txt
```

（3）按“Enter”键，命令执行后没有显示结果。在终端中输入“vim a.txt”命令，可以发现在文件 a.txt 中有上一命令的文件列表。

（4）将上一步骤输出的结果作为命令的输入。在终端中输入下面的命令：

```
read A <a.txt
```

（5）按“Enter”键执行命令，这时 read 命令会从文件 a.txt 中读取一个字符串并赋值给 A。要想显示这个变量，则可以输入“echo $A”命令，然后按“Enter”键。这时会显示文件 a.txt 中的第一个字符串，也就是当前用户目录下的第一个文件名，结果如下：

```
01.c
```

（6）命令的输入（<）和输出（>）都是文件。例如可以使用下面的命令，将文件 a.txt 中的所有小写字母转换成大写字母，然后保存到文件 b.txt 中。

```
tr "[a-z]""[A-Z]"<a.txt >b.txt
```

（7）按“Enter”键执行这个命令。然后输入“vim b.txt”命令，查看文件 b.txt 中的内容，可以发现该文件中所有的字母都是大写的。

（8）在 Vim 中输入“:q”命令，退出 Vim。

9.6　引号的使用方法

Shell 程序中的单引号、双引号、反引号、反斜线在命令中有特殊含义。本节将讲述这些特殊符号的使用方法。反引号指的是“Tab”键上方的那个符号，在 Linux 系统中常常会使用到它。

9.6.1 双引号

双引号表示引用一个字符串。字符串中不能直接使用$、单引号、双引号、反斜线、反引号这些特殊符号。如果字符串中没有空格，则使用双引号将赋值的字符串引起来和不使用双引号的效果是一样的。当字符串中有空格时，用双引号表示引号中的内容为一个字符串。下面是在字符串中使用双引号的操作。

（1）从主菜单中打开一个终端。

（2）在终端中输入下面的命令，对变量A进行赋值：

```
A="asd fgh jkl"
```

（3）在赋值时，可以用双引号把字符串引起来。输入命令“echo $A”，显示变量$A的结果，如下所示：

```
asd fgh jkl
```

（4）在终端中输入下面的命令，对变量A进行赋值：

```
A=asd fgh jkl
```

注意：字符串中有空格，但是没有使用引号。

（5）按“Enter”键执行命令，终端显示命令错误。终端会认为“A=asd”是一个完整的命令，而后面的“fgh jkl”是一个不可识别的命令。

9.6.2 单引号

单引号表示引用一个字符串，用法和双引号相似。如果在双引号中使用单引号，则表示在字符串中包括这个单引号，输出时会输出它。

例如，输入命令“A="asd'fgh' " ”对变量A赋值，然后输入命令“echo $A”，命令显示结果如下：

```
asd'fgh'
```

9.6.3 反引号

反引号用于执行引号中的系统命令，然后将命令的执行结果返回。返回的执行结果可以赋值给一个变量。例如，下面是使用反引号将命令的执行结果赋值给变量的例子。

（1）从主菜单中打开一个终端。

（2）在终端中输入下面的命令：

```
echo `date`
```

需要注意的是，命令中的引号是反引号，而不是单引号。

（3）命令的运行结果如下：

```
一 12月 10 15:06:08 CST 2007
```

（4）在终端中输入下面的命令：

```
A=`ls`
```

表示执行 ls 命令，再把结果赋值给变量 A。

（5）输入“echo $A”命令，输出变量 A 的值，结果如下：

```
01.c 02.c 03.c 03.c~ 04.txt 1.txt 4.1.sh 4.2.sh 4.3.sh 4.4.sh
```

9.6.4 反斜线

反斜线用于对特殊字符进行转义。如果字符串中含有&、*、+、^、$、`、"、|、?这些特殊字符，则 Shell 会认为这些字符代表相应的运算。可以使用反斜线对这些字符进行转义。下面是在字符串中用反斜线处理特殊字符的例子。

（1）从主菜单中打开一个终端。

（2）定义含有 3 个引号的字符串。引号是一个特殊字符，如果直接对一个变量赋值 3 个引号，则命令会发生错误。需要使用反斜线对输入的引号进行转义。输入的命令如下：

```
A=\"\"\"
```

（3）输入命令“echo $A”，然后按“Enter”键，会输出 3 个引号，结果如下：

```
" " "
```

（4）输出一个字符串$$。在终端中输入命令“echo $$”，终端会显示当前进程的 ID。这时需要使用反斜线进行转义，输入命令“echo \$$”。

9.7 测试语句

这里所说的“测试”是对变量的大小、字符串、文件属性等内容进行判断。test 命令可以用于文件状态、数值、字符串等内容的测试。本节将讲述 Shell 的测试语句。

9.7.1 文件状态测试

文件状态测试指的是对文件的权限、有无、属性、类型等内容进行判断。与其他语言不同的是，test 命令的测试结果返回 0 时表示测试成功；返回 1 时表示测试失败。表 9.3 所示是文件状态测试的参数列表。

表 9.3　文件状态测试的参数列表

参　　数	说　　明
-d	测试文件是否是目录文件
-f	测试文件是否是正规文件
-L	测试文件是否是符号链接文件
-x	测试文件是否可执行
-s	测试文件是否非空
-w	测试文件是否可写
-u	测试文件是否有 suid 位设置
-r	测试文件是否可读

下面是使用这些测试参数对文件的属性进行测试的例子。

（1）从主菜单中打开一个终端。

（2）测试文件/windows 是否是一个目录文件。在终端中输入下面的命令，然后按“Enter”键：

```
test -d /windows
```

（3）输出测试结果。$?用于保存上一个命令的执行结果，可以用下面的命令进行输出：

```
echo $?
```

（4）在终端中输出结果 1，表明/windows 不是一个目录文件。

（5）测试当前目录下的文件 a.txt 是否可执行。由表 9.3 可知，测试文件是否可执行的参数是-x，所以输入如下命令：

```
test -x a.txt
```

（6）按“Enter”键执行，并输入“echo $?”命令输出结果。

（7）在终端中显示的结果是 1，表明文件 a.txt 是不可执行的。

9.7.2　数值测试

数值测试指的是比较两个数值的大小或相等关系，相当于 C 语言中的比较运算符。Shell 程序中的数值测试有下面两种形式。

- 用 test 命令。test 命令和相应的参数可以对两个数值的关系进行测试，使用方法如下：

```
test  第一个操作数数值比较符第二个操作数
```

- 用中括号代替 test 命令。这种方法和 test 命令的原理相同，使用方法如下：

```
[ 第一个操作数数值比较符第二个操作数 ]
```

需要注意的是，[后面一定要有一个空格。

数值比较符相当于 C 语言中的数据比较符号，不同的是，数值比较符需要使用字符串写出。数值比较符及其说明如表 9.4 所示。

表 9.4　数值比较符及其说明

数值比较符	说　明
-eq	两个数是否相等
-le	第一个数是否不大于第二个数
-gt	第一个数是否大于第二个数
-ne	两个数是否不相等
-ge	第一个数是否不小于第二个数
-lt	第一个数是否小于第二个数

下面是使用数值比较符进行数值测试的例子。

（1）从主菜单中打开一个终端。

（2）测试 3 和 5 是否相等。在终端中输入下面的命令：

```
test 3 -eq 5
```

（3）按“Enter”键运行这个命令，然后输入“$?”命令输出测试结果。在终端中显示的结果为 1，表明测试结果是 3 和 5 不相等。

（4）测试 10 是否小于 12。由表 9.4 可知，测试第一个数是否小于第二个数的参数是-lt。在终端中输入下面的命令：

```
test 10 -lt 12
```

（5）按“Enter”键运行这个命令，然后输入“$?”命令输出测试结果。在终端中显示的结果为 0，表明 10 小于 12 为真。

（6）上面的测试也可以写成下面的命令：

```
[ 10 -lt 12 ]
```

需要注意的是，[后面一定要有一个空格。

9.7.3　字符串测试

所谓字符串测试，指的是比较两个字符串是否相等，或者判断一个字符串是否为空。这种判断常用来测试用户输入是否符合程序的要求。字符串测试有下面 4 种常用的方法。

```
test 字符串比较符字符串
test  字符串 1  字符串比较符字符串 2
[ 字符串比较符字符串 ]
[ 字符串 1  字符串比较符字符串 2 ]
```

字符串比较符有如下 4 种。

- =：测试两个字符串是否相等。
- !=：测试两个字符串是否不相等。
- -z：测试字符串是空字符串。
- -n：测试字符串是非空字符串。

下面是进行字符串测试的例子。

（1）从主菜单中打开一个终端。

（2）用 read 命令读入两个变量，在终端中输入下面的命令：

```
read A B
```

（3）按“Enter”键运行命令，在终端中输入下面的字符串：

```
aaa bbb
```

（4）测试变量 A 与变量 B 是否相等。在终端中输入下面的命令：

```
test $A = $B
```

（5）按“Enter”键运行这个命令，然后输入“echo $?”命令输出测试结果。在终端中显示的结果为 1，表明两个变量不相等。

9.7.4 逻辑测试

逻辑测试指的是将多个条件进行逻辑运算，常用作循环语句或判断语句的条件。Shell 程序中有如下 3 种逻辑测试。

- -a：逻辑与，操作符两边均为真时结果为真，否则结果为假。
- -o：逻辑或，操作符两边至少一边为真时结果为真，否则结果为假。
- !：逻辑否，只有条件为假时，返回结果为真。

下面的例子可以判断主目录中的文件 a.txt 是否可写且可执行。

（1）从主菜单中打开一个终端。

（2）在终端中输入下面的命令：

```
[ -w a.txt -a -x.txt ]
```

-a 表示需要同时满足两个测试条件。

（3）按“Enter”键执行这个命令，然后输入“echo $?”命令输出测试结果。在终端中显示的结果为 1，表明测试结果为假，因为文件 a.txt 是不可写的。

9.8 流程控制结构

所谓流程控制，指的是使用逻辑判断，针对判断的结果执行不同语句或不同的程序部分。这种结构是所有编程语言的重要组成部分。本节将讲述判断、循环等流程控制结构。

9.8.1 if 语句

if 语句是最常用的条件判断语句，通过一个条件的真假来决定后面的语句是否执行。最简单的 if 条件语句如下：

```
if 条件
  then 命令 1
fi
```

在这种结构中，先执行条件判断，如果条件判断结果为真，则执行 then 后面的语句，一直到 fi。如果条件判断结果为假，则跳过后面的语句，执行 fi 后面的语句。

如果条件判断结果只可能是真或假两种值，则可以使用下面的结构：

```
if 条件
then 命令 1
else 命令 2
fi
```

在这种结构中，先对条件进行判断，如果条件判断结果为真，则执行 then 后面的语句；如果条件判断结果为假，则执行 else 后面的语句。

如果条件判断结果有多种可能，则使用下面的 if 语句嵌套结构：

```
if 条件 1
then 命令 1
elif 条件 2
then 命令 2
else 命令 3
fi
```

需要注意的是，if 结构必须由 fi 结束。

if 语句也可以将 then 写在 if 条件之后，中间用分号隔开。这种语句的形式如下：

```
if 条件 1;then 命令 1
elif 条件 2;then 命令 2
else 命令 3
fi
```

例如，编写一个 Shell 程序，程序从参数中读取一个数字，然后判断这个数字是奇数还是偶数。

（1）从主菜单中打开一个终端，在终端中输入“vim”命令打开 Vim。

（2）在 Vim 中按“i”键进入插入模式，然后输入下面的代码：

```
#!/bin/bash
#4.7.sh
i=$[ $1 % 2 ]
if  test  $i -eq 0
then echo oushu
else
echo jishu
fi
```

（3）按“Esc”键切换回普通模式，然后输入命令“:w 4.7.sh”，将编辑好的内容保存到用户主目录下的 4.7.sh 文件中。

（4）在终端中输入下面的命令，为这个文件添加可执行权限：

```
chmod +x 4.7.sh
```

（5）在终端中输入如下命令运行程序，在命令中加入一个参数：

```
./4.7.sh 4
```

（6）程序的运行结果如下：

```
oushu
```

9.8.2 if语句应用实例

if语句可以在程序中实现各种逻辑判断。下面通过几个实例讲解if语句的使用方法。

1. 用if语句判断并显示文件的信息

可以用test命令和相关的参数来判断文件的属性，然后根据判断结果输出文件的信息。这个程序的代码如下所示。

（1）从主菜单中打开一个终端，在终端中输入“vim”命令打开Vim。

（2）在Vim中按“i”键进入插入模式，输入下面的代码：

```
#!/bin/bash
#4.9.sh
if test  -w $1                                  #判断文件是否可写
   then echo "writeable"
else
   echo "unwriteable"                           #不可写时的输出
fi                                              #用 fi 结束 if 语句
if test -x $1                                   #判断文件是否可以执行
   then echo "excuteable"
else
   echo "unexcuteable"                          #不可执行时的输出
fi                                              #结束 if 判断
```

（3）按“Esc”键切换回普通模式，然后输入命令“:w 4.9.sh”，保存这个文件。

（4）为这个文件添加可执行权限，在终端中输入下面的命令：

```
chmod +x 4.9.sh
```

（5）输入下面的命令运行这个程序：

```
./4.9.sh a.txt
```

注意：需要在命令中输入需要测试的文件名。

（6）程序的运行结果如下：

```
writeable
unexcuteable
```

这表明这个文件可写，但是不可执行。

2．if 语句嵌套结构

在上面的程序中，并没有判断是否输入了一个参数。如果输入命令时没有输入参数，则程序会发生异常。所以，需要在程序中判断是否输入了一个参数，这需要使用 if 语句嵌套结构。

（1）从主菜单中打开一个终端，在终端中输入“vim”命令打开 Vim。

（2）在 Vim 中按“i”键进入插入模式，输入下面的代码：

```
#!/bin/bash
#4.10.sh
if test -z $1                                    #测试是否输入了文件名
then echo 'please input a file name'             #没有输入文件名则输出提示
else                                             #有文件名的情况
if test  -w $1                                   #测试文件是否可写
then echo "writeable"
else                                             #不可写时的输出
echo "unwriteable"
fi
if test -x $1                                    #测试文件是否可以执行
then echo "excuteable"
else
echo "unexcuteable"                              #不可执行时的输出
  if
fi                                               #结束 if 语句
```

（3）按“Esc”键切换回普通模式，然后输入命令“:w 4.10.sh”，保存这个文件。

（4）为这个文件添加可执行权限，在终端中输入下面的命令：

```
chmod +x 4.10.sh
```

（5）输入下面的命令运行这个程序：

```
./4.10.sh a.txt
```

注意：需要在命令中输入需要测试的文件名。

（6）程序的运行结果如下：

```
writeable
unexcuteable
```

这表明这个文件可写，但是不可执行。

（7）如果程序运行时没有输入文件名，则会自动提示没有文件名，不再运行后面的条件判断。例如，输入如下命令运行这个程序：

```
./4.10.sh
```

（8）程序的运行结果如下：

```
please input a file name
```

9.8.3　for 语句

for 语句是一种常用的循环语句，实现在一个值列表中的循环功能。下面是 for 语句的使用方法：

```
for 变量名 in 列表
do
命令 1
命令 2…
done
```

例如，下面是一个简单的 for 循环程序，其作用是用循环的方法输出列表中的数值。

```
#!/bin/bash
#4.11.sh for
for char in a s d f g                    #开始 for 循环
do                                       #循环体
 echo $char
done                                     #结束 for 循环
```

在终端中输入如下命令运行这个程序：

```
./4.11.sh
```

程序的运行结果如下：

```
a
s
d
f
g
```

当 for 语句省略后面的 in 关键字时，将接受输入命令时的参数作为循环变量集。例如，下面的 for 循环程序可以输出程序中所有的参数。

```
#!/bin/bash
#4.12.sh for
for  str                                 #开始 for 循环
do                                       #循环体
 echo $str
done                                     #结束 for 循环
```

在终端中输入如下命令运行这个程序：

```
./4.12.sh a s d f
```

程序会依次列出所输入的参数，运行结果如下：

```
a
s
d
f
```

9.8.4 for循环应用实例

for 循环可以对一个记录集中的数据依次进行遍历。下面通过几个实例讲解 for 循环在 Shell 编程中的应用。

1. 复制某种类型的文件

在这个实例中，实现将一个文件夹中的.sh 文件复制为.txt 文件的功能。用 ls 命令可以浏览文件夹中的.sh 文件，然后把结果放在一个记录集中，使用 for 循环复制列表中的每个文件。

（1）从主菜单中打开一个终端，在终端中输入“vim”命令打开 Vim。

（2）在 Vim 中按“i”键进入插入模式，输入下面的代码：

```
#!/bin/bash
#4.13.sh for
FILES=`ls *.sh`        #ls *.sh 浏览文件夹中所有的.sh 文件，将结果存放在 FILES 中
for sh in $FILES                          #开始 for 循环
do
 txt=`echo $sh | sed "s/.sh/.txt/"`       #用替换的方法处理文件名
 cp$sh$txt                                #复制文件
 echo $txt                                #输出已经复制的文件名
done                                      #结束循环
```

需要注意的是，FILES=`ls *.sh`语句中的引号不是单引号，而是反引号，表示执行反引号中的命令并返回结果。

（3）按“Esc”键切换回普通模式，然后输入“:w 4.13.sh”命令，保存这个文件。

（4）为这个文件添加可执行权限，在终端中输入如下命令：

```
chmod +x 4.13.sh
```

（5）输入如下命令运行这个程序：

```
./4.13.sh a.txt
```

注意：需要在命令中输入需要测试的文件名。

（6）程序的运行结果如下：

```
4.10.txt
4.11.txt
4.12.txt
4.13.txt
4.1.txt
4.2.txt
```

这表明这个程序复制了这些文件。

（7）输入“ls *.txt”命令，查看主目录下的.txt 文件，结果如下：

```
4.10.txt        4.11.txt        4.12.txt
4.13.txt        4.1.txt         4.2.txt
```

2. for 循环嵌套结构

在 for 循环的循环体中可以使用另一个循环，构成 for 循环嵌套结构。例如，下面使用 for 循环嵌套结构来生成一个乘法口诀表。

```
#!/bin/bash
#4.14.sh for
for i in 1 2 3 4 5 6 7 8 9                  #实现变量 i 从 1 到 9 的循环
do
for j in 1 2 3 4 5 6 7 8 9                  #在循环体中实现变量 j 从 1 到 9 的循环
do
if [ $j -le $i ]                            #通过比较 i 和 j 的大小关系实现排列
then
echo -e "$j\c"                              #输出乘法式
echo -e "*\c"
echo -e "$i\c"
echo -e "=\c"
echo -e  "$[ $i*$j ] \c"                    #输出结果
fi
done
echo  ""                                    #输出换行
done
```

需要注意的是，在这个程序中，使用 echo -e "\c"实现每次输出不换行，然后在每次外层循环中使用 echo ""进行输出换行。程序的运行结果如下：

```
1*1=1
1*2=2  2*2=4
1*3=3  2*3=6  3*3=9
1*4=4  2*4=8  3*4=12  4*4=16
1*5=5  2*5=10  3*5=15  4*5=20  5*5=25
1*6=6  2*6=12  3*6=18  4*6=24  5*6=30  6*6=36
1*7=7  2*7=14  3*7=21  4*7=28  5*7=35  6*7=42  7*7=49
1*8=8  2*8=16  3*8=24  4*8=32  5*8=40  6*8=48  7*8=56  8*8=64
1*9=9  2*9=18  3*9=27  4*9=36  5*9=45  6*9=54  7*9=63  8*9=72  9*9=81
```

9.8.5 until 语句

until 语句用于执行一个循环体，直至条件为真时停止。until 语句的结构如下：

```
until 条件
do
命令 1
…
done
```

例如，下面使用一个 until 循环程序求出 1～100 所有整数的和，然后输出结果。在程序中，需要用一个变量存放求和的结果，另一个变量用于循环的计数。

（1）从主菜单中打开一个终端，在终端中输入“vim”命令打开 Vim。

（2）在 Vim 中按“i”键进入插入模式，输入下面的代码：

```
#!/bin/bash
#4.15.sh
sum=0
i=1
until [ $i -gt 100 ]
do
 sum=$[$sum+$i]
 i=$[$i+1]
done
echo $sum
```

（3）在 Vim 中，按“Esc”键切换回普通模式，然后输入“:w 4.15.sh”命令，保存这个文件。

（4）为这个文件添加可执行权限，在终端中输入如下命令：

```
chmod +x 4.15.sh
```

（5）输入如下命令运行这个程序：

```
./4.15.sh
```

（6）程序求出了 1～100 所有整数的和，结果如下：

```
5050
```

9.9 Shell 编程实例

Shell 程序可以用简单的系统命令实现强大的功能，在系统设置、服务管理方面有着重要的作用。本节讲述一个 Shell 编程实例，自动实现计算机上 USB 设备的挂载与文件的复制功能。

9.9.1 程序的功能

在 Linux 系统中，在计算机上插入一个 USB 设备，需要用挂载命令才能实现这个设备的加载。可以把 USB 的挂载与文件的复制写成一个 Shell 程序，这样就可以通过程序的运行自动完成很多步骤的操作。这个程序的功能如下：

（1）运行程序时，提示用户输入“y”或“n”，确定是否挂载 USB 设备。

（2）如果用户输入“y”，则挂载这个 USB 设备。

（3）提示用户输入“y”或“n”，确定是否复制文件。

（4）如果用户输入“y”，则显示文件的列表，然后提示用户是否复制文件。

（5）程序根据用户输入的文件名复制相应的文件，然后提示用户是否将计算机中的文件复制到 USB 设备中。

（6）完成文件的复制后，提示用户是否卸载 USB 设备。

9.9.2 编写程序的代码

下面根据上面的功能分析，编写出这个程序的代码。在编程时，需要注意判断语句、循环语句的使用，对用户的输入做出正确的判断。

（1）从主菜单中打开一个终端，在终端中输入“vim”命令打开Vim。

（2）在Vim中按“i”键进入插入模式，输入下面的代码：

```
#!/bin/bash
#autousb

echo  "welcome to use AUTOUSB"
echo  "do you want load usb(y/n)?"
read  ANSWER

if  [ $ANSWER = "Y" -o $ANSWER = "y" ]
  then mount -t vfat /dev/sda1 /mnt/usb
  echo  "do you want copy files to  /root(y/n)?"
  read  ANSWER
  while [ $ANSWER  =  "y"  -o  $ANSWER =  "Y" ]
  do
    ls -a /mnt/usb
    echo "type the filename you want to copy"
    read  FILE
    cp /mnt/usb/"$FILE"  /root
       if [ $? -qe 0 ];then
          echob  " copy finished"
       else
          echob  " copy errored "
       fi
    echo  "any other files(y/n)?"
    read  ANSWER
  done
fi

echo   "do you want to copy files to usb(y/n)?"
read  ANSWER
while  [ $ANSWER  =  "y"  -o  $ANSWER  =  "Y"  ]
do
  ls -a  /root
  echo  "type the filename you want to copy to usb"
  read  FILE
  cp "/root/$FILE"  /mnt/usb
  if [ $? -qe 0 ];then
        echob  " copy file finished"
  else
        echob  " copy file errored "
  fi
  echo  "any other files(y/n)?"
```

```
  read  ANSWER
done

echo  "do you want to umount usb(y/n)? "
read  ANSWER
if  [ $ANSWER  =  " y"  -o   $ANSWER  =  " Y" ] ;then
  umount /mnt/usb
else
echo "Haven't umount!"
fi
echo "GoodBye!"
```

（3）在 Vim 中，按“Esc”键切换回普通模式，然后输入“:w 4.15.sh”命令，保存这个文件。

（4）为这个文件添加可执行权限，在终端中输入如下命令：

```
chmod +x 4.16.sh
```

（5）输入如下命令运行这个程序：

```
./4.16.sh
```

9.10 小结

本章主要介绍了 Linux 系统下最常用的脚本编程语言 Shell，包括 Linux 系统下 Shell 程序中的变量、运算符、输入和输出、引号的使用方法、流程控制结构等内容，最后还列举了 Shell 编程实例供读者参考。学好 Shell 脚本编程语言可以使系统维护工作更加自动化，从而提高工作效率。

9.11 习题

1．简述文件重定向的含义。

2．简述 Shell 中双引号（"）、单引号（'）和反引号（`）之间的区别。

3．下面哪些是合法的变量名？（ ）

A．Kitty　　B．bOOk　　C．Hello World　　D．Olympic_game

E．2cat　　F．%goods　　G．if　　H．_game

4．下面哪种是正确的赋值方法？（ ）

A．a=abc　　B．a =abc　　C．a= abc　　D．a="abc"

5．试比较 Shell 程序和 C 程序语法上的异同。

6．编写一个 Shell 脚本，计算 100 以内不是 5 的整数倍的数字的和。

7．编写一个 Shell 脚本，自动将用户主目录下所有小于 5 KB 的文件打包成 tar.gz（提示：需要配合使用 ls 和 grep 命令）。

9.12　上机练习——简单的Shell编程

实验目的：

了解Linux系统下Shell编程的基本方法。

实验内容：

编写脚本判断当期用户是否为以学号命名的用户（例如“stu001”“stu002”，“stu”为固定开头，“001”为学号，学号最大为999）；如果是以学号命名的用户，则继续检查是否在自己的家目录下，如果在家目录下则提示成功，否则提示失败。

（1）编写符合要求的Shell文件。

（2）给Shell文件添加可执行权限。

（3）使用合法用户和非法用户测试脚本是否正常运行。

第 10 章 Linux 下 C 语言编程

Linux 在嵌入式系统中应用非常广泛，如果要在嵌入式系统中进行开发，则 C 语言是首选。本章从编译器讲起，逐步讲解如何在 Linux 下进行 C 程序设计。

本章内容包括：

- 编译及编译器的概念和理解。
- GCC 编译器。
- C 程序的编译。
- 编译过程的控制。
- 使用 GDB 调试程序。
- 程序调试实例。
- GDB 常用命令。
- 编译程序常见的错误类型与处理方法。

10.1 编译及编译器的概念和理解

在进行 C 程序开发时，编译就是将编写的 C 语言代码变成可执行程序的过程。这一过程是通过编译器来完成的。编译器就是完成程序编译工作的软件。在使用编译器进行程序编译时，程序完成了一系列复杂的过程。

10.1.1 程序编译的过程

一个程序的编译，需要完成词法分析、语法分析、中间代码生成、代码优化、目标代码生成的过程。

（1）词法分析。词法分析指的是对由字符组成的单词进行处理，从左至右逐个字符地对源程序进行扫描，产生一个个的单词符号。然后把字符串的源程序改造成单词符号串的中间程序。在编译程序时，这一过程是自动完成的。编译程序会对代码中的每个单词进行检查。如果单词发生错误，编译过程就会停止并显示错误。这时需要对程序中的错误进行修改。

（2）语法分析。语法分析器以单词符号作为输入，分析单词符号串是否形成符合语法规则的语句。例如，需要检查表达式、赋值、循环等结构是否完整和符合使用规则。在进行语法分析时，会分析出程序中错误的语句，并显示结果。如果语法发生错误，则编译任务是不能完成的。

（3）中间代码生成。中间代码是源程序的一种内部表示，或称中间语言。程序进行词法分析和语法分析以后，将程序转换成中间代码。这一转换的作用是使程序的结构更加简单和规范。中间代码生成操作是一个中间过程，与用户无关。

（4）代码优化。代码优化是指对程序进行多种等价变换，使得从变换后的程序出发，能生成更有效的目标代码。用户可以在编译程序时设置代码优化的参数，可以针对不同的环境和设置进行优化。

（5）目标代码生成。目标代码生成指的是生成可以执行的应用程序，这是编译的最后一个步骤。生成的程序是二进制的机器语言，用户只能运行这个程序，而不能打开文件查看程序的代码。

10.1.2　编译器

所谓编译器，是将编写出的程序代码转换成计算机可以运行的程序的软件。在进行 C 程序开发时，编写出的代码是源程序的代码，不能直接运行，需要用编译器编译成可以运行的二进制程序。

在不同的操作系统中有不同的编译器。C 程序是可以跨平台运行的，但这并不是说在 Windows 系统下 C 语言编写的程序可以直接在 Linux 系统下运行。Windows 系统下 C 语言编写的程序被编译成可执行文件，这样的程序只能在 Windows 系统下运行。如果需要在 Linux 系统下运行，则需要将这个程序的源代码在 Linux 系统下重新编译。

10.2　GCC 编译器

GCC 是在 Linux 系统下使用的 C 程序编译器，具有非常强大的程序编译功能。在 Linux 系统下，C 语言编写的程序代码一般需要通过 GCC 来编译成可执行程序。

10.2.1　GCC 编译器简介

Linux 系统下的 GCC（GNU C Compiler）是一款功能强大、性能优越的编译器。GCC 支持多种平台的编译，是 Linux 系统自由软件的代表作品。GCC 本来只是 C 程序编译器，但后来发展为可在多种硬件平台上编译出可执行程序的超级编译器。各种硬件平台对 GCC 的支持使得其执行效率与一般编译器相比，平均高 20%～30%。GCC 编译器能将 C、C++源程序、汇编语言和目标程序进行编译，链接生成可执行文件。通过支持 Make 工具，GCC 可以实施项目管理和批量编译。

经过多年的发展，GCC 已经发生了很大的变化。如今 GCC 不仅支持 C 语言的编译，还支持 Ada 语言、C++语言、Java 语言、Objective-C 语言、Pascal 语言、COBOL 语言等更多语言集的编译。GCC 几乎支持所有的硬件平台，这使得 GCC 对于特定的平台可以编译出更高效的机器码。

当使用 GCC 编译一个程序时，一般需要完成预处理（Preprocessing）、编译（Compilation）、汇编（Assembly）和链接（Linking）的过程。当使用 GCC 编译 C 程序时，这些过程使用默认的设置自动完成，但用户可以对这些过程进行设置，从而控制这些操作的详细过程。

10.2.2 GCC 对源程序扩展名的支持

扩展名指的是文件名中最后一个点（.）及其后面的部分。例如，下面是一个 C 程序源文件的文件名：

```
5.1.c
```

这个文件的文件名是“5.1.c”，扩展名是“.c”。通常来说，源文件的扩展名标识源文件所使用的编程语言。例如，C 程序源文件的扩展名一般是“.c”。对编译器来说，扩展名控制着默认语言的设定。在默认情况下，GCC 通过文件扩展名来区分源文件的语言类型，然后根据语言类型进行不同的编译。GCC 对源文件的扩展名约定如下：

- 以.c 为扩展名的文件，为 C 语言源代码文件。
- 以.a 为扩展名的文件，是由目标文件构成的库文件。
- 以.C、.cc 或.cpp 为扩展名的文件，为 C++源代码文件。
- 以.h 为扩展名的文件，是程序所包含的头文件。
- 以.i 为扩展名的文件，是已经预处理过的 C 源代码文件，一般为中间代码文件。
- 以.ii 为扩展名的文件，是已经预处理过的 C++源代码文件，也是中间代码文件。
- 以.o 为扩展名的文件，是编译后的目标文件，一般为源文件生成的中间目标文件。
- 以.s 为扩展名的文件，是汇编语言源代码文件。
- 以.S 为扩展名的文件，是经过预编译的汇编语言源代码文件。

此外，对于 GCC 编译器提供两种编译命令，分别对应于编译 C 和 C++源程序的编译命令。

10.3　C 程序的编译

本节通过一个实例来讲述如何使用 GCC 来编译 C 程序。在编译 C 程序之前，需要使用 Vim 编写一个简单的 C 程序。在编译 C 程序时，可以对 gcc 命令进行不同的设置。

10.3.1　编写第一个 C 程序

下面编写第一个 C 程序，用于实现一句文本的输出和判断两个整数的大小关系。本书编写程序使用的编辑器是 Vim。程序编写步骤如下。

（1）打开系统的终端。执行“主菜单”→“系统工具”→“终端”命令，打开一个系统终端。

（2）在终端中输入如下命令，在用户主目录 root 下建立一个目录。

```
mkdir c
```

（3）在终端界面中输入“vim”命令，然后按“Enter”键，系统会启动 Vim。

（4）在 Vim 中按“i”键进入插入模式，然后输入下面的程序代码：

```
#include <stdio.h>

int max(int i,int j )
{
if(i>j)
{
    return(i);
}
else
{
    return(j);
}
}

void main()
{
   int i ,j,k;
   i=3;
   j=5;
   printf("hello ,Linux.\n");
   k=max(i,j);
   printf("%d\n",k);
}
```

（5）代码输入完成后按“Esc”键，进入普通模式，然后输入下面的命令保存文件：

```
:w /root/c/a.c
```

这时，Vim 会把输入的程序保存到 c 目录下的 a.c 文件中。

（6）输入“:q”命令，退出 Vim。这时，就完成了这个 C 程序的编写。

10.3.2 用 GCC 编译程序

上面编写的 C 程序只是一个源代码文件，还不能作为程序来执行，需要使用 GCC 将其编译成可执行文件。编译文件的步骤如下。

（1）打开系统的终端。执行“主菜单”→“系统工具”→“终端”命令，打开一个系统终端。这时进入的目录是用户主目录 root。输入下面的命令，进入到 c 目录中：

```
cd c
```

（2）上面编写的 C 程序就存放在这个目录中。输入“ls”命令可以查看这个目录下的文件，如下所示：

```
#ls
a.c
```

（3）输入下面的命令，将这个源代码文件编译成可执行程序：

```
gcc a.c
```

（4）查看已经编译的文件。在终端中输入“ls”命令，显示结果如下：

```
a.c a.out
```

（5）输入下面的命令为这个程序添加可执行权限：

```
chmod +x a.out
```

（6）输入下面的命令运行这个程序：

```
./a.out
```

（7）程序的运行结果如下：

```
hello ,Linux.
5
```

由上面的操作可知，使用 GCC 可以将一个 C 程序源文件编译成一个可执行程序。编译后的程序需要添加可执行权限才能运行。在实际操作中，还需要对程序的编译进行各种设置。

10.3.3 查看 GCC 的可选参数

GCC 在编译程序时有很多可选参数。在终端中输入下面的命令，可以查看 GCC 的可选参数：

```
gcc --help
```

在终端中显示的 GCC 的可选参数如下：

```
用法：gcc [选项] 文件...
选项：
-pass-exit-codes：在某一阶段退出时返回最高的错误码
--help：显示此帮助说明
--target-help：显示目标机器特定的命令行选项
-dumpspecs：显示所有内建 spec 字符串
```

```
    -dumpversion：显示编译器的版本号
    -dumpmachine：显示编译器的目标处理器
    -print-search-dirs：显示编译器的搜索路径
    -print-libgcc-file-name：显示编译器伴随库的名称
    -print-file-name=<库>：显示 <库> 的完整路径
    -print-prog-name=<程序>：显示编译器组件 <程序> 的完整路径
    -print-multi-directory：显示不同版本 libgcc 的根目录
    -print-multi-lib：显示命令行选项和多个版本库搜索路径间的映射
    -print-multi-os-directory：显示操作系统库的相对路径
    -Wa,<选项>：  将逗号分隔的 <选项> 传递给汇编器
    -Wp,<选项>：将逗号分隔的 <选项> 传递给预处理器
    -Wl,<选项>：将逗号分隔的 <选项> 传递给链接器
    -Xassembler <参数>：将 <参数> 传递给汇编器
    -Xpreprocessor <参数>：将 <参数> 传递给预处理器
    -Xlinker <参数>：将 <参数> 传递给链接器
    -combine：将多个源文件一次性传递给汇编器
    -save-temps：不删除中间文件
    -pipe：使用管道代替临时文件
    -time：为每个子进程计时
    -specs=<文件>： 用 <文件> 的内容覆盖内建的 specs 文件
    -std=<标准>：指定输入源文件遵循的标准
    --sysroot=<目录>：将 <目录> 作为头文件和库文件的根目录
    -B <目录>：将 <目录> 添加到编译器的搜索路径中
    -b <机器>：为 gcc 指定目标机器(如果有安装)
    -V <版本>：运行指定版本的 gcc(如果有安装)
    -v：显示编译器调用的程序
    -###：与 -v 类似，但选项被引号括住，并且不执行命令
    -E：仅作预处理，不进行编译、汇编和链接
    -S：编译到汇编语言，不进行汇编和链接
    -c：编译、汇编到目标代码，不进行链接
    -o <文件>：输出到 <文件>
    -x <语言>：指定其后输入文件的语言。允许的语言包括 c、c++、assembler 等。
    以 -g、-f、-m、-O、-W 或 --param 开头的选项将由 gcc 自动传递给其调用的不同子进程。
若要向这些进程传递其他选项，则必须使用 -W<字母> 选项。
```

在进行程序编译时，可以设置这些参数。

10.3.4　设置输出的文件

在默认情况下，GCC 编译出的程序为当前目录下的 a.out 文件。参数-o 可以设置输出的目标文件。例如，输入下面的命令可以将代码编译成可执行程序 do。

```
gcc a.c -o do
```

参数-o 也可以设置输出的目标文件为不同的目录。例如，输入下面的命令可以将目标文件设置成/tmp 目录下的文件 do。

```
gcc a.c -o /tmp/do
```

输入下面的命令，查看生成的目标文件，结果如下：

```
-rwxrwxr-x 1 root root 5109 12-10 13:33 /tmp/do
```

在编译程序时生成的目标文件为/tmp 目录下的文件 do。

10.3.5 查看编译过程

参数-v 可以查看程序的编译过程和显示已经调用的库。输入下面的命令，在编译程序时输出编译过程：

```
gcc -v a.c
```

显示结果如下：

```
使用内建 specs。
目标：i386-redhat-linux
配置为：../configure --prefix=/usr --mandir=/usr/share/man
 --infodir=/usr/share/info --enable-shared --enable-threads=posix
 --enable-checking=release --with-system-zlib --enable-__cxa_atexit
--disable-libunwind-exceptions
--enable-languages=c,c++,objc,obj-c++,java,fortran,ada
--enable-java-awt=gtk --disable-dssi --enable-plugin
--host=i386-redhat-linux
线程模型：posix
gcc 版本 4.1.2 20070925 (Red Hat4.1.2-33)
/usr/libexec/gcc/i386-redhat-linux/4.1.2/cc1
-quiet -v a.c -quiet -dumpbase a.c -mtune=generic -auxbase a -version
-o /tmp/cc8P7rzb.s
忽略不存在的目录"/usr/lib/gcc/i386-redhat-linux/4.1.2/../../../../i386-
redhat-linux/include"
#include "..." 搜索从这里开始：
#include <...> 搜索从这里开始：
 /usr/local/include
 /usr/lib/gcc/i386-redhat-linux/4.1.2/include
 /usr/include
搜索列表结束。
GNU C 版本 4.1.2 20070925 (Red Hat4.1.2-33) (i386-redhat-linux)
由 GNU C 版本 4.1.2 20070925 (Red Hat4.1.2-33) 编译。
GGC 准则：--param ggc-min-expand=64 --param ggc-min-heapsize=64394
Compiler executable checksum: ab322ce5b87a7c6c23d60970ec7b7b31
a.c: In function 'main':
a.c:16: 警告：'main' 的返回类型不是 'int'
 as -V -Qy -o /tmp/ccEFPrYh.o /tmp/cc8P7rzb.s
GNU assembler version 2.17.50.0.18 (i386-redhat-linux) using BFD version
version 2.17.50.0.18-1 20070731
/usr/libexec/gcc/i386-redhat-linux/4.1.2/collect2
--eh-frame-hdr --build-id -m elf_i386 --hash-style=gnu -dynamic-linker
/lib/ld-linux.so.2 /usr/lib/gcc/i386-redhat-linux/4.1.2/../../../crt1.o
```

由显示的编译过程可知，GCC 自动加载了系统的默认配置，调用系统的库函数完成了程序的编译过程。

10.3.6　设置编译的语言

GCC 可以对多种语言编写的源代码进行编译。如果源代码的文件扩展名不是默认的扩展名，GCC 则无法编译这个程序。可以用参数-x 来设置编译的语言。

（1）输入下面的命令，将 C 程序文件复制一份：

```
cp a.c a.u
```

（2）复制得到的文件 a.u 是一个 C 程序文件，但扩展名不是默认的扩展名。这时输入下面的命令编译这个程序：

```
gcc a.u
```

（3）显示结果如下：

```
a.u: file not recognized: File format not recognized
collect2: ld 返回 1
```

这表明文件的格式不能被识别。

（4）这时，用参数-x 设置编译的语言，命令如下：

```
gcc -x 'c' a.u
```

这样就可以正常编译文件 a.u。

需要注意的是，这里的语言 c 需要用单引号引起来。当编译扩展名不是.c 的 C 程序时，需要使用参数-x。

10.3.7　使用-asci 设置 ANSIC 标准

ANSIC 是 American National Standards Institute（ANSI，美国标准协会）出版的 C 语言标准。使用这种标准的 C 程序可以在各种编译器和系统下运行通过。使用 GCC 可以编译 ANSIC 的程序，但是 GCC 中的很多标准并不被 ANSIC 所支持。在使用 GCC 编译程序时，可以用-asic 来设置程序使用 ANSIC 标准。例如下面的命令，就是在设置程序编译时，用 ANSIC 标准进行编译。

```
gcc -asci a.out
5.3.8
```

10.3.8　使用 g++命令编译 C++程序

GCC 可以编译 C++程序。编译 C 程序和 C++程序时，使用的是不同的命令。编译 C++程序时，使用的是 g++命令。该命令的使用方法与 gcc 相似。下面是使用 g++命令编译 C++程序的实例。

下面是一个 C++程序的代码，用于实现与第 10.3.1 节中的程序同样的功能。C++程序的代码与 C 程序的代码非常相似。

```
#include <iostream>
int max(int i,int j )
{
if(i>j)
{
   return(i);
}
else
{
   return(j);
}
}

int main()
{

  int i ,j,k;
  i=3;
  j=5;
  printf("hello ,Linux.\n");
  k=max(i,j);
  printf("%d\n",k);
  return(0);
}
```

输入下面的命令，编译这个 C++程序：

```
g++ 5.2.cpp -o 5.2.out
```

输入下面的命令，为这个程序添加可执行权限：

```
chmod +x 5.2.ou
```

输入下面的命令运行这个程序，结果如下：

```
hello ,Linux.
5
```

由结果可知，这个程序的运行结果与第 10.3.1 节中的程序的运行结果相同。

10.4 编译过程的控制

编译过程指的是使用 GCC 对一个程序进行编译时完成的内部处理和步骤。编译程序时会自动完成预处理（Preprocessing）、编译（Compilation）、汇编（Assembly）和链接（Linking）4 个步骤，本节将讲解如何对这 4 个步骤进行控制。

10.4.1 编译过程概述

使用 GCC 把一个程序的源文件编译成一个可执行文件，是一个非常复杂的过程，如图 10.1 所示。

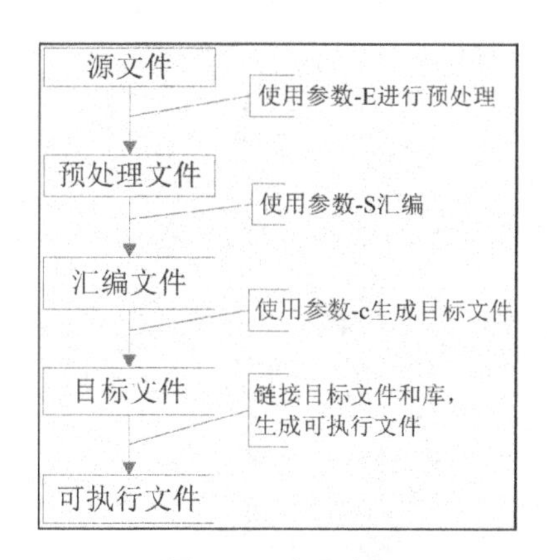

图 10.1　编译过程

在编译过程中，每个步骤都实现了不同的功能，具体内容如下。

- 预处理：预处理过程主要对源代码中的预编译语句（如宏定义 define 等）和文件包含进行处理。需要完成的工作是对预编译指令进行替换，把包含文件放置到需要编译的文件中。完成这些工作后，会生成一个非常完整的 C 程序源文件。
- 编译：编译过程就是使用 GCC 对预处理后的文件进行编译，生成以.s 为后缀的汇编语言文件。该汇编语言文件是源代码编译得到的汇编语言代码，接下来交给汇编过程进行处理。汇编语言是一种比 C 语言更低级的语言，直接面对硬盘进行操作。程序需要编译成汇编指令后再编译成机器代码。
- 汇编：汇编过程是处理汇编语言的阶段，主要调用汇编处理程序完成将汇编语言变成二进制机器代码的过程。通常来说，汇编过程是将以.s 为后缀的汇编语言文件汇编为以.o 为后缀的目标文件的过程。所生成的目标文件作为下一步链接过程的输入文件。
- 链接：链接过程就是将多个汇编生成的目标文件及引用的库文件进行模块链接，生成一个完整的可执行文件。在链接阶段，所有的目标文件被安排在可执行程序中的适当位置。同时，该程序所调用到的库函数也从各自所在的函数库中链接到程序中。完成这个过程后，生成的文件就是可执行的程序。

10.4.2　控制预处理过程

参数-E 可以完成程序的预处理工作，而不进行其他编译工作。输入下面的命令，可以将本章编写的程序进行预处理，然后保存到 a.cxx 文件中。

```
gcc -E -o a.cxx a.c
```

输入下面的命令，查看经过预处理的 a.cxx 文件。

```
vim a.cxx
```

可以发现，a.cxx 文件约有 800 行代码。程序中默认包含的头文件已经被展开写到这个文件中。显示的 a.cxx 文件的前几行代码如下：

```
# 1 "a.c"
# 1 "<built-in>"
# 1 "<command line>"
# 1 "a.c"
# 1 "/usr/include/stdio.h" 1 3 4
# 10 "/usr/include/stdio.h" 3 4
# 1 "/usr/include/features.h" 1 3 4
# 335 "/usr/include/features.h" 3 4
# 1 "/usr/include/sys/cdefs.h" 1 3 4
# 360 "/usr/include/sys/cdefs.h" 3 4
# 1 "/usr/include/bits/wordsize.h" 1 3 4
# 361 "/usr/include/sys/cdefs.h" 2 3 4
# 336 "/usr/include/features.h" 2 3 4
# 359 "/usr/include/features.h" 3 4
# 1 "/usr/include/gnu/stubs.h" 1 3 4
# 1 "/usr/include/bits/wordsize.h" 1 3 4
# 5 "/usr/include/gnu/stubs.h" 2 3 4
# 1 "/usr/include/gnu/stubs-32.h" 1 3 4
# 8 "/usr/include/gnu/stubs.h" 2 3 4
# 360 "/usr/include/features.h" 2 3 4
# 29 "/usr/include/stdio.h" 2 3 4
```

可见，在编译程序时，需要调用非常多的头文件和系统库函数。

10.4.3 生成汇编代码

参数-S 可以控制 GCC 在编译 C 程序时只生成相应的汇编程序文件，而不继续执行后面的编译。输入下面的命令，可以将本章编写的 C 程序编译成一个汇编程序。

```
gcc -S -o a.s a.c
```

输入“cat a.s”命令，查看汇编文件 a.s。

可以发现，这个文件共有 60 行代码。这些代码是这个程序的汇编指令。部分汇编程序代码如下：

```
.file  "a.c"
.text
.globl max
.type max, @function
max:
pushl     %ebp
movl%esp, %ebp
subl$4, %esp
movl8(%ebp), %eax
cmpl12(%ebp), %eax
jle  .L2
movl8(%ebp), %eax
movl%eax, -4(%ebp)
```

```
jmp  .L4
.L2:
movl 12(%ebp), %eax
movl %eax, -4(%ebp)
.L4:
movl -4(%ebp), %eax
leave
ret
.size max, .-max
.section   .rodata
.LC0:
.string   "hello ,Linux."
.LC1:
.string   "%d\n"
.text
.globl main
.typemain, @function
main:
leal 4(%esp), %ecx
andl $-16, %esp
.......
popl %ebp
leal -4(%ecx), %esp
ret
.sizemain, .-main
.ident "GCC: (GNU)4.1.2 20070925 (Red Hat4.1.2-33)"
.section .note.GNU-stack,"",@progbits
```

10.4.4　生成目标代码

参数-c 可以在使用 GCC 编译程序时只生成目标代码，而不生成可执行程序。输入下面的命令，将本章编写的 C 程序编译成目标代码。

```
gcc -c -o a.o  a.c
```

输入下面的命令，查看这个目标代码的信息。

```
file a.o
```

显示结果如下所示。文件 a.o 是一个可重定位的目标代码文件。

```
a.o: ELF 32-bit LSB relocatable, Intel 80386, version 1 (SYSV), not stripped
```

10.4.5　链接生成可执行文件

使用 GCC 可以把上一步骤生成的目标代码文件生成一个可执行文件。在终端中输入下面的命令：

```
gcc a.o -o aa.out
```

这时生成一个可执行文件 aa.out。输入下面的命令查看这个文件的信息：

```
file aa.out
```

显示结果如下所示，这表明这个文件是可在 Linux 系统下运行的程序文件。

```
aa.out: ELF 32-bit LSB executable, Intel 80386, version 1 (SYSV), dynamically
linked (uses shared libs), for GNU/Linux2.6.9, not stripped
```

10.5 使用 GDB 调试程序

所谓调试，指的是对编译好的程序用各种手段进行查错和排错的过程。进行这种查错处理时，并不仅仅是运行一次程序检查结果，还要对程序的运行过程、程序中的变量进行各种分析和处理。本节将讲解使用 GDB 对程序进行调试。

10.5.1 GDB 简介

GDB 是一个功能强大的调试工具，可以用来调试 C 程序或 C++程序。在使用这个工具进行程序调试时，主要进行下面 4 个方面的操作。

- 启动程序：在启动程序时，可以设置程序运行环境。
- 设置断点：断点就是可以暂停程序运行的标记。程序会在断点处停止，便于用户查看程序的运行情况。这里的断点可以是行数、程序名称或条件表达式。
- 查看信息：程序在断点处停止后，可以查看程序的运行信息和显示程序变量的值。
- 分步运行：可以使程序一个语句一个语句地执行，这时可以及时查看程序的信息。
- 改变环境：可以在程序运行时改变程序的运行环境和程序变量。

10.5.2 在程序中加入调试信息

要想使用 GDB 进行程序调试，需要在程序中加入供 GDB 使用的调试信息。方法是在编译程序时使用-g 参数。在终端中输入下面的命令，在编译程序时加入调试信息。

```
gcc -g -o a.debug a.c
```

这时，编译程序 a.c 生成一个可执行程序 a.bedug。这个可执行程序中加入了供调试所用的信息。

10.5.3 启动 GDB

在调试文件之前，需要启动 GDB。在终端中输入下面的命令：

```
gdb
```

这时，GDB 的启动信息如下所示，显示了 GDB 的版本和版权信息。

```
GNU gdb Red Hat Linux (6.6-35.fc8rh)
Copyright (C) 2006 Free Software Foundation, Inc.
GDB is free software, covered by the GNU General Public License, and you are
welcome to change it and/or distribute copies of it under certain conditions.
Type "show copying" to see the conditions.
There is absolutely no warranty for GDB.  Type "show warranty" for details.
This GDB was configured as "i386-redhat-linux-gnu".
(gdb)
```

10.5.4　在 GDB 中加载需要调试的程序

在使用 GDB 调试一个程序之前，需要先加载这个程序。加载程序的命令是 file。在“(gdb)”提示符后面输入下面的命令，加载程序 a.debug。

```
file a.debug
```

命令的运行结果如下所示，显示已经加载了这个文件，并且使用了系统库文件。

```
Reading symbols from /root/c/a.debug...done.
Using host libthread_db library "/lib/libthread_db.so.1".
```

10.5.5　在 GDB 中查看代码

当使用 gcc 命令编译程序时，使用-g 参数可以在编译后的 a.debug 程序中加入断点。可以使用 list 命令显示程序的源代码和断点。下面是查看加入断点后的代码的步骤。

（1）在“(gdb)”提示符后面输入下面的命令：

```
list 1
```

（2）这时，GDB 会显示第一个断点之前的代码。显示的代码如下：

```
1       #include <stdio.h>
2
3       int max(int i,int j )
4       {
5               if(i>j)
6               {
7                       return(i);
8               }
9               else
10              {
(gdb)
```

（3）按“Enter”键，显示第二个断点之前的代码。显示的代码如下：

```
11                      return(j);
12              }
13      }
14
```

```
15      void main()
16      {
17        int i ,j,k;
18        i=3;
19        j=5;
20        printf("hello ,Linux.\n");
(gdb)
```

（4）按“Enter”键，显示第三个断点之前的代码。显示的代码如下：

```
21        k=max(i,j);
22        printf("%d\n",k);
23      }
(gdb)
```

10.5.6 在程序中加入断点

当程序运行到断点的位置时，会停下来，等待用户处理信息或查看中间变量。如果自动设置的断点不能满足用户的调试要求，则可以用 break 命令增加程序的断点。例如，需要在程序的第 6 行增加一个断点，则可以输入下面的命令：

```
break 6
```

这时 GDB 显示的结果如下：

```
Breakpoint 1 at 0x8048402: file a.c, line 6.
```

输入下面的命令，在程序的第 18 行、19 行、21 行增加断点。

```
break 18
break 19
break 21
```

10.5.7 查看断点

使用 info breakpoint 命令可以查看程序中设置的断点。输入“info breakpoint”命令，结果如下所示，显示程序中所有的断点。

```
1   breakpoint     keep y   0x08048402 in max at a.c:6
2   breakpoint     keep y   0x08048426 in main at a.c:18
3   breakpoint     keep y   0x0804842d in main at a.c:19
4   breakpoint     keep y   0x08048440 in main at a.c:21
```

加上相应的断点编号，可以查看这个断点的信息。例如，下面的命令用于查看第二个断点的信息：

```
info breakpoint 2
```

显示的结果如下：

```
2   breakpoint     keep y   0x08048426 in main at a.c:18
```

10.5.8　运行程序

使用 GDB 中的 run 命令可以使程序以调试的模式运行。下面是分步运行程序，对程序进行调试的步骤。

（1）在“(ddb)”提示符后面输入“run”命令，显示的结果如下：

```
    Starting program: /root/c/a.debug
    warning: Missing the separate debug info file: /usr/lib/debug/.build-id/ac/
2eeb206486bb7315d6ac4cd64de0cb50838ff6.debug
    warning: Missing the separate debug info file: /usr/lib/debug/.build-id/ba/
4ea1118691c826426e9410cafb798f25cefad5.debug
    Breakpoint 2, main () at a.c:18
    18          i=3;
```

（2）结果显示了程序中的异常，并将异常记录到了系统文件中。然后在程序的第二个断点的位置（第 18 行）停下。

（3）这时输入“next”命令，程序会在下一行停下，结果如下所示。

```
    19          j=5;
```

（4）输入“continue”命令，程序会在下一个断点的位置停下，结果如下所示。

```
    Continuing.
    Breakpoint 3, main () at a.c:19
    21          k=max(i,j);
```

（5）输入“continue”命令，程序运行至结束，结果如下所示，这表明程序已经运行完毕并正常退出。

```
    5
    Program exited with code 02.
```

（6）step 命令与 next 命令的作用相似，对程序实现单步运行。不同之处在于，在遇到函数调用时，step 命令可以进行到函数内部；而 next 命令只能一步完成函数的调用。

10.5.9　变量的查看

print 命令可以在程序运行时查看一个变量的值。下面是查看变量的步骤。

（1）输入下面的命令，运行程序。

```
    run
```

（2）程序在第一个断点位置停下，显示的结果如下所示。

```
    Breakpoint 2, main () at a.c:18
    18          i=3;
```

（3）程序在进入第 18 行之前停下，并没有对 i 进行赋值。可以用下面的命令来查看 i 的值。

```
    print i
```

（4）显示的结果如下所示，这表示 i 现在只是一个任意值。

```
$5 = -1076190040
```

（5）输入下面的命令，使程序运行一步。

```
step
```

（6）显示的结果如下所示。

```
19        j=5;
```

（7）这时程序在进入第 19 行之前停下，输入下面的命令，查看 i 的值。

```
print i
```

（8）显示的结果如下所示，表明 i 已经被赋值为 3。

```
$6 = 3
```

（9）输入“step”命令，再次输入“step”命令，显示的结果如下所示。

```
21        k=max(i,j);
```

（10）这时输入“step”命令，会进入子函数中，结果如下所示，显示了传递给函数的变量和值。

```
max (i=3, j=5) at a.c:5
5            if(i>j)
```

（11）输入“step”命令，显示的结果如下所示，表明函数会返回变量 j。

```
11                  return(j);
```

（12）输入下面的命令，查看 j 的值。

```
print j
```

（13）显示的结果如下所示，表明 j 的值为 5。

```
$7 = 5
```

（14）这时再运行两次“step”命令，显示的结果如下所示。

```
22        printf("%d\n",k);
```

（15）输入下面的命令，查看 k 的值。

```
print k
```

（16）显示的结果如下所示，表明 k 的值为 5。

```
$8 = 5
```

（17）完成程序的调试运行后，输入“q”命令，退出 GDB。

10.6　程序调试实例

本节讲解一个程序调试实例。编写一个程序后，在程序运行时发现结果与预想结果有些不同，需要使用 GDB 工具进行调试。通过对单步运行和变量的查看，找出程序中的错误。

10.6.1　编写一个程序

下面将编写一个程序，要求程序运行时可以显示下面的结果。

```
1+1=2
2+1=3 2+2=4
3+1=4 3+2=5 3+3=6
4+1=5 4+2=6 4+3=7 4+4=8
```

很明显，这个程序是通过两次循环与一次判断得到的。在程序中需要定义 3 个变量。下面利用这个思路来编写这个程序。

（1）打开一个终端，在终端中输入“vim”命令，打开 Vim。

（2）在 Vim 中按“i”键进入插入模式，然后输入下面的代码。

```
#include <stdio.h>
main()
{
int i,j,k;
for(i=1;i<=4;i++)
{
        for(j=1;j<=4;j++);
        {
                if(i>=j)
                {
                        k=i+j;
                        printf("%d+%d=%d ",i,j,k);
                }
        }
        printf("\n");
}
}
```

（3）在 Vim 中按“Esc”键返回普通模式，然后输入下面的命令，保存这个文件。

```
:w /root/c/test.c
```

（4）输入“:q”命令退出 Vim。

10.6.2　编译文件

下面对上面编写的程序进行编译和运行。在运行程序时，会发现程序中存在错误。

（1）在终端中输入下面的命令，编译这个程序。

```
gcc /root/c/test.c
```

（2）程序可以正常编译通过。输入下面的命令，运行这个程序。

```
/root/c/a.out
```

（3）程序的运行结果是 4 个空行，并没有按照预想的要求输出结果。

（4）输入下面的命令，对这个程序进行编译。在编译程序时使用-g 参数，为 GDB 调试做准备。

```
gcc -g -o test.debug 6.2.c
```

（5）这时程序可以正常编译通过，输出的文件是 test.debug。在这个文件中加入了文件调试需要的信息。

10.6.3 程序的调试

下面使用 GDB 对上面编写的程序进行调试，找出程序中的错误。

（1）在终端中输入“gdb”命令，进入 GDB，显示的结果如下所示。

```
GNU gdb Red Hat Linux (6.6-35.fc8rh)
Copyright (C) 2006 Free Software Foundation, Inc.
GDB is free software, covered by the GNU General Public License, and you are
welcome to change it and/or distribute copies of it under certain conditions.
Type "show copying" to see the conditions.
There is absolutely no warranty for GDB.  Type "show warranty" for details.
This GDB was configured as "i386-redhat-linux-gnu".
```

（2）导入文件。在 GDB 中输入下面的命令：

```
file /root/c/test.debug
```

（3）显示的结果如下所示，表明已经成功加载了这个文件。

```
Reading symbols from /root/c/test.debug...(no debugging symbols found)...done.
Using host libthread_db library "/lib/libthread_db.so.1".
```

（4）查看文件。在终端中输入下面的命令：

```
list
```

（5）运行结果如下所示。

```
1       #include <stdio.h>
2
3       main()
4       {
5               int i,j,k;
6               for(i=1;i<=4;i++)
7               {
8                       for(j=1;j<=4;j++);
9                       {
10                              if(i>=j)
```

```
(gdb)
11                          {
12                                  k=i+j;
13                                  printf("%d+%d=%d ",i,j,k);
14                          }
15                  }
16                  printf("\n");
17          }
18  }
(gdb)
Line number 19 out of range; 6.2.c has 18 lines.
```

（6）在程序中加入断点。由显示的代码可知，需要在第 6 行、11 行、12 行、13 行加入断点。在 GDB 中输入下面的命令：

```
break 6
break 11
break 12
break 13
```

（7）GDB 显示的添加断点的结果如下所示。

```
Breakpoint 1 at 0x8048405: file 6.2.c, line 6.
Breakpoint 2 at 0x8048429: file 6.2.c, line 11.
Breakpoint 3 at 0x8048429: file 6.2.c, line 12.
Breakpoint 4 at 0x8048432: file 6.2.c, line 13.
```

（8）输入下面的命令，运行这个程序。

```
run
```

（9）运行到第一个断点处显示的结果如下所示。

```
Breakpoint 1, main () at 6.2.c:6
6               for(i=1;i<=4;i++)
```

（10）输入“step”命令，使程序运行一步，结果如下所示。

```
8                       for(j=1;j<=4;j++);
```

（11）这说明程序已经进入了 for 循环。这时输入下面的命令，查看 i 的值。

```
print i
```

（12）显示的结果如下所示。

```
$2 = 1
```

（13）这时输入“step”命令，显示的结果如下所示。

```
10                              if(i>=j)
```

（14）再输入“step”命令，显示的结果如下所示。

```
16                      printf("\n");
```

（15）这表明，在执行 j 的 for 循环时，没有反复执行循环体。这时再输入“step”命令，显示的结果如下所示。

```
for(i=1;i<=4;i++)
```

（16）这表明程序正常执行了 i 的 for 循环。这是第二次执行 for 循环。

（17）输入“step”命令，显示的结果如下所示。

```
8                 for(j=1;j<=4;j++);
```

（18）这表明程序执行到 for 循环。这时再次输入“step”命令，显示的结果如下所示。

```
10                          if(i>=j)
```

（19）输入“step”命令，显示的结果如下所示。

```
16                     printf("\n");
```

（20）输入“step”命令，显示的结果如下所示。

```
6              for(i=1;i<=4;i++)
```

（21）这说明程序正常执行了 i 的 for 循环，但是没有执行 j 的 for 循环。这一定是 j 的 for 循环语句有问题。这时就不难发现，j 的 for 循环后面多了一个分号。

（22）输入“q”命令，退出 GDB。

10.6.4 GDB 帮助信息的使用

GDB 有非常多的命令，输入“help”命令可以显示这些命令的帮助信息。下面讲解帮助信息的使用。

在 GDB 中输入“help”命令，显示的帮助信息如下所示。

```
List of classes of commands:
aliases -- Aliases of other commands
breakpoints -- Making program stop at certain points
data -- Examining data
files -- Specifying and examining files
internals -- Maintenance commands
obscure -- Obscure features
running -- Running the program
stack -- Examining the stack
status -- Status inquiries
support -- Support facilities
tracepoints -- Tracing of program execution without stopping the program
user-defined -- User-defined commands
Type "help" followed by a class name for a list of commands in that class.
Type "help all" for the list of all commands.
Type "help" followed by command name for full documentation.
Type "apropos word" to search for commands related to "word".
Command name abbreviations are allowed if unambiguous.
```

以上帮助信息显示，输入“help all”会输出所有的帮助信息。

在 help 命令后面加上一个命令名称，可以显示这个命令的帮助信息。例如，输入“help file”，显示的 file 命令的帮助信息如下所示。

```
Use FILE as program to be debugged.
It is read for its symbols, for getting the contents of pure memory,
and it is the program executed when you use the `run' command.
If FILE cannot be found as specified, your execution directory path
($PATH) is searched for a command of that name.
No arg means to have no executable file and no symbols.
```

10.7　GDB 常用命令

除了前面讲述的 gdb 命令，GDB 还有很多种命令，这些命令可以实现程序调试的各种功能。其他常用命令的含义如下所示。

- backtrace：回溯函数调用栈（同义词：where）。
- breakpoint：在程序中设置一个断点。
- cd：改变当前工作目录。
- clear：删除刚才停止处的断点。
- commands：命中断点时，列出将要执行的命令。
- continue：从断点开始继续执行。
- delete：删除一个断点或监测点；也可与其他命令一起使用。
- display：程序停止时显示变量和表达式。
- down：下移栈帧，使得另一个函数成为当前函数。
- frame：选择下一条 continue 命令的帧。
- info：显示与该程序有关的各种信息。
- info break：显示当前断点清单，包括到达断点处的次数等。
- info files：显示被调试文件的详细信息。
- info func：显示所有的函数名称。
- info local：显示当前函数中的局部变量信息。
- info prog：显示被调试程序的执行状态。
- info var：显示所有的全局和静态变量名称。
- jump：在源程序中的另一点开始运行。
- kill：异常终止在 GDB 控制下运行的程序。
- list：列出相对于正在执行的程序的源文件内容。
- next：执行下一个源程序行，从而执行其整体中的一个函数。
- print：显示变量或表达式的值。
- pwd：显示当前工作目录。

- pype：显示一个数据结构（如一个结构或 C++类）的内容。
- quit：退出 GDB。
- reverse-search：在源文件中反向搜索正则表达式。
- run：执行该程序。
- search：在源文件中搜索正则表达式。
- set variable：给变量赋值。
- signal：将一个信号发送到正在运行的进程中。
- step：执行下一个源程序行，必要时进入下一个函数。
- undisplay：display 命令的反命令，不显示表达式。
- until：结束当前循环。
- up：上移栈帧，使另一个函数成为当前函数。
- watch：在程序中设置一个监测点（数据断点）。
- whatis：显示变量或函数类型。

10.8　编译程序常见的错误类型与处理方法

在编写程序时，无论是在逻辑上还是在语法上，都不可能做到一次完全正确。于是，在编译程序时，就会发生编译错误。本节将讲述编译程序时常见的错误类型与处理方法。

10.8.1　逻辑错误与语法错误

在编译程序时，出现的错误可能有逻辑错误与语法错误两种。这两种错误的发生原因和处理方法是不同的。

- 逻辑错误指的是程序的设计思路发生了错误。这种错误在程序中是致命的，程序可能正常编译通过，但结果是错误的。当程序能够正常运行而结果错误时，一般都是编程的思路发生了错误，这时需要重新考虑程序的运算方法与数据处理流程是否正确。
- 语法错误指的是程序的思路正确，但在书写语句时发生了语句错误。这种错误一般是编程时不小心或对语句的错误理解造成的。在发生语句错误时，程序一般不能正常编译通过。这时，会提示错误的类型和错误的位置，按照这些提示改正程序的语法错误，即可完成错误的修改。

10.8.2　C 程序中的错误与异常

对于 C 程序中的错误，根据严重程序不同，可以分为错误与异常两类。在编译程序时，这两种情况对编译的影响是不同的，我们对错误与异常的处理方式也不同。

1. 什么是异常

异常指的是代码中轻微的错误，这些错误一般不会影响程序的正常运行，但是不完全符合编程的规范。在编译程序时，会输出一个警告提示，但是程序会继续编译。下面几种情况会使程序发生异常：

- 在除法中，0 作除数。
- 在进行开方运算时，对负数开平方。
- 程序的主函数没有声明类型。
- 程序的主函数没有返回值。
- 在程序中定义了一个变量，但是没有使用这个变量。
- 变量的存储发生了溢出。

2. 什么是错误

错误指的是程序的语法出现问题，程序编译不能正常完成，产生一个错误信息。这时会提示错误的类型与位置，根据这些信息可以对程序进行修改。

10.8.3　编译中的警告提示

在编译程序时，如果发生了不严重的异常，则会输出一个警告提示，然后完成程序的编译。例如，下面是一个程序在编译时产生的警告提示。

```
5.1.c: In function 'main':
5.1.c:16: 警告：'main' 的返回类型不是 'int'
5.1.c:18: 警告：被零除
```

其含义如下所示。

（1）“In function 'main':”表示发生的异常在 main 函数内。

（2）“5.1.c:16:”表示发生异常的文件是 5.1.c，位置是第 16 行。

（3）下面的信息是第 16 行的异常，表明程序的返回类型不正确。

```
'main' 的返回类型不是 'int'
```

（4）下面的警告信息表明程序的第 18 行有除数为 0 的错误。

```
5.1.c:18: 警告：被零除
```

10.8.4　找不到包含文件的错误

程序中的包含文件在系统或工程中一定要存在，否则编译程序时会发生致命错误。例如，下面的语句包含了一个不正确的头文件。

```
#include <stdio1.h>
```

编译程序时会发生错误，错误信息如下所示。

```
5.1.c:2:20: 错误：stdio2.h：没有那个文件或目录
```

10.8.5 逗号使用错误

程序中逗号的含义是并列几个内容，形成某种算法或结构。如果在程序中逗号使用错误，则会使程序在编译时发生致命错误。例如下面的代码，程序中的 if 语句后面有一个错误的逗号。

```
int max(int i,int j )
{
    if(i>j),
    {
        return(i);
    }
    else
    {
        return(j);
    }
}
```

编译程序时输出的错误信息如下所示，表明 max 函数中逗号前面的表达式错误，实际上就是多了一个逗号。

```
5.1.c: In function 'max':
5.1.c:4: 错误：expected expression before ',' token
5.1.c: In function 'max':
```

10.8.6 符号不匹配错误

程序中的双引号、单引号、小括号、中括号、花括号等符号，必须是成对出现的，否则会使程序发生符号不匹配的错误。发生这种错误后，编译程序往往不能理解代码的含义，也不能准确显示错误的位置，而是显示表达式错误。例如下面的代码，最后一行少了一个花括号。

```
int max(int i,int j )
{
    if(i>j)
    {
        return(i);
    }
    else
    {
        return(j);
    }
```

编译程序时会显示下面的错误信息。

```
5.1.c:22: 错误：expected declaration or statement at end of input
```

又如下面的代码，第一行多了一个小括号。

```
    if(i>j))
        {
            return(i);
        }
        else
        {
            return(j);
        }
```

编译程序时会发生下面的错误，显示括号前面有错误，并且导致下面的 else 语句也有错误。

```
5.1.c:4: 错误: expected statement before ')' token
5.1.c:8: 错误: expected expression before 'else'
```

10.8.7　变量类型或结构体声明错误

程序中的变量或结构体的名称必须正确，否则程序会发生未声明的错误。例如下面的代码，用一个不存在的类型来声明一个变量。

```
ch a;
```

程序在运行时，会显示这个变量错误，并且会显示有其他错误。

```
5.1.c:17: 错误: 'ch' 未声明 (在此函数内第一次使用)
5.1.c:17: 错误: (即使在一个函数内多次出现，每个未声明的标识符在其
5.1.c:17: 错误: 所在的函数内也只报告一次。)
5.1.c:17: 错误: expected ';' before 'a'
```

10.8.8　使用不存在的函数的错误

如果程序引用了一个不存在的函数，则会使程序发生严重的错误。例如下面的代码，引用了一个不存在的函数 add。

```
k=add(i,j);
```

程序显示的错误信息如下所示，表明在 main 函数中的 add 函数没有定义。

```
/tmp/ccYQfDJy.o: In function `main':
5.1.c:(.text+0x61): undefined reference to `add'
collect2: ld 返回 1
```

10.8.9　大小写错误

C 程序对代码的大小写是敏感的，不同的大小写代表不同的内容。例如下面的代码，将小写的“int”错误地写成了“Int”。

```
Int t;
```

程序显示的错误信息如下所示，表明“Int”类型不存在或未声明。发生这个错误时，会输

出多行错误提示。

```
5.1.c:16: 错误：'Int' 未声明 (在此函数内第一次使用)
5.1.c:16: 错误：(即使在一个函数内多次出现，每个未声明的标识符在其
5.1.c:16: 错误：所在的函数内也只报告一次。)
5.1.c:16: 错误：expected ';' before 't'
```

10.8.10 数据类型的错误

程序中的某些运算必须针对相应的数据类型，否则会使程序发生数据类型错误。例如下面的代码，错误地将两个整型数进行求余运算。

```
float a,b;
a= a%b ;
```

程序编译时会输出下面的错误信息，表明“%”运算符的操作数无效。

```
5.1.c:19: 错误：双目运算符 % 操作数无效
```

10.8.11 赋值类型错误

任何一个变量，在赋值时必须使用相同的数据类型。例如下面的代码，错误地将一个字符串赋值给一个字符。

```
char c;
c="a";
```

程序编译时会输出如下结果，表明赋值时数据类型错误。

```
5.1.c:19: 警告：赋值时将指针赋给整数，未作类型转换
```

10.9 小结

本章主要介绍了 Linux 系统下的 C 语言编程。Linux 系统是由 C 语言开发的，所以学习 Linux 系统下的 C 语言编程很重要。这里舍去了 C 语言语法的描述，主要介绍了 Linux 系统下 C 语言 GCC 编辑器的使用，包括整个底层的编译过程的介绍、GDB 程序的调试，列举了程序调试实例供读者学习，最后还列举了一些编译程序常见的错误类型与处理方法。学习 Linux 系统下的 C 语言编程是一个比较漫长的过程，希望读者不要局限于本章所写的知识。

10.10 习题

1．简述如何编译代码才可以支持 GDB 调试。

2．简单描述 GCC 的编译过程。

3．下面哪些是正确的说法？（ ）

A．使用 GCC 可以编译 Java 语言

B．GDB 可以在编译时检查语法错误

C．C 语言的关键字有大小写之分

D．int 类型在编译时大小是固定的 32 位

4．简述编译程序常见的错误类型，以及如何处理。

10.11　上机练习——GCC 和 GDB 配合调试

实验目的：

了解 Linux 系统下 GCC 和 GDB 的使用，调试找出代码中存在的问题。

实验内容：

（1）编写如下 C 代码。

```
int main ()
{
char str[20];
strcpy(str,"hello");
printf("%s\n",str);
}
```

（2）使用 GCC 编译代码，并且使其支持 GDB 调试。

（3）进入 GDB，查看变量 str 在执行 strcpy 前的内存内容，查看 str 里面的内容，注意刚刚分配的内存里面是乱码。

（4）进入 GDB，查看变量 str 被赋值后的内容，查看 str+7 地址的内容，赋值后的内存里面有字符串的结束符。

第三部分　Linux 网络与安全

第 11 章　Linux 网络基础

Linux 具备强大的网络功能，可与当前绝大多数主流的网络操作系统保持良好的兼容性。Linux 沿袭 UNIX 系统的传统设置，采用 TCP/IP 作为主要的网络通信协议，同时提供对 IPX/SPS、AppleTalk、ISDN、PPP、SLIP、PLIP 及 ATM 等协议的支持。由于 Linux 性能稳定，因此许多 ISP 采用 Linux 架设网络服务器，包括 WWW、FTP、Mail Server 及 DNS 等。在对 Linux 主机进行基本的网络配置之后，即可使用该主机与其他主机进行通信。

本章内容包括：

- 计算机网络的发展。
- 网络基本类型。
- 网络体系结构。
- 网络配置基本内容。
- 配置以太网连接。
- 连接 Internet。
- 网络管理常用命令及应用实例。

11.1　计算机网络的发展

计算机网络是将地理位置分散的多台计算机按照通信协议有机地连接起来，以实现计算机之间的信息交换、资源共享和协同工作的计算机复合系统。

计算机网络最早出现在 20 世纪 50 年代中期，源于美国的半自动地面防空系统（SAGE）。当时 SAGE 能够将远距离的雷达和测控设备的信息经过通信线路汇集到一台 IBM 计算机上进行处理和控制。通常认为 SAGE 是计算机技术和通信技术相结合的最初尝试。

在 20 世纪 60 年代中后期，美国国防部（Department of Defense，DoD）日益认识到其对计算机网络的依赖性，出于对“如果敌人破坏了我们的网络会发生什么情况？我们会无法访问我们的计算机吗？”等问题的考虑，1969 年美国高级研究计划署（Advanced Research Project Agency，ARPA）组织成功研制了世界上公认的第一个远程计算机网络——ARPANET。

ARPANET 在 1969 年建成时仅有 4 个试验节点，到 1971 年 2 月已扩充为具备 15 个节点、23 台主机的计算机网络，并正式投入使用。由于现代计算机网络的许多概念和方法都起源于 ARPANET，因此，人们通常将其视为计算机网络的起源，也是 Internet 的起源。计算机网络发展至今，一般可分为 4 个阶段。

11.1.1 面向终端的计算机通信网络

计算机技术与通信技术结合，形成了计算机网络的雏形。此时的计算机网络仅仅是以单台计算机为中心的远程联机系统，因此也被称为“面向终端的计算机通信网络”。美国在 1963 年投入使用的飞机订票系统 SABRE-1 就是这类系统的典型代表。此系统以一台中心计算机为网络的主体，将全美范围内的 2000 多个售票终端通过电话线连接到中心计算机上，从而实现了联网订票。

11.1.2 初级计算机网络

随着计算机与通信技术的进一步发展，以及对计算机网络体系结构与协议的深入研究，人们开发了最初的计算机网络，此时的计算机网络一般称为“初级计算机网络”。其中，从 20 世纪 60 年代后期到 20 世纪 70 年代初期发展起来的美国高级研究计划署的 ARPANET 就是这类系统的典型代表。此时的计算机网络由若干台计算机互连而成。同时，ARPANET 网络将一个计算机网络划分为“通信子网”和“资源子网”两大部分，目前的计算机网络仍沿用这种组合方式。

ARPANET 是计算机网络技术发展过程中的一个里程碑，它的研究成果对促进网络技术的发展起到了十分重要的作用。ARPANET 也为 Internet 的形成奠定了坚实的基础。

11.1.3 开放的标准化计算机网络

从 20 世纪 70 年代末至 20 世纪 90 年代，逐渐形成了“开放的标准化计算机网络”。这里的“开放的”是相对于以往那些只能符合独家网络厂商要求的各自封闭的系统而言的。在开放的网络中，所有的计算机和通信设备都遵循共同认可的国际标准，从而可以保证不同厂商的网络产品可以在同一网络中顺利地进行通信。事实上，目前存在两种占主导地位的网络体系结构，一种是 ISO（International Standards Organization，国际标准化组织）的 OSI（开放式系统互联）体系结构，另一种是 TCP/IP（传输控制协议/网际协议）体系结构，也是事实上的网络标准。

11.1.4 新一代计算机网络

互联网（Internet）的进一步发展要求新一代计算机网络必须提供一种高速、大容量和安全的综合性数字信息传递机制。通过使用 IPv6 技术，新一代互联网的 IP 地址空间将进一步扩展，现有的 IPv4 地址空间紧缺的问题将得到解决；通过采用多层次路由结构、分层目录管理等技术，新一代互联网将有可能解决目前网络管理的无政府状态。总之，正在研究与发展中的“新一代计算机网络”将向着全面互联、高速和智能化的方向发展，并将继续得到更为广泛的应用。

11.2 网络基本类型

对计算机网络进行分类的标准很多。例如，按网络的地理覆盖范围分类，可分为局域网（LAN，Local Area Network）、城域网（MAN，Metropolitan Area Network）、广域网 WAN（Wide Area Network）和互联网（Internet）；按网络的拓扑结构分类，则可分为星形拓扑结构、总线型拓扑结构、环形拓扑结构，以及混合型拓扑结构。这些划分标准都从不同角度对计算机网络的特征进行了描述。

11.2.1 按网络的地理覆盖范围分类

按网络的地理覆盖范围分类是一种通用的网络划分标准，可以把各种网络划分为局域网、城域网、广域网和互联网 4 种。局域网一般应用于办公楼群、校园网、工厂及企事业单位等相对较小的区域；城域网通常应用于一个大型城市或都市地区；广域网也称为远程网，所覆盖的范围比城域网更大，一般在不同城市之间实现互联；而互联网则是全球范围内的计算机进行互联互通的网络。

1. 局域网

局域网（LAN），顾名思义，是指在局部地区范围内使用的网络，其覆盖的地区范围较小，一般在几千米以内，最远距离不超过 10 千米，一般用于组建一个部门或单位的内部网络。

局域网是在小型计算机和微型计算机被广泛使用之后才逐渐发展起来的计算机网络。一方面，局域网拓扑结构简单、组网灵活方便、易于管理与配置；另一方面，局域网速率高、延迟小、成本低，因此深受广大用户的欢迎。局域网是目前最常见、应用最广，也是最活跃的一种网络。

IEEE 的 802 标准委员会按介质访问方式定义了多种局域网，主要包括以太网（Ethernet）、令牌环网（Token Ring）、光纤分布式数据接口（FDDI）、异步传输模式（ATM），以及无线局域网（WLAN）等。

2．城域网

城域网采用的是 IEEE 802.6 标准，是介于局域网与广域网之间的一种大范围的高速网络，连接距离为 10～100 千米。

随着局域网的广泛使用，人们逐渐要求扩大局域网的使用范围，或者要求将已经使用的局域网互相连接起来，使其成为一个规模较大的城市范围内的网络，即城域网。例如，将同一个城市内的政府机构的局域网、医院的局域网、电信的局域网及公司/企业的局域网连接起来组成城域网，从而实现大量用户、多种信息资源的互联互通。

与局域网相比，城域网覆盖的范围更大，连接的计算机数量也更多，从某种意义上讲，城域网是局域网在地理范围上的延伸。由于光纤连接的引入，使城域网中的高速互联成为可能。城域网既可以是私人网，也可以是公用网；既可以支持数据和语音传输，也可以与有线电视相连。

城域网的骨干网多采用 ATM 技术。ATM 采用固定长度（53 字节）的“信元交换”技术来替代传统的“包交换”技术，可以为不同的应用提供 25Mbps、51Mbps、155Mbps 和 622Mbps 等不同的传输速率。由于 ATM 没有共享介质或包传递带来的延时，因此非常适合音频和视频数据的传输。但是 ATM 需要专门的软、硬件，部署成本相对比较高。

由于各种原因，城域网的特有技术并没能在世界各国迅速推广；相反，在实践中人们通常使用广域网的技术去构建与城域网目标、范围相当的网络。

3．广域网

广域网也称远程网，所覆盖的范围比城域网更广，可以跨越城市、地区、国家，甚至洲际，地理范围可从几百千米到几千千米。广域网通常以连接不同地域的大型主机系统或局域网为主要目的。由于距离较远，信息衰减比较严重，因此这种网络一般要租用专线或自行敷设专线（例如使用光纤、双绞线、同轴电缆、微波、卫星、红外线及激光等）。因为所连接的用户多，总带宽有限，所以用户的终端连接速率一般较低，通常为 9.6kbps～45Mbps。比较典型的广域网应用如中国移动的网络运营系统（包括计费系统、信息系统、综合结算系统和综合账务系统等）。

4．互联网

互联网又称为“因特网”，是世界上最大的计算机网络。互联网通过使用统一的协议（TCP/IP）将全球成千上万的计算机网络（广域网与广域网之间、广域网与局域网之间、局域网与局域网之间）连接起来，使得各网络之间可以交换信息、共享资源。由于互联网由全球范围内的计算机网络构成，因此对于互联网普通用户而言，互联网拥有不计其数的网络资源，用户可以随时从互联网上获得所需的信息。

综上所述，各种计算机网络参数比较如表 11.1 所示。

表 11.1　各种计算机网络参数比较

网络类型	缩　写	数据传输速率	覆盖范围	典型应用
局域网	LAN	4Mbps～10Gbps	<10km	校园、楼宇
城域网	MAN	50Kbps～100Mbps	10～100km	城市
广域网	WAN	9.6Kbps～45Mbps	100～1000km	城市、国家、洲
互联网	Internet	9.6Kbps～45Mbps	无限制	全球互联

11.2.2　按网络的拓扑结构分类

网络的拓扑结构指网络中各个节点相互连接的方式，主要有星形拓扑结构、总线型拓扑结构、环形拓扑结构和混合型拓扑结构。

1. 星形拓扑结构

星形拓扑结构是目前在局域网中应用最为普遍的一种结构。由于在该种网络结构中，各个网络节点通过点对点的方式连接到中央节点上，整体呈现出星状分布状态，因此被称为星形拓扑结构，如图 11.1 所示。星形拓扑结构中的某一普通网络节点出现故障不会波及其他节点，但是一旦中心节点（通常由 Hub 或交换机组成）出现问题，整个网络将陷入瘫痪。

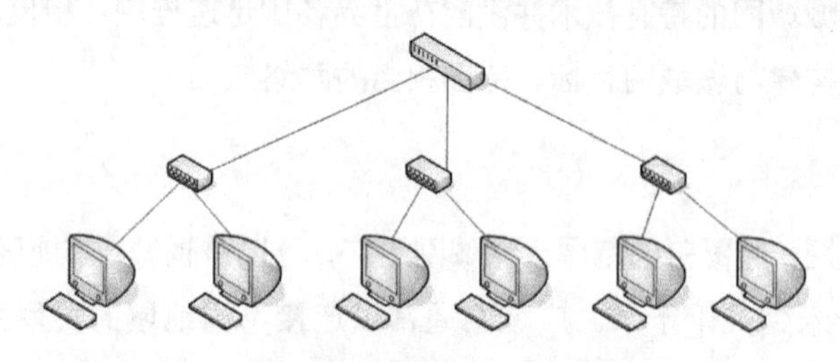

图 11.1　星形拓扑结构图

星形拓扑结构主要应用在基于 IEEE 802.2、IEEE 802.3 标准的以太局域网中，目前用得最多的传输介质是双绞线，如常见的五类线和超五类双绞线等。

星形拓扑结构具有容易实现、易扩展、维护方便和传输数据快等优点，但同时存在设备成本高、可靠性较低和资源共享能力差等不足。

注意： 星形网络结构出现故障时，可以先从集线器或交换机等中央节点查起。每台计算机在集线器或交换机上都有指示灯对应。如果是 10Mbps/100Mbps 自适应设备，则适应 10Mbps 连接时亮黄色灯，适应 100Mbps 连接时亮绿色灯，无连接时灯不亮。

2. 总线型拓扑结构

总线型拓扑结构采用一根公用总线作为传输介质，所有设备都直接与总线相连，其结构如图 11.2 所示。总线上的信息多以基带形式串行传递，其传递方向总是从发送信息的节点开始向两端扩散，因此采用总线型拓扑结构的网络又称为广播式计算机网络。

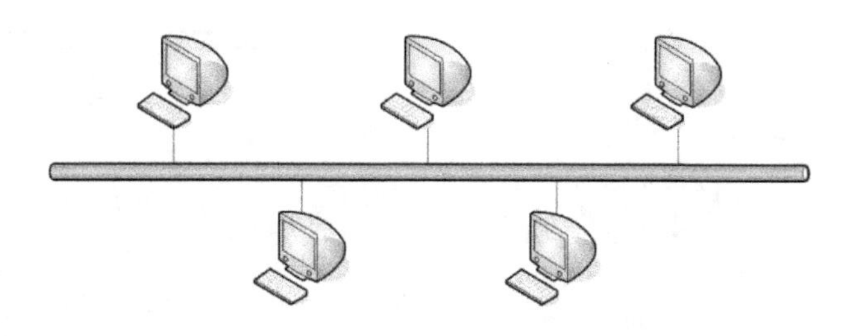

图 11.2　总线型拓扑结构图

在总线型拓扑结构中，所有的工作站和服务器都连接到总线上，无中心节点，各个节点的地位是平等的。由于各节点是共用总线带宽的，因此传输速率会随着接入网络节点的增多而下降。单个节点失效不影响整个网络的正常通信。但是如果总线出现故障，则整个网络或相关主干网段就会瘫痪。

总线型拓扑结构具有组网费用低、可靠性高、易扩展（但所能连接的节点数量有限）等优点，但是由于共享总线，一次仅能允许一个节点发送数据，其他节点必须等待总线空闲后才能发送数据，因此存在数据传输速率较低、总线负担过重等问题。而且总线型网络结构一旦发生连接错误，维护和检测都很不方便。

总线所采用的物理介质一般为同轴电缆（包括粗缆和细缆），少数情况下也使用光纤。

3．环形拓扑结构

环形拓扑结构一般仅适用于 IEEE 802.5 协议下的令牌环网。在这种网络结构中，所有节点首尾相接，形成一个闭环，整个网络发送的信息都在这个环中传递，如图 11.3 所示。网络中的节点若想发送信息，则必须获得“令牌”，“令牌”会在环形连接中依次传递。

在环形拓扑结构中，传送的数据要经过每个节点，如果有一个节点出现故障，则会造成整个网络瘫痪；同时，对故障节点的定位较难，维护起来非常不方便。

环路上各节点都是自举控制的，因此其控制软件较为简单，但环路必须保持闭合状态才能正常工作，这使得该网络不便于扩充。

令牌环网所采用的传输介质一般为同轴电缆或光纤。

4．混合型拓扑结构

混合型拓扑结构由星形拓扑结构和总线型拓扑结构演变而来，兼具星形拓扑结构和总线型拓扑结构的特点，采用的是一种综合布线方式，如图 11.4 所示。

混合型拓扑结构更能满足较大网络的扩展需求，既突破了星形拓扑结构在传输距离上的局限性，又解决了总线型拓扑结构在连接节点数量上的限制问题。但是由于混合型拓扑结构继承了总线型拓扑结构的特点，因此同样会存在较难维护的问题。

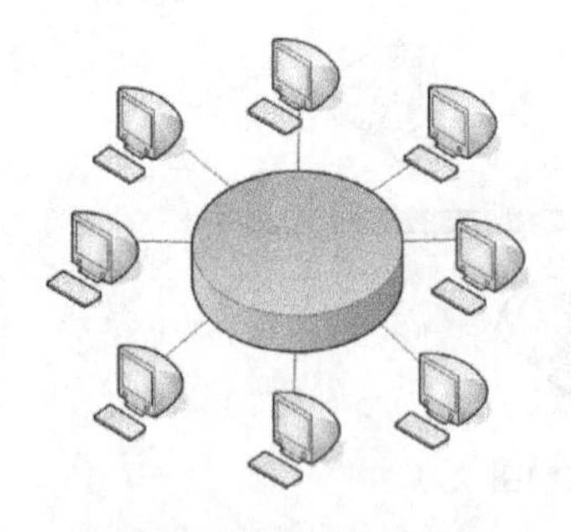

图 11.3　环形拓扑结构图

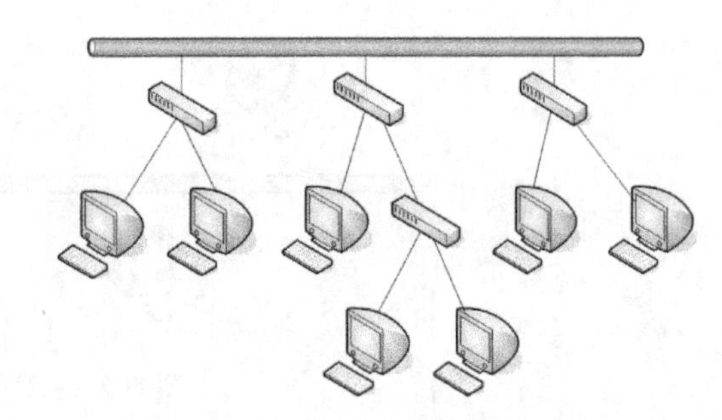

图 11.4　混合型拓扑结构图

11.3　网络体系结构

计算机网络的体系结构是指该网络及其子系统所能完成的功能的精确定义，通常采用层次结构对其进行描述。OSI/RM 和 TCP/IP 是目前两个主要的参考模型。

11.3.1　OSI/RM

OSI/RM（开放系统互联参考模型）是 ISO 在网络通信方面所定义的，用于连接不同类型的计算机的开放协议标准。基于这个开放的模型，各网络设备厂商就可以遵照共同的标准来开发网络产品，最终实现彼此兼容。

整个 OSI/RM 共分为 7 层，从下往上依次为物理层、数据链路层、网络层、传输层、会话层、表示层和应用层，如图 11.5 所示。

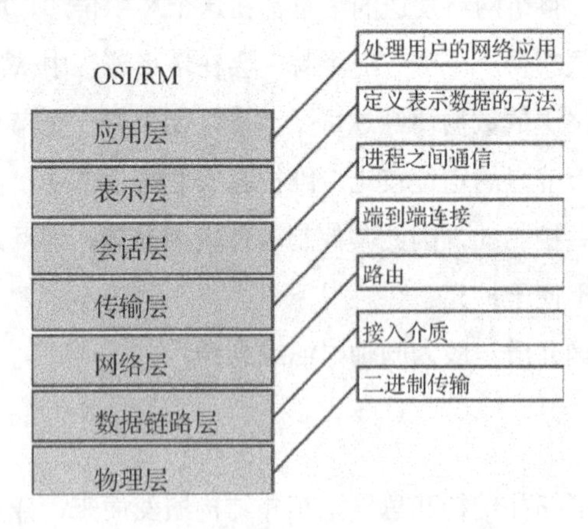

图 11.5　OSI/RM

其中相邻层之间可以通信，第 1～3 层属于通信子网的范畴，第 5～7 层属于资源子网的范畴，第 4 层是中间层，连接上下 3 层。当接收数据时，数据自下而上传输；当发送数据时，数据自上而下传输。虽然这种通信流程垂直通过各层，但每层都能够在逻辑上与远程计算机系统的相应层直接通信。为构建这种层次间的逻辑连接，需要发送端在每一层都为数据报文增加报文头。该报文头只能被远程计算机的相应层识别和使用。接收端接收到数据报文后会删除报文头，每层都删除该层负责的报文头，最后将数据传递给相关的应用程序，其过程如图 11.6 所示。

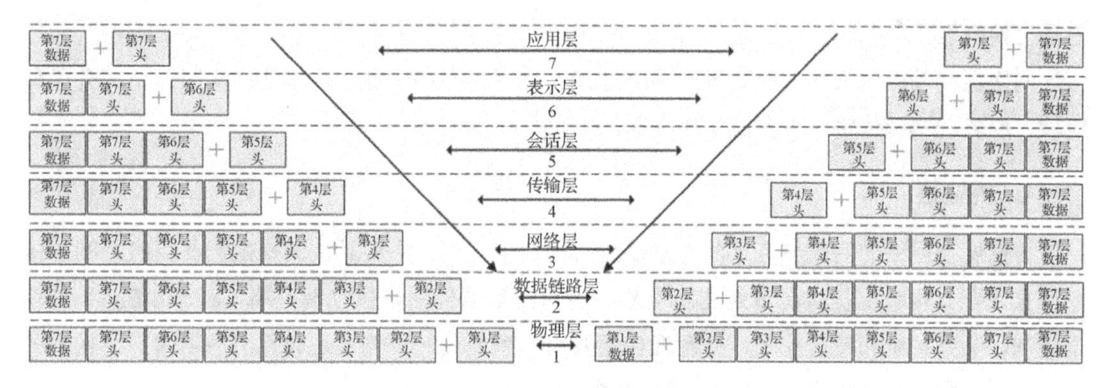

图 11.6　OSI/RM 层间的通信过程

各层功能说明如下。

1．物理层

物理层位于整个 OSI/RM 的底层，其主要任务是为上一层的数据链路层提供一个物理连接，透明地传送比特流。物理层建立在物理介质上，提供机械和电气接口，包括电缆、物理端口及附属设备。物理层提供的服务包括：物理连接、物理服务数据单元顺序化（接收物理实体收到的比特流顺序，与发送物理实体所发送的比特流顺序相同）和数据电路标识。

2．数据链路层

数据链路层建立在物理传输能力的基础上，用于在两个相邻节点间的链路上无差错地传输以帧（Frame）为单位的数据。

数据链路层的主要任务是进行数据封装和建立数据链接。封装的数据信息由 4 部分组成，其中地址段含有发送节点和接收节点的地址，控制段用来表示数据链接帧的类型，数据段包含实际要传输的数据，差错控制段用来检测传输中出现的帧错误。

数据链路层可使用的协议有 SLIP、PPP、X.25 和帧中继等。常见的集线器、低档的交换机及 Modem 之类的拨号设备都工作在这一层上。工作在这一层上的交换机通常称"第二层交换机"。

数据链路层的功能包括：数据链路链接的建立与释放、构成数据链路数据单元、数据链路链接的分裂、定界与同步、顺序和流量控制、差错的检测和恢复等。

3．网络层

网络层位于 OSI/RM 的第三层，解决的是网际的通信问题，即选择合适的路由和交换节点，透明地向目的节点交付发送节点所发送的分组。网络层的主要功能是寻路，即选择到达目标主机的最佳路径，并沿该路径传送数据包。

除此之外，网络层还具有流量控制和拥塞控制的功能。现在较高档的交换机也可直接工作在这一层上，由于该层具备路由功能且属于第三层，因此工作在这一层上的交换机通常称为“第三层交换机”。

网络层的功能包括：建立和拆除网络连接、路径选择和中继、网络连接多路复用、分段和组块、服务选择和传输，以及流量控制等。

4. 传输层

传输层在网络的两个节点之间建立端到端的通信信道，主要解决的是数据在网络之间的传输质量问题。传输层提供两节点之间可靠、透明的数据传输，执行端到端（End-to-End）的差错控制、顺序控制和流量控制，并管理多路复用和解复用。传输层是计算机通信体系结构中关键的一层，主要涉及网络传输协议，如 TCP。

传输层的功能包括：将传输地址映射到网络地址、多路复用与分割、传输连接的建立与释放、分段与重新组装、组块与分块。

5. 会话层

会话层提供面向通信的逻辑用户接口。会话可能是一个用户通过网络登录到一个主机的过程，或者一个正在建立的用于传输文件的连接。

会话层的功能主要有：会话连接到传输连接的映射、数据传送、会话连接的恢复和释放、会话管理、令牌管理和活动管理等。

6. 表示层

表示层主要解决用户信息的语法表示问题，如用于文本文件的 ASCII 和 EBCDIC 表示形式。如果通信双方使用不同的数据表示方法，彼此之间就不能互相理解。表示层就用于解决这种问题。

表示层的功能主要有：数据语法转换、语法表示、表示连接管理、数据加密和数据压缩等。

7. 应用层

应用层是 OSI/RM 的最高层，直接面对用户的具体应用。应用层包含用户应用程序执行通信任务所需要的协议和功能，如电子邮件和文件传输等应用。

在这 7 层网络中，第 1、2 层处理网络信道问题，第 3、4 层处理传输服务问题，第 5～7 层处理应用服务问题。

11.3.2 TCP/IP

与 OSI/RM 不同，TCP/IP 更侧重于互联设备间的数据传送，而不是严格的功能层次划分，因而为协议的具体实现留下了很大的余地。一般而言，OSI/RM 比较适合解释互联网网络通信机制，而 TCP /IP 是互联网的网络协议事实上的标准。从体系结构的角度来看，TCP/IP 分为 4 层：网络接口层、网络层、传输层和应用层。其层次结构及与 OSI/RM 的对应关系如图 11.7 所示。

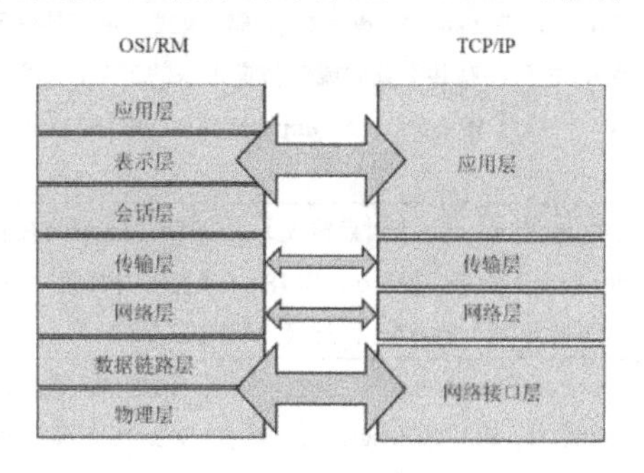

图 11.7 TCP/IP 的层次结构及与 OSI/RM 的对应关系

可以看到，TCP/IP 中的应用层在功能上与 OSI/RM 最上面的三层相当，网络接口层与 OSI/RM 最下面的两层相当。TCP/IP 层次结构是在 TCP/IP 出现很久以后才发展起来的，由于其更强调功能分布而不是严格的功能层次的划分，因此比 OSI/RM 更灵活。TCP/IP 各层的含义及功能如下。

1．网络接口层

TCP/IP 将与物理网络相关的部分称为网络接口层，与 OSI/RM 的物理层和数据链路层相对应。网络接口层负责接收上层递交来的数据包，并把该数据包发送到指定的网络上；同时负责接收来自网络的数据包，并传递给上层。

网络接口层也称为 TCP/IP 链路层，与 Ethernet（以太网）、Token Ring（令牌环网）及 ATM（异步传输模式）等网络接入技术密切相关。主要网络接入技术说明如表 11.2 所示，其中 Ethernet 技术近年来得到了充分的发展和广泛的应用。

表 11.2 主要网络接入技术说明

类　型	说　明
Ethernet	标准以太网，遵循 IEEE 802.3 标准。最早由 Xerox（施乐）公司创建，在 1980 年由 DEC、Intel 和 Xerox 三家公司联合制定了标准。采用 CSMA/CD（带有冲突检测的载波侦听多路访问）访问控制方法，理论最高传输速率可达 10Mbps。以太网主要有两种传输介质：双绞线和同轴电缆
Fast Ethernet	快速以太网，遵循 IEEE 802.3u 标准，理论最高传输速率可达 100Mbps，传输介质要求是 5 类或 5 类以上的电缆
GB Ethernet	千兆以太网，遵循 IEEE 802.3z 标准，理论最高传输速率可达 1000Mbps，传输介质一般采用光纤
10GB Ethernet	10G 以太网，理论最高传输速率可达 10 000Mbps，目前还处于研发阶段，没有得到实质应用
Token Ring	令牌环网，IBM 公司于 20 世纪 70 年代创建，遵循 IEEE 802.5 标准。数据传输速率为 4Mbps 或 16Mbps，新型的快速令牌环网传输速率可达 100Mbps。令牌环网的传输方法在物理上采用了星形拓扑结构，但在逻辑上仍是环形拓扑结构。由于只有具有令牌的计算机才被允许传递数据，因此比 Ethernet 效率更高
FDDI	FDDI（Fiber Distributed Data Interface，光纤分布式数据接口）使用基于 IEEE 802.5 令牌环网络标准的令牌传递 MAC 协议，可提供高达 100Mbps 的数据传输速率，支持长达 2km 的多模光纤，最多可容纳 1000 个节点

续表

类　型	说　明
ATM	ATM（Asynchronous Transfer Mode，异步传输模式）是一种信元交换技术（使用 53 字节固定长度的信元进行交换），由于没有共享介质或包传递带来的延时，非常适合音频和视频数据的传输。ATM 具有不同的速率，分别为 25 Mbps、51Mbps、155Mbps、622Mbps，可以为不同的应用提供不同的速率
PPP	PPP（Point-to-Point Protocol，点对点协议）由 IETF（Internet Engineering Task Force）定义，用于取代串行 IP（Series Line Internet Potocol，SLIP），支持多种协议，有错误检测和链路管理功能。目前利用 PPP 通过调制解调器接入 Internet 仍是最为普遍的方法
WLAN	WLAN（Wireless Local Area Network，无线局域网）遵循 ZEEE802.11 系列标准，该系列分为 4 个标准，分别为 802.11b、802.11a、802.11g 和 802.11z。其中，802.11b 标准的传输速率为 11Mbps；802.11a 标准的连接速率可达 54Mbps；802.11g 标准兼容 802.11b 与 802.11a 两种标准；802.11z 标准专门加强了无线局域网的安全

2. 网络层

TCP/IP 的网络层对应 OSI/RM 的网络层，用于解决互联网中计算机到计算机的通信问题。与网络层密切相关的是 IP（Internet Poctocol，网际协议）。网络层把来自传输层的报文分组封装在 IP 数据报（Datagram）中，然后按路由选择算法将数据报发送到相应的网络接口。与此同时，网络层还要接收下层递交的数据报，校验数据报的有效性，删除报头，使用路由选择算法确定该数据报应该由本地处理还是转发出去。

在网络层还有一个重要的协议——ICMP（Internet Control Message Protocol），即网际控制报文协议。该协议与 ping 命令联合使用，可以查看当前计算机节点与本地网络上的其他节点的连通性。

3. 传输层

TCP/IP 的传输层对应 OSI/RM 的传输层，其任务是提供应用程序之间端到端的通信。传输层将要发送的报文或数据流分成更小的段，即报文分组（Packet），然后把每个报文分组连同报文目的地址一并递交给网络层。与此同时，传输层也接收来自下层的报文分组，重组成完整的报文或数据流。传输层对数据流具有一定的调节作用，能确保其完整、正确，并按顺序递交。

TCP/IP 的传输层主要包括 TCP（Transmission Control Protocol，传输控制协议）和 UDP（User Datagram Protocol，用户数据报协议）两个协议。1974 年，在 ARPANET 诞生后的短短 5 年里，Vinton Cerf 和 Robert Kahn 发明了 TCP。TCP 在 IP 之上提供了一个可靠的、连接式的协议，可以提供比其他协议更多的保护。TCP 要求在提供相应服务前必须先建立连接（三次握手机制），因此 TCP 也被称为面向连接（Connection-oriented）的协议。而 UDP 数据报传输基于尽力递交，没有差错修正、重传及重新排序等机制，无须先建立连接，因此 UDP 也被称为无连接（Connectionless）协议。

4．应用层

TCP/IP 将 OSI/RM 的传输层之上的所有层统称为应用层。在应用层上，用户可以调用访问网络的应用程序。应用程序与传输层协议相配合，发送和接收用户所需的数据。

TCP/IP 应用层协议比较多，常见的有 HTTP、FTP 与 POP3 等。每个应用层协议通常会使用一些指定的端口（端口类似电视机中的频道，将应用程序指定到正确的端口，就可以接收和发送与该端口相关的数据，TCP/IP 有 65 536 个可用端口）。一些特定用途的端口由 Internet Assigned Numbers Authority（www.iana.org）分配，如 HTTP 使用 80，FTP 使用 21，以及 POP3 使用 110 等。表 11.3 列举了几个主要的 TCP/IP 应用层协议及其相关端口。

表 11.3　主要的 TCP/IP 应用层协议及其相关端口

协　议	端　口	说　明
FTP	21	实现文件传输的基本协议，利用 FTP 协议可以把本地文件上传到网络中的另一台计算机上（FTP 服务器），也可从网络上（FTP 服务器）下载所需的文件。目前有许多软件站点就是通过 FTP 协议来为用户提供下载服务的
HTTP	80	用于浏览网页的超文本传输协议（HyperText Transfer Protocol）
HTTPs	443	Secure HTTP
SSH	22	Secure Shell，加密计算机之间的通信，是 Telnet 的安全性版本
Telnet	23	Telnet 用明文方式建立计算机之间的通信连接，可以登录到远程计算机上，并进行信息访问，包括读取所需的数据库、进行联机游戏、建立对话服务及访问电子公告牌等，但只能进行一些字符类的操作和会话
SMTP	25	Simple Mail Transfer Protocol，用于发送电子邮件，负责邮件的发送、分拣和存储
POP3	110	用于接收电子邮件的 Post Office Protocol，负责将邮件通过 SLIP/PPP 协议连接下载到用户的计算机上
SNMP	161	用于网络管理的 Simple Network Management Protocol
IPP	631	Internet Print Protocol，与 Common Unix Print System（CUPS）相关
SWAT	901	Samba 服务的 Web 管理工具
NFS	2049	用于 Linux/UNIX 计算机之间的文件共享
IMAP	143	使用 Internet 消息访问协议的邮件阅读器

/etc/services 文件中列出了 Red Hat Enterprise Linux 中所使用的 TCP/IP 应用层协议的完整列表，其中包括服务的名称、关联的端口号及相关说明，如下所示。

```
#vi /etc/services
...  ...
# 21 is registered to ftp, but also used by fsp
ftp             21/tcp
ftp             21/udp          fsp fspd
ssh             22/tcp                          # SSH Remote Login Protocol
ssh             22/udp                          # SSH Remote Login Protocol
telnet          23/tcp
telnet          23/udp
# 24 - private mail system
lmtp            24/tcp                          # LMTP Mail Delivery
```

```
lmtp            24/udp                          # LMTP Mail Delivery
smtp            25/tcp          mail
smtp            25/udp          mail
...   ...
```

11.4 网络配置基本内容

在 Linux 主机上，通过对网络基本内容进行配置，可以将计算机连接到网络上，实现与其他计算机之间的通信。网络配置通常涉及主机名、IP 地址、子网掩码、广播地址、网关地址及域名服务器地址等内容。

11.4.1 主机名

主机名用于在网络上标识一台计算机的名称，通常情况下该主机名在网络中是唯一的。

11.4.2 IP 地址

发送到 Internet 上的数据之所以能够找到目的计算机，是因为任何一个连接到 Internet 上的计算机都有一个唯一的网络地址。为了确保 Internet 上的每个网络地址始终是唯一的，国际网络信息中心（NIC）会根据网络规模的大小为每个申请者统一分配 IP 地址。

IP 地址分为 IPv4 和 IPv6 两个版本。由于 IPv4 在设计上的局限性，目前除美国外，其他各国都出现了 IP 地址短缺的现象。IPv6 要解决的主要是 IPv4 协议中 IP 地址远远不够的问题。

IPv4 使用点分十进制来描述地址，由 4 个字段的十进制数组成。例如，用二进制描述的 32 位地址如下：

```
0 1 1 1 1 1 1 0 1 0 0 0 1 0 0 0 0 0 0 0 0 0 0 1 0 0 1 0 1 1 1 1
```

为了方便阅读，通常将 32 位地址进行分组，每 8 位为一组，如下所示：

```
0 1 1 1 1 1 1 0   1 0 0 0 1 0 0 0   0 0 0 0 0 0 0 1   0 0 1 0 1 1 1 1
```

最后将每 8 位数字转换成十进制，并用小数点隔开。IPv4 点分十进制描述的地址如下：

```
126 . 136 . 1 . 47
```

与记忆二进制位串（如 01111110100010000000000100101111）相比，记忆 IP 地址 126 . 136 . 1 . 47 显然更加容易。

IPv6 采用冒分十六进制来描述地址，由 8 个字段的十六进制数组成。例如：

```
FEDC : BA98 : 7654 : 3210 : FEDC : BA98 : 7654 : 3210
```

个别字段中前面的 0 可以不写，但是每段必须至少有一位数字。

当 IPv4 和 IPv6 节点混用时，可以采用另一种表示形式：

```
x : x : x : x : x : x : d . d . d . d
```

其中，x 是地址中 6 个高阶 16 位段的十六进制值，d 是地址中 4 个低阶 8 位段的十进制值（标准 IPv4 表示）。例如：

```
0:0:0:0:0:0:13.1.68.3
0:0:0:0:0:FFFF:129.144.52.38
```

也可以写成压缩格式：

```
::13.1.68.3
::FFFF.129.144.52.38
```

IPv4 地址由网络号（网络 ID）和主机号（主机 ID）两部分构成。如上所述，可以将 IPv4 地址划分为 4 个分段的十进制数，如图 11.8 所示。

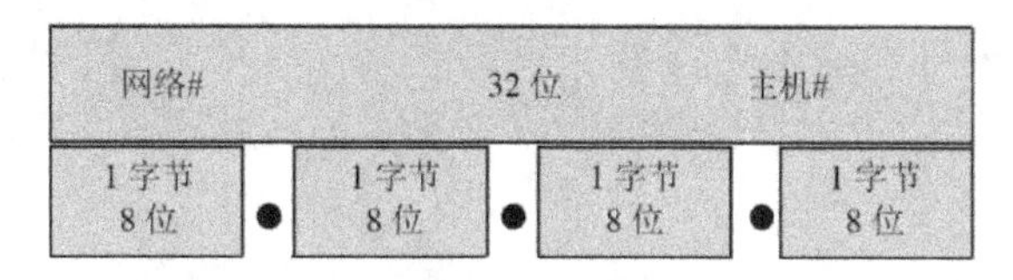

图 11.8　IPv4 地址划分

按照 IPv4 协议规定，互联网上的 IPv4 地址共有 A、B、C、D、E 五类。下面主要介绍 IPv4 地址的分类。

1. A 类 IP 地址

A 类 IP 地址是最大的地址组，用前 8 位来标识网络号（其中最前面一位规定为“0”），其余 24 位标识主机地址，如下所示：

```
0nnnnnnnhhhhhhhhhhhhhhhhhhhhhhhh
```

其中，字母“n”表示网络号位，字母“h”表示主机号位。可以看到，A 类 IP 地址的第一段取值（网络号）可以是 00000001～01111111 之间的任一数字，转换为十进制即 1～126。其余各段合在一起表示主机号。因为主机号没有做硬性规定，所以 A 类 IP 地址的范围为 1.0.0.0～128.255.255.255，其中 127.0.0.1 专门用于回环主机地址，127.0.0.0 专门用于回环网络，10.0.0.0～10.255.255.254 是内部网络地址。

A 类 IP 地址主要针对大型政府网络，全世界总共只有 126 个可用的 A 类网络，每个 A 类网络最多可以连接 16 777 214 台计算机。下面是一些 A 类 IP 地址网络号：

```
10.0.0.0
44.0.0.0
101.0.0.0
120.0.0.0
```

2. B 类 IP 地址

B 类 IP 地址用前 16 位来标识网络号，其中前 2 位规定为“10”；其余 16 位标识主机号，如下所示：

```
1 0 n n n n n n n n n n n n n n h h h h h h h h h h h h h h h h
```

可以看到，B 类 IP 地址的第一段取值范围为 10000000～10111111，转换成十进制即 128～191。第一段、第二段合在一起标识网络号，第三段、第四段合在一起标识网络上的主机号。由于主机号没有做硬性规定，所以 B 类 IP 地址的范围为 128.0.0.0～191.255.255.255，其中 172.16.0.0～172.31.255.254 地址段专门用于内部网络。

B 类 IP 地址适用于中等规模的网络，全世界大约有 16 000 个 B 类网络，每个 B 类网络最多可以连接 65 534 台计算机。下面是一些 B 类 IP 地址网络号：

```
137 . 55 . 0 . 0
129 . 33 . 0 . 0
190 . 254 . 0 . 0
150 . 0 . 0 . 0
168 . 30 . 0 . 0
```

3. C 类 IP 地址

C 类 IP 地址用前 24 位来标识网络号，其中前 3 位规定为“110”；其余 8 位标识主机号，如下所示：

```
1 1 0 n n n n n n n n n n n n n n n n n n n n n h h h h h h h h
```

可以看到，C 类 IP 地址的第一段取值范围为 11000000～11011111，转换成十进制即 192～223。第一段、第二段和第三段合在一起标识网络号，第四段标识网络上的主机号。由于主机号没有做硬性规定，因此 C 类 IP 地址的范围为 192.0.0.0～223.255.255.255，其中 192.168.0.0～192.168.255.255 为内部专用地址段。

C 类 IP 地址适用于教室、机房等小型网络，每个 C 类网络最多可以连接 254 台计算机。这类地址是所有地址类型中地址数最多的，但这类网络所允许连接的计算机数也是最少的。下面是一些 C 类 IP 地址网络号：

```
204 . 238 . 7 . 0
192 . 153 . 186 . 0
199 . 0 . 44 . . 0
191 . 0 . 0 . 0
222 . 222 . 31 . 0
```

4. D 类 IP 地址

D 类 IP 地址用于多重广播组，一个多重广播组可能包括一台或多台主机，也可能没有主机。D 类 IP 地址的最高位为“1110”，如下所示：

```
1 1 1 0 n n n n n n n n n n n n n n n n n n n n h h h h h h h h
```

其中，第一段取值范围为 11100000～11101111，转换成十进制即 224～239；其余各位用于设定客户机参加的特定组，取值范围为 224.0.1.1～239.255.255.255。在多重广播操作中没有网络或主机位，数据包将传送到网络中选定的主机子集中，只有注册了多重广播地址的主机才能接收到数据包。

5．E 类 IP 地址

E 类 IP 地址是实验性地址，留作以后使用。E 类 IP 地址的最高位为 11110，第一段取值范围为 11110000～11110111，转换成十进制即 240～247，而 248～254 暂无规定。

A 类、B 类和 C 类 IP 地址结构如图 11.9 所示。

A 类	网络	主机	主机	主机
B 类	网络	网络	主机	主机
C 类	网络	网络	网络	主机

图 11.9　A 类、B 类和 C 类 IP 地址结构

A 类、B 类和 C 类 IP 地址的特点如表 11.4 所示。

表 11.4　A 类、B 类和 C 类 IP 地址的特点

类　别	网络标识位	网 络 位 数	主 机 位 数	网　络　数	地　址　数
A	0	8	24	126	16 777 214
B	10	16	16	16 384	65 534
C	110	24	8	2 097 152	254

11.4.3　子网掩码

子网掩码（Subnet Mask）主要用于标明子网是如何划分的，即地址的哪一部分是包含子网的网络号，哪一部分是网络中的主机号。子网掩码与 IP 地址一样，由 32 位组成，用点分十进制来描述。在默认情况下，子网掩码包含两个域，即网络域和主机域，分别对应网络号和主机号。

通常将 IP 地址的网络号位全改为“1”，将主机号位全改为“0”，就是该 IP 地址的子网掩码。例如，将 IP 地址为“192.168.57.128”的网络号位“192.168.57”全改为“1”，将主机号位“57”全改为“0”，即可得该 IP 地址的子网掩码为“255.255.255.0”。

A 类、B 类和 C 类 IP 地址的标准子网掩码分别为 255.0.0.0（A 类）、255.255.0.0（B 类）、255.255.255.0（C 类）。例如，某 IP 地址为“172.16.56.45”，因为首字段为“172”，处于 B 类 IP 地址“128～191”的范围内，所以该 IP 地址为 B 类 IP 地址。由此可推得其子网掩码为“255.255.0.0”，与“172.16.56.45”进行逻辑与运算，可得该 IP 地址所在网络的网络号为“172.16”。

利用子网掩码和 IP 地址，可以计算任意类型的 IP 地址所对应的网络号。例如，已知某 IP 地址为“10.1.1.182”，子网掩码为“255.0.0.0”，则通过将“10.1.1.182”和“255.0.0.0”进行逻辑与运算，可得该 IP 地址所在网络的网络号为“10”。

11.4.4　广播地址

广播地址（Broadcast Address）能使用户将消息一次性传递给自己所在网络的全体成员。广

播地址设定规则为：主机部分被设置为 255（二进制位都设为 1），网络部分保持不变。例如，某 IP 地址为 192.68.56.6，其中“192.168.56”表示网络地址，占用了前 24 位，后 8 位是主机地址。将后 8 位全部设置为 1，就可以得到其广播地址为“192.168.56.255”。

11.4.5　网关地址

主机的 IP 地址设置正确后，就可以和同网段的其他主机进行通信，但还不能与不同网段的外网主机进行通信。为了与外部网络进行通信，需要正确设置网关地址（Gateway）。

网关通常是提供外部网络连接的路由器，一般至少有两个网络接口：一个连接局域网，另一个提供外网连接。

对于连接外部网络的主机，需要正确设置本地局域网内至少一个网关的 IP 地址，任何不同网段主机间进行的通信都将通过网关进行。

11.4.6　域名服务器地址

仅仅正确设置了 IP 地址和网关地址，只能保证用户通过 IP 地址和其他主机进行通信。为了能够使用更为简易的主机域名进行通信，需要指定至少一个域名服务器（DNS）的 IP 地址。所有的域名解析任务都会通过指定的 DNS 来完成。

实际上，DNS 上存放着主机 IP 地址与其主机域名之间的对应关系。DNS 收到域名解析请求之后，就将域名解析为 IP 地址，然后反馈回去。使用域名将大大减轻用户记忆的负担，例如访问北京理工大学，就可以输入该地址：http://www.bit.edu.cn。

11.4.7　DHCP 服务器

网络中的每台计算机都拥有唯一的 IP 地址。主机的 IP 地址可分为静态地址和动态地址两类。静态地址一般由用户手动设定（指定 IP 地址、子网掩码等），设定成功后永久生效。为了保证正常的网络通信，静态地址的设定通常需要咨询网络管理员。动态地址则由用户指定的 DHCP 服务器负责自动分配。当用户接入网络时，由 DHCP 服务器从其地址池中动态选择一个没被使用的 IP 地址分配给用户临时使用。当用户退出网络时（关机或断开网络连接），所使用的 IP 地址会被释放，由 DHCP 服务器重新分配给其他用户。

注意：DHCP 是动态主机分配协议，主要用于简化主机 IP 地址的分配和管理。用户可以利用 DHCP 服务器管理动态分配的 IP 地址及其他相关的网络配置，如 DNS 和 WINS 等。

11.5　配置以太网连接

以太网是目前使用非常广泛的计算机网络之一。与在 Windows 中设置网络连接类似，在

Red Hat Enterprise Linux 中配置以太网连接需要正确设置 IP 地址、子网掩码、网关和 DNS 等信息。

11.5.1 添加以太网连接

如果在 Red Hat Enterprise Linux 的安装过程中，用户没有对以太网连接进行配置，或安装完毕又添加了新的以太网网卡，就需要用户手动添加以太网连接。

（1）单击“应用程序”菜单，选择“系统工具”子菜单，然后选择“设置”选项，打开“网络”窗口，如图 11.10 所示。

图 11.10 “网络”窗口

（2）单击“网络”窗口右上角的状态栏，找到“网络”配置选项，先选择“以太网”网络，再选择“有线设置”进行设置，如图 11.11 所示。

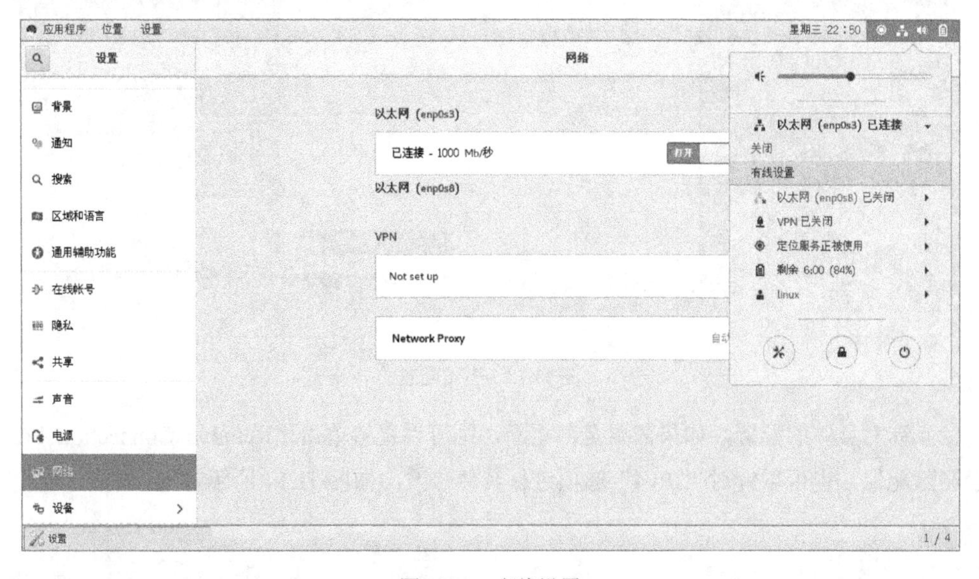

图 11.11 有线设置

11.5.2 修改网络配置

（1）如果用户需要修改某个以太网的网络配置，则可以单击具体网卡的设置图标（见图 11.12），对当前配置进行修改，如图 11.13 所示。

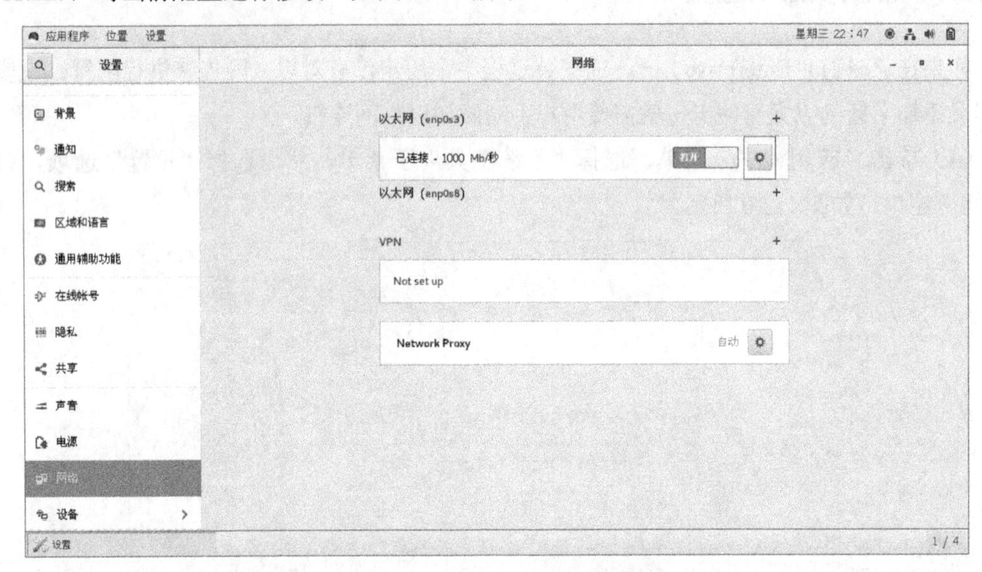

图 11.12　单击具体网卡的设置图标

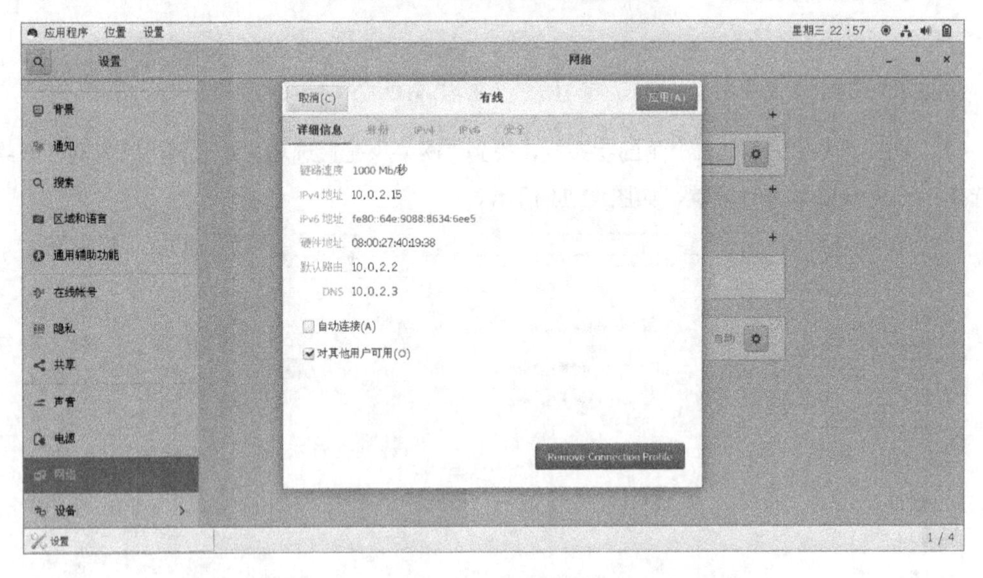

图 11.13　有线配置

（2）针对具体的配置，如果需要全部更新，则可以直接单击“Remove Connection Profile”完全删除配置，也可以针对“IPv4”选项进行具体修改，如图 11.14 所示。

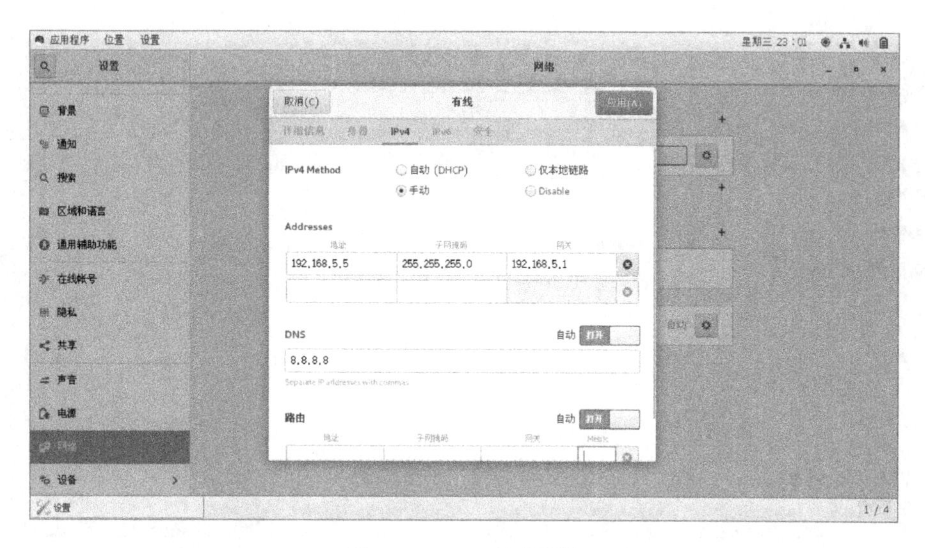

图 11.14　IPv4 手动配置

11.5.3　使用配置文件

通常，一个物理硬件设备可以与多个逻辑网络设备相对应。例如，如果系统上已经安装了一块以太网卡（eth0），就可以使用不同的别名、不同的配置项来配置一个或多个逻辑网络设备，这些设备都和 eth0 相关联。如果用户需要在不同的网络环境中使用同一台计算机，则为其设置在不同的网络环境中使用不同的逻辑网络设备，然后在使用时切换使用的逻辑网络设备即可实现网络配置的更改。

例如，分别需要在家中和公司中使用同一台笔记本电脑，但家中网络使用的是静态 IP 地址，而公司网络使用的是 DHCP，那么这时就可以配置两个逻辑网络设备，分别用于家庭和公司。

每个逻辑网络设备都是通过配置文件来进行设置的。配置文件记录了逻辑设备的所有配置项。新建一个配置文件的操作步骤如下。

（1）单击图 11.5 中的“+”按钮，系统弹出如图 11.16 所示的“新配置”对话框。

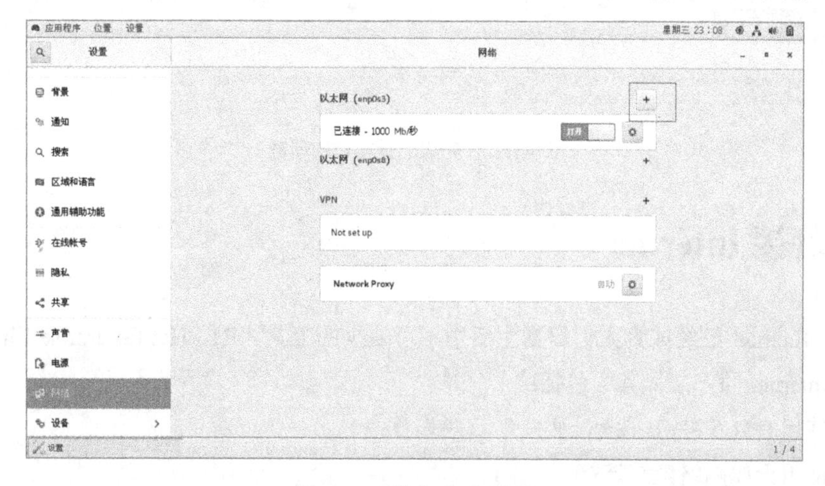

图 11.15　单击“+”按钮

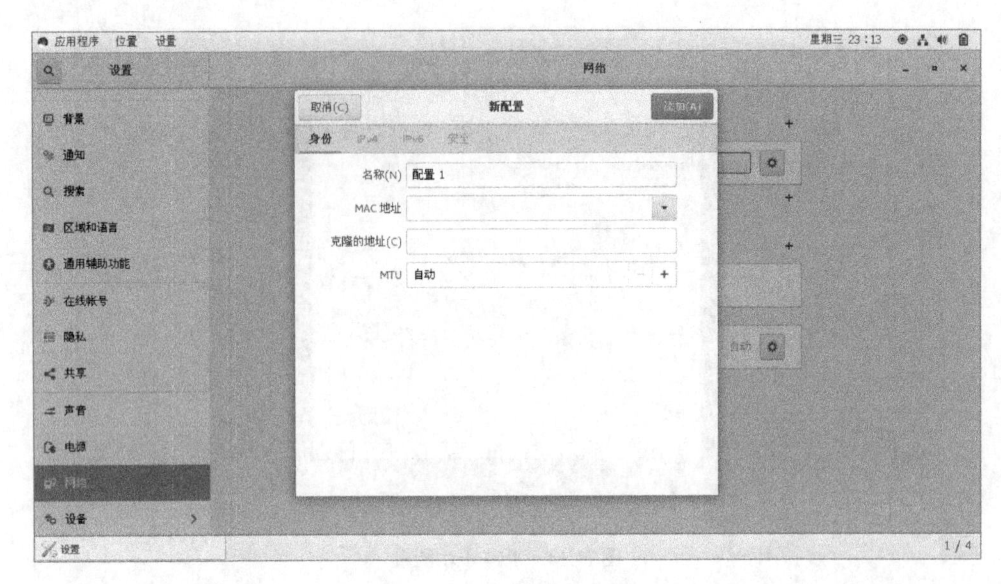

图 11.16 “新配置”对话框

（2）输入新配置文件的名称，然后单击“添加”按钮，返回“网络”窗口，如图 11.17 所示。

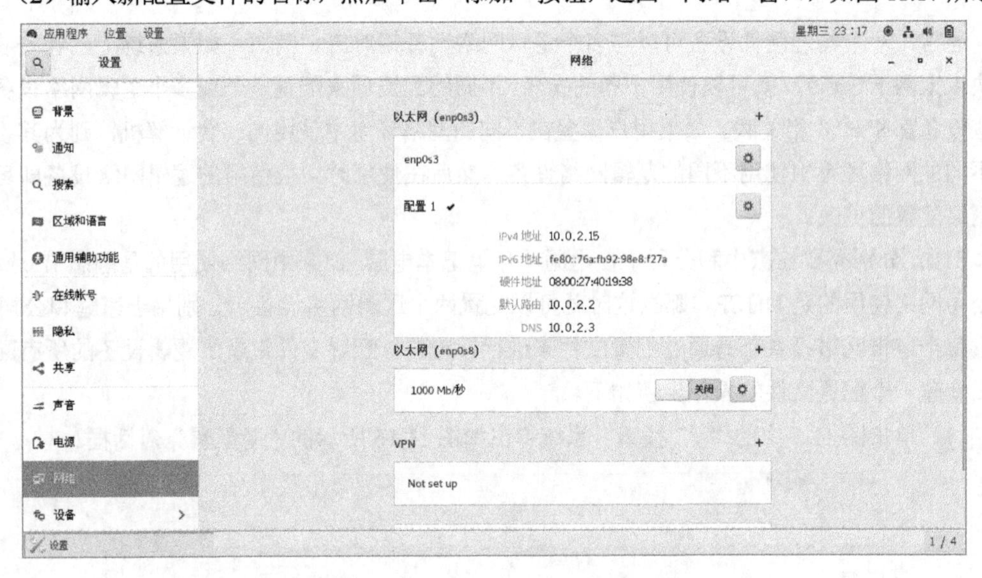

图 11.17 完成配置文件的新建

11.6 连接 Internet

如今，Internet 已经成为人们日常生活中不可缺少的工具。Red Hat Enterprise Linux 提供了多种接入 Internet 的方法，其中包括：

- 使用 DSL/PPPoE 拨号上网。
- 使用无线网络建立连接。

11.6.1　使用 DSL/PPPoE 拨号上网

DSL（Digital Subscriber Line，数字用户线路）可以通过电话线实现高速传输。DSL 种类很多，包括 ADSL（非对称，下载比上传快）、IDSL（远程 ISDN 线路）和 SDSL（对称，下载与上传同速）等，其中用户使用比较多的是 ADSL。使用 ADSL 拨号上网时，需要 ADSL 调制解调器（通常由 ISP 提供），同时还需要一个 ISP 账号和密码。

（1）打开终端，运行命令“nm-connection-editor”，如图 11.18 所示。

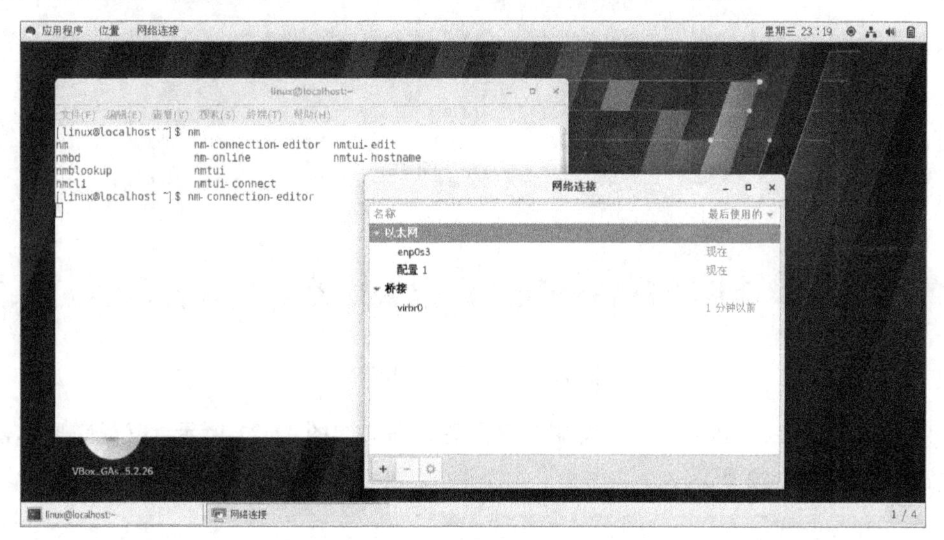

图 11.18　运行命令“nm-connection-editor”

（2）单击弹出的图 11.18 中“网络连接”窗口左下方的“+”按钮，选择硬件连接方式，默认为“以太网”，如图 11.19 所示。

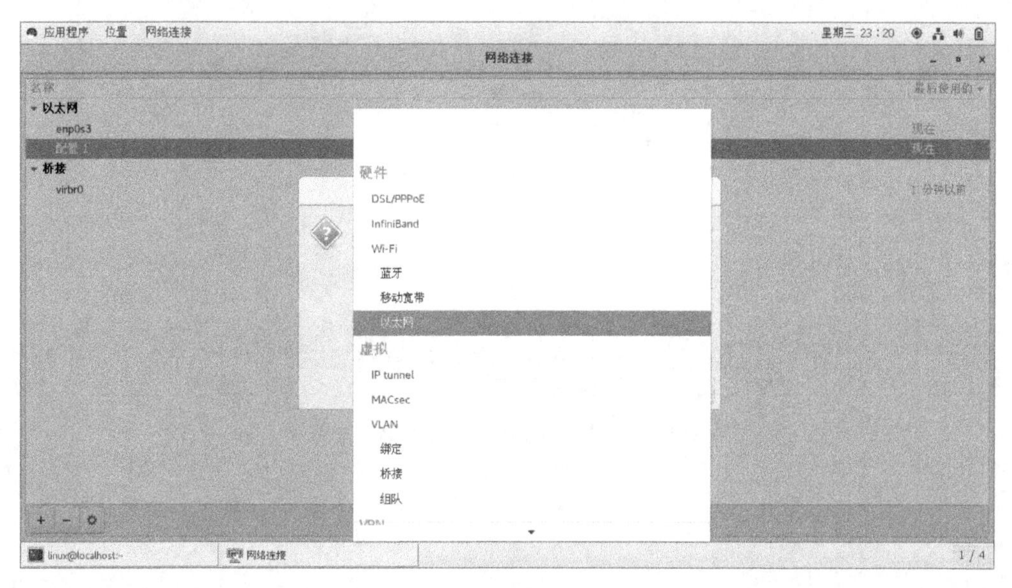

图 11.19　选择硬件连接方式

（3）这里我们选择“DSL/PPPoE”，然后单击“Create”按钮，如图 11.20 所示。

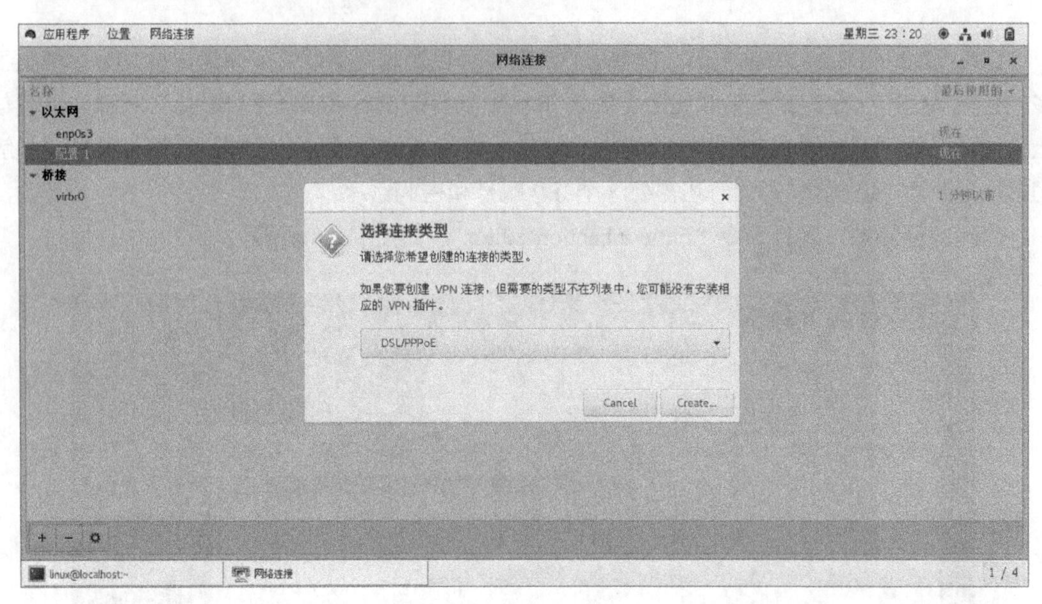

图 11.20　创建 DSL/PPPoE

（4）创建好 DSL/PPPoE 后，填写用户名及密码等，如图 11.21 所示。填写完毕单击“保存”按钮，如图 11.22 所示。

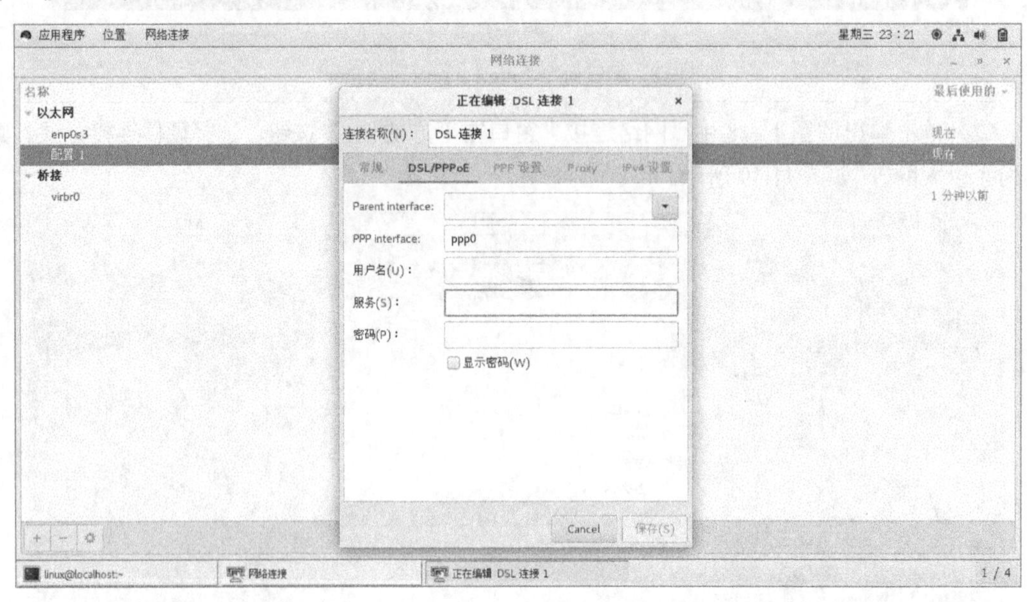

图 11.21　填写 DSL/PPPoE 用户名及密码

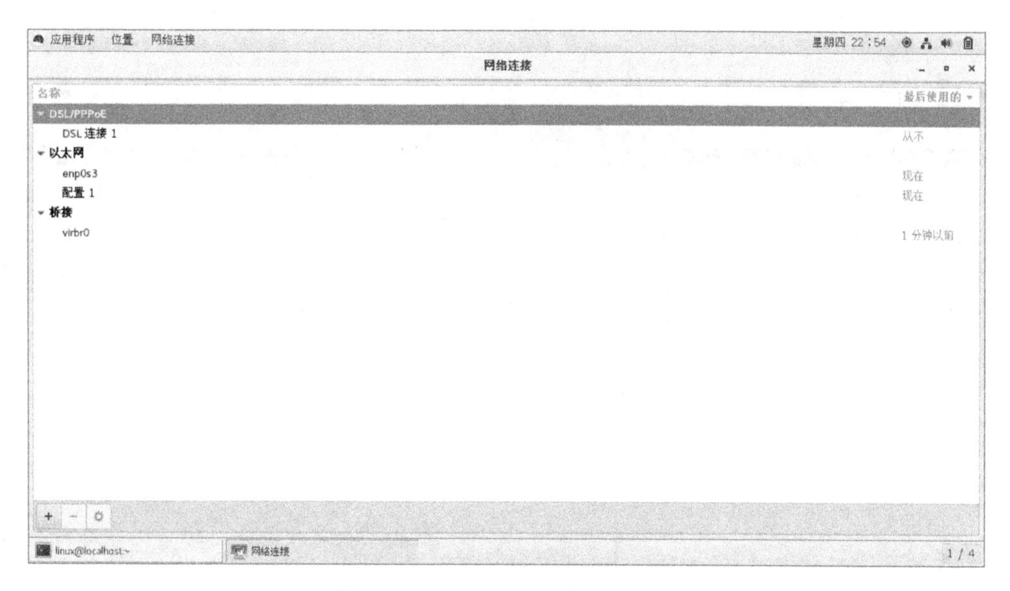

图 11.22　DSL/PPPoE 添加完成

11.6.2　使用无线网络建立连接

如果要把计算机连接到一个 WAP（Wireless Access Point，无线访问点）或一个对等无线网络上，则需要对计算机中的无线网络设备进行配置。

（1）打开终端，运行命令“nm-connection-edtor”，在打开的“网络连接”窗口中单击左下方的“+”按钮，新建 Wi-Fi 连接，如图 11.23 和图 11.24 所示。

（2）新建好 Wi-Fi 连接后，可以在桌面右上方状态栏中查看简易网络信息。

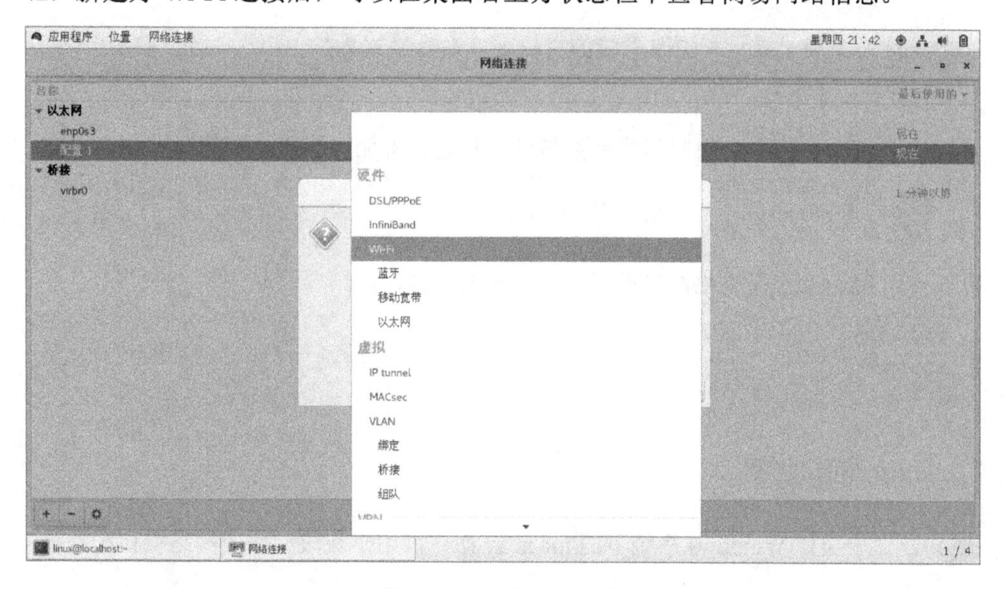

图 11.23　新建 Wi-Fi 连接

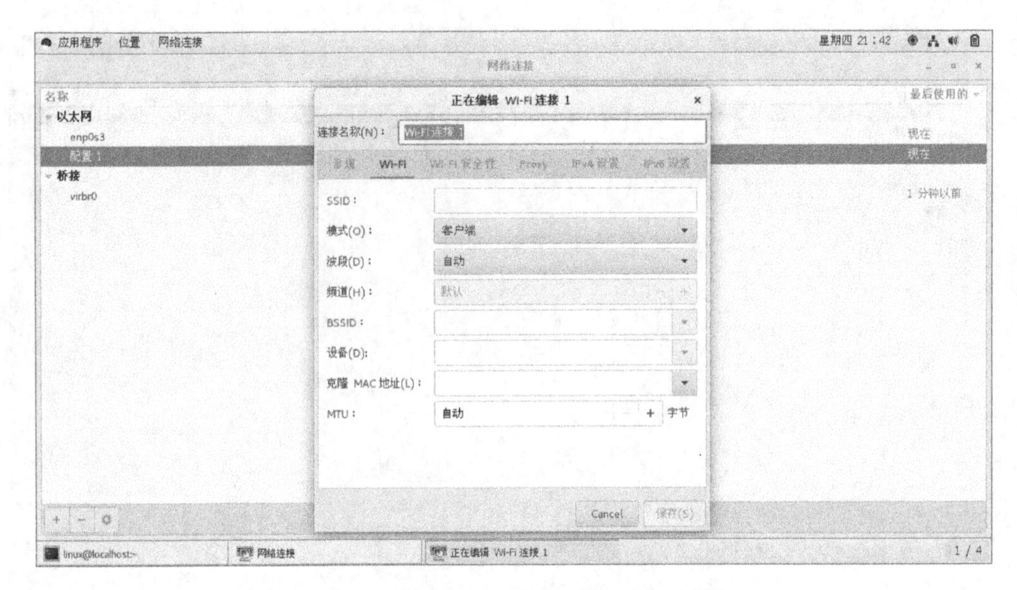

图 11.24　填写 Wi-Fi 连接需要的 SSID 等信息

11.7　网络管理常用命令及应用实例

Red Hat Enterprise Linux 提供了大量的网络管理命令，利用这些命令可以对网络进行快速配置，也可以协助诊断网络故障。

11.7.1　hostname 命令

hostname 命令用于显示和更改系统的主机名，命令格式为：

```
hostname  [主机名]
```

直接使用 hostname 命令将显示当前系统的主机名，例如：

```
# hostname
localhost
```

可以使用 hostname 命令修改当前系统的主机名，例如：

```
# hostname  rhel7
# hostname
rhel7
```

11.7.2　ifconfig 命令

ifconfig 命令类似 Windows 系统下的 ipconfig 命令，用于获取和修改网络接口配置信息。

1．ifconfig 命令的一般格式

ifconfig 命令的一般格式为：

```
ifconfig [-a] [-v] [-s] <interface> [[<AF>] <address>]
        [add <address>[/<prefixlen>]]
        [del <address>[/<prefixlen>]]
        [[-]broadcast [<address>]]  [[-]pointopoint [<address>]]
        [netmask <address>]  [dstaddr <address>]  [tunnel <address>]
        [outfill <NN>] [keepalive <NN>]
        [hw <HW> <address>]  [metric <NN>]  [mtu <NN>]
        [[-]trailers]  [[-]arp]  [[-]allmulti]
        [multicast]  [[-]promisc]
        [mem_start <NN>]  [io_addr <NN>]  [irq <NN>]  [media <type>]
        [txqueuelen <NN>]
        [[-]dynamic]
        [up|down] ...
```

ifconfig 命令可以指定许多选项，主要选项及其说明如表 11.5 所示。

表 11.5　ifconfig 命令的主要选项及其说明

选　项	说　明
-a	显示所有接口信息，包括活动的和非活动的
-v	以冗余模式显示详细信息
-s	以短列表格式显示接口信息，每个接口只显示一行摘要数据
up	激活一个不活动的接口
down	与 up 相反，关闭一个接口
netmask [地址]	为一个指定接口设置网络掩码
broadcast [地址]	为一个指定接口设置广播地址
[地址]	设置指定接口的 IP 地址
[接口]	显示一个指定接口的信息

2．显示已激活的网络接口信息

不带任何选项使用 ifconfig 命令，可以显示当前系统中已激活的网络接口信息，命令行为：

```
# ifconfig
eth0      Link encap:Ethernet  HWaddr 00:0C:29:A5:0E:30
         inet addr:192.168.255.128  Bcast:192.168.255.255  Mask:255.255.255.0
         inet6 addr: fe80::20c:29ff:fea5:e30/64 Scope:Link
         UP BROADCAST RUNNING MULTICAST  MTU:1500  Metric:1
         RX packets:2060 errors:0 dropped:0 overruns:0 frame:0
         TX packets:794 errors:0 dropped:0 overruns:0 carrier:0
         collisions:0 txqueuelen:1000
         RX bytes:222787 (217.5 KiB)  TX bytes:151286 (147.7 KiB)
         Interrupt:16 Base address:0x2000

lo        Link encap:Local Loopback
         inet addr:127.0.0.1  Mask:255.0.0.0
         inet6 addr: ::1/128 Scope:Host
         UP LOOPBACK RUNNING  MTU:16436  Metric:1
         RX packets:4467 errors:0 dropped:0 overruns:0 frame:0
         TX packets:4467 errors:0 dropped:0 overruns:0 carrier:0
```

```
          collisions:0 txqueuelen:0
          RX bytes:6309541 (6.0 MiB)  TX bytes:6309541 (6.0 MiB)
```

3. 显示所有网络接口信息

使用“ifconfig -a”命令可以显示系统中所有网络接口信息，包括活动的和非活动的。例如：

```
# ifconfig -a
eth0      Link encap:Ethernet  HWaddr 00:0C:29:A5:0E:30
          inet addr:192.168.255.128  Bcast:192.168.255.255  Mask:255.255.255.0
          inet6 addr: fe80::20c:29ff:fea5:e30/64 Scope:Link
          UP BROADCAST RUNNING MULTICAST  MTU:1500  Metric:1
          RX packets:2060 errors:0 dropped:0 overruns:0 frame:0
          TX packets:794 errors:0 dropped:0 overruns:0 carrier:0
          collisions:0 txqueuelen:1000
          RX bytes:222787 (217.5 KiB)  TX bytes:151286 (147.7 KiB)
          Interrupt:16 Base address:0x2000

lo        Link encap:Local Loopback
          inet addr:127.0.0.1  Mask:255.0.0.0
          inet6 addr: ::1/128 Scope:Host
          UP LOOPBACK RUNNING  MTU:16436  Metric:1
          RX packets:4467 errors:0 dropped:0 overruns:0 frame:0
          TX packets:4467 errors:0 dropped:0 overruns:0 carrier:0
          collisions:0 txqueuelen:0
          RX bytes:6309541 (6.0 MiB)  TX bytes:6309541 (6.0 MiB)

peth0     Link encap:Ethernet  HWaddr FE:FF:FF:FF:FF:FF
          BROADCAST MULTICAST  MTU:1500  Metric:1
          RX packets:0 errors:0 dropped:0 overruns:0 frame:0
          TX packets:65 errors:0 dropped:0 overruns:0 carrier:0
          collisions:0 txqueuelen:0
          RX bytes:0 (0.0 b)  TX bytes:9312 (9.0 KiB)
... ...
```

4. 显示指定的网络接口信息

使用“ifconfig [接口]”命令可以显示指定的网络接口信息（无论该接口是否处于活动状态），例如显示回环网络接口信息，命令行为：

```
# ifconfig lo
lo        Link encap:Local Loopback
          inet addr:127.0.0.1  Mask:255.0.0.0
          inet6 addr: ::1/128 Scope:Host
          UP LOOPBACK RUNNING  MTU:16436  Metric:1
          RX packets:4467 errors:0 dropped:0 overruns:0 frame:0
          TX packets:4467 errors:0 dropped:0 overruns:0 carrier:0
          collisions:0 txqueuelen:0
          RX bytes:6309541 (6.0 MiB)  TX bytes:6309541 (6.0 MiB)
```

5. 关闭与激活指定的网络接口

使用“ifconfig　[接口]　down”命令可以关闭指定的网络接口，例如关闭本地回环网络接口，命令行为：

```
# ifconfig  lo  down
# ifconfig  lo                // 查看 lo 是否已处于关闭状态
lo        Link encap:Local Loopback
          inet addr:127.0.0.1  Mask:255.0.0.0
          LOOPBACK  MTU:16436  Metric:1
          RX packets:4467 errors:0 dropped:0 overruns:0 frame:0
          TX packets:4467 errors:0 dropped:0 overruns:0 carrier:0
          collisions:0 txqueuelen:0
          RX bytes:6309541 (6.0 MiB)  TX bytes:6309541 (6.0 MiB)
//lo 已处于非活动状态
```

与之相反，使用“ifconfig　[接口]　up”命令可以激活指定的网络接口，例如激活本地回环网络接口，命令行为：

```
# ifconfig  lo  up
```

6. 设定指定网络接口的 IP 地址

使用“ifconfig　[接口]　IP 地址”命令可以设定指定网络接口的 IP 地址，例如设定 eth0 的 IP 地址为 192.168.254.128，命令行为：

```
# ifconfig  eth0  192.168.254.128
# ifconfig   eth0
eth0      Link encap:Ethernet  HWaddr 00:0C:29:A5:0E:30
          inet addr:192.168.254.128 Bcast:192.168.255.255 Mask:255.255.255.0
          inet6 addr: fe80::20c:29ff:fea5:e30/64 Scope:Link
          UP BROADCAST RUNNING MULTICAST  MTU:1500  Metric:1
          RX packets:2084 errors:0 dropped:0 overruns:0 frame:0
          TX packets:800 errors:0 dropped:0 overruns:0 carrier:0
          collisions:0 txqueuelen:1000
          RX bytes:224895 (219.6 KiB)  TX bytes:151818 (148.2 KiB)
          Interrupt:16 Base address:0x2000
```

再如，使用 ifconfig 命令配置一台安装了三块网卡的主机，第一块网卡连接网络 192.168.214.0，第二块网卡连接网络 192.168.202.0，第三块网卡连接网络 192.168.200.0，则三块网卡的配置命令为：

```
ifconfig eth0 192.168.214.0 broadcast  192.168.214.255 netmask 255.255.255.0
ifconfig eth1 192.168.202.0 broadcast  192.168.202.255 netmask 255.255.255.0
ifconfig eth2 192.168.200.0 broadcast  192.168.200.255 netmask 255.255.255.0
```

11.7.3　ifup 命令

ifup 命令用于启动指定的非活动网卡，与“ifconfig　up”命令类似，例如启动本地回环网络接口，命令行为：

```
#ifup  lo
#ifconfig lo                    // 查看 lo 是否处于活动状态
lo        Link encap:Local Loopback
          inet addr:127.0.0.1  Mask:255.0.0.0
          inet6 addr: ::1/128 Scope:Host
          UP LOOPBACK RUNNING  MTU:16436  Metric:1
          RX packets:4467 errors:0 dropped:0 overruns:0 frame:0
          TX packets:4467 errors:0 dropped:0 overruns:0 carrier:0
          collisions:0 txqueuelen:0
          RX bytes:6309541 (6.0 MiB)  TX bytes:6309541 (6.0 MiB)
//lo 已处于活动状态
```

11.7.4 ifdown 命令

ifdown 命令用于关闭指定的活动网卡，与“ifconfig down”命令相似，例如关闭本地回环网络接口，命令行为：

```
# ifdown  lo
# ifconfig  lo                  // 查看 lo 是否已处于关闭状态
lo        Link encap:Local Loopback
          inet addr:127.0.0.1  Mask:255.0.0.0
          LOOPBACK  MTU:16436  Metric:1
          RX packets:4467 errors:0 dropped:0 overruns:0 frame:0
          TX packets:4467 errors:0 dropped:0 overruns:0 carrier:0
          collisions:0 txqueuelen:0
          RX bytes:6309541 (6.0 MiB)  TX bytes:6309541 (6.0 MiB)
//lo 已处于非活动状态
```

11.7.5 route 命令

route 命令用于显示和动态修改系统当前的路由表。

1. route 命令的一般格式

route 命令的一般格式为：

```
route    [-CFvnee]
         [-v]  [-A  family]  add [-net|-host] target [netmask Nm] [gw Gw]
         [metric N] [mss M] [window W]  [irtt  I]  [reject]  [mod]  [dyn]
         [reinstate] [[dev] If]
         [-v]  [-A  family]  del [-net|-host] target [gw Gw] [netmask Nm]
         [metric N]  [[dev] If]
        [-V] [--version] [-h] [--help]
```

2. 显示当前路由信息

不带任何选项直接使用 route 命令，可以显示系统当前的路由信息，例如：

```
# route
Kernel IP routing table
Destination    Gateway         Genmask        Flags  Metric  Ref    Use  Iface
192.168.255.0   *               255.255.255.0 U        0        0       0    eth0
default        192.168.255.254 0.0.0.0          UG       0        0       0    eth0
```

3. 添加和删除路由信息

使用“route add”和“route del”命令可以在当前路由表中添加或删除路由信息，例如：

```
//显示当前系统的路由表信息
# route
Kernel IP routing table
Destination    Gateway         Genmask        Flags  Metric  Ref    Use   Iface
192.168.255.0   *               255.255.255.0     U      0      0       0    eth0
172.16.0.0      *              255.255.0.0        U      0      0       0    eth0
default        192.168.255.254 0.0.0.0            UG     0      0       0    eth0
```

然后使用“route del”命令删除 172.16.0.0 网络的路由信息，命令行为：

```
# route  del  -net 172.16.0.0  netmask  255.255.0.0
# route
Kernel IP routing table
Destination    Gateway     Genmask       Flags   Metric   Ref     Use  Iface
192.168.255.0   *          255.255.255.0     U        0     0        0    eth0
default        192.168.255.254 0.0.0.0       UG       0     0        0    eth0
//已经成功删除 172.16.0.0 网络的路由信息
```

再使用“route add”命令添加 172.16.0.0 网络的路由信息，命令行为：

```
# route  add  -net 172.16.0.0  netmask  255.255.0.0
SIOCADDRT：没有那个设备
# route  add  -net 172.16.0.0 netmask 255.255.0.0 dev eth0
# route
Kernel IP routing table
Destination    Gateway         Genmask        Flags  Metric  Ref    Use   Iface
192.168.255.0   *              255.255.255.0   U       0       0      0    eth0
172.16.0.0      *             255.255.0.0      U       0       0      0    eth0
default        192.168.255.2540.0.0.0          UG      0       0      0    eth0
//已经成功添加 172.16.0.0 网络的路由信息
```

4. 添加和删除默认网关信息

使用“route add default gw 网关 IP 地址 dev 接口”和“route del default gw 网关 IP 地址 dev 接口”命令可以添加和删除系统当前路由表中的默认网关信息。例如在当前路由表中添加默认网关 192.168.255.254，命令行为：

```
# route
Kernel IP routing table
Destination    Gateway      Genmask        Flags   Metric   Ref   Use   Iface
192.168.255.0   *           255.255.255.0   U        0        0     0    eth0
172.16.0.0      *           255.255.0.0     U        0        0     0    eth0
#route  add  default  gw  192.168.255.254  dev   eth0
```

```
# route
Kernel IP routing table
Destination     Gateway         Genmask         Flags  Metric  Ref    Use   Iface
192.168.255.0   *               255.255.255.0   U      0       0      0     eth0
172.16.0.0      *               255.255.0.0     U      0       0      0     eth0
default        192.168.255.254  0.0.0.0         UG     0       0      0     eth0
```

然后使用“route del default gw 网关 IP 地址 dev 接口”命令删除已存在的默认网关信息，命令行为：

```
#route  del  default  gw   192.168.255.254  dev  eth0
# route
Kernel IP routing table
Destination     Gateway         Genmask         Flags  Metric  Ref    Use   Iface
192.168.255.0   *               255.255.255.0   U      0       0      0     eth0
172.16.0.0      *               255.255.0.0     U      0       0      0     eth0
//已经删除默认的网关信息
```

再如，在网络 192.168.200.0 中有一台主机，该主机有两块网卡，IP 地址分别为 192.168.200.10 和 172.16.0.111，分别连接网络 192.168.200.0 和 172.16.0.0。要在该网络的主机 192.168.200.56 上增加到达 172.16.0.0 的路由，命令行为：

```
#route  add  -net  172.16.0.0  gw  172.16.10.111  netmask  255.255.0.0
metric  1
```

11.7.6 ping 命令

ping 命令使用 ICMP 协议，主要用于测试网络的连通性。

1. ping 命令的一般格式

ping 命令的一般格式为：

```
ping  [-LRUbdfnqrvVaA] [-c count] [-i interval] [-w deadline]
      [-p pattern] [-s packetsize] [-t ttl] [-I interface or address]
      [-M mtu discovery hint] [-S sndbuf]
      [ -T timestamp option ] [ -Q tos ] [hop1 ...] destination
```

其中主要选项及其说明如表 11.6 所示。

表 11.6 ping 命令的主要选项及其说明

选　项	说　明
-c count	指定测试中发出的分组数量。如果不指定 count，ping 命令会连续发送测试分组，直到用户按 Ctrl+c 组合键强行中断该命令
-s packetsize	以字节为单位指定分组报文的大小，默认为 56 字节
-b	允许 ping 广播地址
-i interval	指定分组发送的间隔时间，只有根用户可以指定小于 0.2 秒的时间间隔
-q	静默模式，只显示最后的统计信息
-S sndbuf	指定 Socket 发送缓冲的大小

续表

选　项	说　明
-t	设置 TTL（IP 生存期）
-W timeout	定义等待响应的时间
-T timestamp option	设置指定的 IP 时间戳

例如，检测一台主机 Computer1 和另一台主机 Computer2 之间是否连通，可以在主机 Computer1 上执行下面的命令：

```
# ping  Computer2
PING Computer2.bit.edu.cn  (192.168.200.2) 56(84) bytes of data.
64 bytes from Computer2.bit.edu.cn (192.168.200.2): icmp_seq=1 ttl=64 time=
0.068 ms
64 bytes from Computer2.bit.edu.cn (192.168.200.2): icmp_seq=2 ttl=64 time=
0.029 ms
64 bytes from Computer2.bit.edu.cn (192.168.200.2): icmp_seq=3 ttl=64 time=
0.029 ms
64 bytes from Computer2.bit.edu.cn (192.168.200.2): icmp_seq=4 ttl=64 time=
0.031 ms
//按 Ctrl+c 组合键终止 ping 命令
--- Computer2.bit.edu.cn ping statistics ---
4 packets transmitted, 4 received, 0% packet loss, time 2999ms
rtt min/avg/max/mdev = 0.029/0.039/0.068/0.017 ms
```

发送过量的测试分组并不能很好地利用网络和系统资源，一般对于一次测试来说，发送 5 个分组报文已经足够。

2．指定发送分组的数量

使用选项“-c”可以指定发送分组的数量，例如：

```
# ping  -c 5  192.168.255.128
PING 192.168.255.128 (192.168.255.128) 56(84) bytes of data.
64 bytes from 192.168.255.128: icmp_seq=1 ttl=64 time=0.192 ms
64 bytes from 192.168.255.128: icmp_seq=2 ttl=64 time=0.030 ms
64 bytes from 192.168.255.128: icmp_seq=3 ttl=64 time=0.031 ms
64 bytes from 192.168.255.128: icmp_seq=4 ttl=64 time=0.032 ms
64 bytes from 192.168.255.128: icmp_seq=5 ttl=64 time=0.032 ms
--- 192.168.255.128 ping statistics ---
5 packets transmitted, 5 received, 0% packet loss, time 3998ms
rtt min/avg/max/mdev = 0.030/0.063/0.192/0.064 ms
```

3．指定发送分组的大小

使用“-s”选项可以指定发送分组的大小，例如向 192.168.255.128 发送 5 个分组，每个分组大小为 6553 字节，命令行为：

```
# ping  -s  6553  -c 5  192.168.255.128
PING 192.168.255.128 (192.168.255.128) 6553(6581) bytes of data.
```

```
6561 bytes from 192.168.255.128: icmp_seq=1 ttl=64 time=1.63 ms
6561 bytes from 192.168.255.128: icmp_seq=2 ttl=64 time=0.034 ms
6561 bytes from 192.168.255.128: icmp_seq=3 ttl=64 time=0.034 ms
6561 bytes from 192.168.255.128: icmp_seq=4 ttl=64 time=0.033 ms
6561 bytes from 192.168.255.128: icmp_seq=5 ttl=64 time=0.034 ms
--- 192.168.255.128 ping statistics ---
5 packets transmitted, 5 received, 0% packet loss, time 5003ms
rtt min/avg/max/mdev = 0.033/0.300/1.635/0.597 ms
```

为了防止大数据包攻击，ping 命令不允许发送过大的分组，最大分组不能超过 65 507 字节，例如：

```
# ping  -s  65535  192.168.255.128
Error: packet size 65535 is too large. Maximum is 65507
```

11.7.7 nslookup 命令

nslookup 命令主要用于测试 DNS 是否正常工作，除此之外，还可以对域名和 IP 地址进行查询。例如，查询北京理工大学网站（www.bit.edu.cn）的 IP 地址，可以使用如下 nslookup 命令：

```
#nslookup
//“>”是 nslookup 命令环境的提示符，输入待查询的域名 www.bit.edu.cn
> www.bit.edu.cn
Server:  dns.bj.unicomcdma.com
Address:  220.192.0.130
//以上为所使用的 DNS
Non-authoritative answer:
Name:    www.bit.edu.cn
Address:  202.204.80.38
//输入待查询的 IP 地址
> 202.204.80.38
Server:  dns.bj.unicomcdma.com
Address:  220.192.0.130
//以上为所使用的 DNS
Name:    www.bit.edu.cn.80.204.202.in-addr.arpa
Address:  202.204.80.38
//使用 exit 命令可退出 nslookup 命令环境
>exit
#
```

另外，也可以不进入 nslookup 命令交互模式，直接使用命令查询 IP 地址或域名使用的 DNS，例如：

```
#nslookup  www.bit.edu.cn
Server:  dns.bj.unicomcdma.com
Address:  220.192.0.130

Non-authoritative answer:
Name:    www.bit.edu.cn
Address:  202.204.80.38
```

查询 IP 地址为 202.204.80.38 的服务器的域名，命令行为：

```
#nslookup  202.204.80.38
Server:  dns.bj.unicomcdma.com
Address:  220.192.0.130

Name:    www.bit.edu.cn.80.204.202.in-addr.arpa
Address:  202.204.80.38
```

11.7.8　arp 命令

arp 命令可以实现从 IP 地址到以太网 MAC 地址之间的转换，其主要格式如下：

```
arp [-v]          [-i <if>] -d  <hostname> [pub][nopub]
arp [-vnD] [<HW>] [-i <if>] -f  [<filename>]
arp [-v]   [<HW>] [-i <if>] -s  <hostname> <hwaddr> [temp][nopub]
arp [-v]   [<HW>] [-i <if>] -s  <hostname> <hwaddr> [netmask <nm>] pub
arp [-v]   [<HW>] [-i <if>] -Ds <hostname> <if> [netmask <nm>] pub
```

arp 命令的主要选项及其说明如表 11.7 所示。

表 11.7　arp 命令的主要选项及其说明

选　项	说　明
-a	以 BSD 默认格式显示 arp 表中的所有记录项
-e	以 Linux 默认格式显示 arp 表中的所有记录项
-s	设置一个新的 arp 记录项
-d	删除一个 arp 记录项
-i	指定网络接口
-f	从指定文件中读取新的记录项
-v	冗余模式

例如，查询 arp 表中的所有记录项，命令行为：

```
# arp  -a
Computer1.bit.edu.cn (192.168.255.1) at 00:50:56:C0:00:01 [ether] on eth0
Computer2.bit.edu.cn (192.168.255.5) at 00:50:DA:8C:00:46 [ether] on eth0
Computer3.bit.edu.cn (192.168.255.5) at 00:E0:D0:18:A6:C7 [ether] on eth0
```

以 Linux 默认格式显示 arp 表中的所有记录项，命令行为：

```
# arp  -e
Address            HWtype     HWaddress           Flags Mask      Iface
192.168.255.254    ether      00:50:56:E8:11:7E   C               eth0
192.168.255.1      ether      00:50:56:C0:00:01   C               eth0
```

11.7.9　netstat 命令

netstat 命令主要用于显示网络的连接状态、查询路由表和对网络接口进行统计。netstat 命令格式如下：

```
netstat [address_family_options] [--tcp|-t] [--udp|-u] [--raw|-w]
[--listening|-l] [--all|-a] [--numeric|-n] [--numeric-hosts]
[--numeric-ports] [--numeric-ports] [--symbolic|-N]
[--extend|-e[--extend|-e]] [--timers|-o] [--program|-p] [--verbose|-v]
[--continuous|-c] [delay]
```

netstat 命令的常用选项及其说明如表 11.8 所示。

表 11.8 netstat 命令的常用选项及其说明

选 项	说 明
-r	显示核心路由表
-g	显示多播组成员信息
-c	进行动态显示，每隔 1 秒更新 1 次
-p	显示每个 Socket 所属的进程号和程序名
-l	显示所有处于侦听模式的 Socket
-a	显示所有的 Socket，无论其是否处于侦听状态
-n	以 IP 地址形式（数字格式）进行显示

例如，查看当前系统中的路由表，命令行为：

```
# netstat -r
Kernel IP routing table
Destination     Gateway         Genmask         Flags  MSS Window  irtt  Iface
192.168.255.0   *               255.255.255.0   U        0 0          0  eth0
172.16.0.0      *               255.255.0.0     U        0 0          0  eth0
default         192.168.255.254 0.0.0.0         UG       0 0          0  eth0
```

再如，查看当前系统中所有处于侦听状态的 Socket，命令行为：

```
# netstat -l
Active Internet connections (only servers)
Proto Recv-Q Send-Q Local Address              Foreign Address     State
tcp        0      0 localhost.localdomain:2208   *:*                LISTEN
tcp        0      0 *:sift-uft                   *:*                LISTEN
tcp        0      0 *:netbios-ssn                *:*                LISTEN
tcp        0      0 *:sunrpc                     *:*                LISTEN
tcp        0      0 *:ftp                        *:*                LISTEN
... ...
```

11.7.10 traceroute 命令

traceroute 命令用于检测到达目的地的路由状况。该命令向途经的路由各发送 3 个分组，如果路由有响应，则显示响应路由的地址及该路由对 3 个分组的响应时间；如果有 1 个发出的分组没有被路由响应，则显示 1 个“*”。traceroute 命令以毫秒为单位计算分组的往返时间。

例如，使用 traceroute 命令对到达 www.bit.edu.cn 的路由进行跟踪，命令行为：

```
#tracerout  -n  www.bit.edu.cn
traceroute to www.bit.edu.cn [202.204.80.38],30 hops max, 40 byte packets
```

```
 1   220.192.0.1     352 ms   379 ms   359 ms
 2   220.192.0.20    358 ms   359 ms   339 ms
 3   220.192.0.222   332 ms   357 ms   339 ms
 4   192.168.32.2    333 ms   339 ms   359 ms
 5    *  *  *
...  ...
30   *  *  *
```

可以看到，在第 5 行路由就丢失了目标，从而在每一跳只显示 3 个“*”，直到其跳数达到 30 为止。

11.7.11 利用常用命令分析局域网连通故障

当网络不通时，联合使用 ping、netstat、nslookup 及 traceroute 命令可以进行故障的分析和诊断，一般步骤如下。

1. 使用 ping 命令测试回环地址、本机 IP 地址和网关地址

使用“ping 127.0.0.1”命令和“ping 本机 IP 地址”命令检查本机的 TCP/IP 协议是否设置正确，网卡是否正常工作。

如果 ping 回环地址正确，则说明 TCP/IP 协议没有问题；否则，需要重新安装 TCP/IP 协议。

如果 ping 本机 IP 地址正确，则说明网卡配置正确；否则，需对网卡的软硬件进行检查。检查一般分为如下两步进行：首先检查硬件，检查网卡和与之相连的交换机上的指示灯是否都亮，如果有一边不亮，则说明这一边的设备可能有问题，也可能是网线有问题。若硬件无故障，则检测网卡驱动程序是否安装正确。首先用户需要确认其所安装的系统内核是否支持该网卡。Red Hat Enterprise Linux 和最近两年生产的大多数硬件是兼容的，用户可以到 Red Hat 的官方网站上（https://hardware.redhat.com/）查找最新的硬件支持列表进行兼容性确认。如果不兼容，则需上网查找相应的驱动程序更新。如果系统内核支持该网卡，则用户需要对驱动程序的设置进行进一步的检查。通常可以先卸载驱动程序，然后重新安装。

2. 使用 netstat、nslookup 及 traceroute 命令检查路由、DNS 设置

如果 ping 命令测试回环地址、本机 IP 地址及网关地址的结果都正常，则说明故障出现在网络层之上。此时应联合使用 netstat、nslookup 及 traceroute 命令分别检查路由、DNS 设置是否正确。

11.8 小结

本章主要介绍了 Linux 系统的网络基础，主要包括计算机网络基础、网络类型、网络体系结构、网络配置、Internet 连接方式，以及 Linux 系统下常用的网络管理命令及应用实例。Linux

系统具备强大的网络功能，各种网络服务器、交换机都使用 Linux 系统。希望读者认真掌握本章所讲的常用网络管理命令。

11.9 习题

1．简述网络基本类型，按照地理结构划分有哪些类型，按照拓扑结构划分又有哪些类型。

2．某局域网一台主机配置 IP 地址是 192.168.1.5，子网掩码是 255.255.0.0，问此网段能容纳多少台计算机？

3．使用（ ）命令查看系统中的路由表信息。

A．route print

B．route –n

C．show ip route

D．netstat –m

4．为了查看未激活状态的 eth1 网卡属性，可以执行（ ）命令。

A．ifconfig

B．ifconfig eth1

C．ifconfig -a

D．ifconfig –A

5．查询当地电信机构提供的 DNS 地址，修改主机的 DNS。

11.10 上机练习——设置网络参数

实验目的：

了解 Linux 系统下网络参数的修改方式。

实验内容：

（1）将路由器 IP 地址修改为 192.168.5.1，子网掩码修改为 255.255.255.0。

（2）修改主机的 IP 地址为静态，192.168.5.5。

（3）修改主机网关为路由器地址。

（4）修改主机 DNS 为 8.8.8.8。

（5）使用 ping 命令测试修改后主机是否连通外网。

第 12 章 网络安全与病毒防护

网络安全涉及计算机科学、网络技术、通信技术、应用数学、密码学、信息安全技术、数论、信息论等诸多学科，是实现电子商务、电子政务等网络应用的基础。随着互联网的进一步普及与发展，网络安全的重要性和迫切性也越来越得到广泛认可。

计算机病毒伴随着计算机技术的发展，经过不断地传播、变异、再生而日趋高级。近年来，互联网的迅猛发展又给计算机病毒的泛滥创造了一定的契机。由于计算机反病毒软件的发展往往滞后于病毒的发展，因此，做好计算机病毒的防范工作尤为重要。

本章内容包括：

- Linux 网络安全对策。
- Linux 下的防火墙配置。
- 使用 OpenSSH 实现网络安全连接。

12.1 Linux 网络安全对策

Linux 采用了读/写权限控制、带保护的子系统、审计跟踪、核心授权等多种安全措施，使其成为目前极具安全性和稳定性的操作系统之一。然而，Linux 的安全性是建立在有效防范基础上的，脱离了防范机制同样会存在较多的安全漏洞。

12.1.1 确保端口安全

TCP 和 UDP 都使用端口的概念来使网络数据包能够正确指向相对应的应用程序。一台运行的计算机几乎总是同时有不同的应用程序在运行，相互之间必须都能够同时通信。为了使网络数据包能够被正确地引导给相对应的应用程序，每个程序被赋予了特别的 TCP 或 UDP 端口号。

进入计算机的网络数据包也都包含一个端口号，操作系统会根据端口号将数据包发送到相对应的应用程序，就像一个海港有不同的港口或码头才能使不同的船只停靠到相对应的位置一样。

黑客在发起攻击前，通常会利用各种手段对目标主机的端口进行刺探和扫描，收集目标主机系统的相关信息（如目标系统正在使用的操作系统版本、提供哪些对外服务等），以决定进一步攻击的方法和步骤。因此，确保端口安全意义重大。

Linux 系统的可用端口为 0～65535，根据 IANA（Internet Assigned Numbers Authority）规定可分为三类。

- 公用端口（Well Known Ports）：从 0 到 1023。这类端口一般由系统占用，紧密绑定于一些服务，如端口 80 用于 HTTP，端口 21 用于 FTP，DNS 使用端口 53，SNMP 使用端口 162，E-mail 服务器使用端口 25。
- 注册端口（Registered Ports）：从 1024 到 49151。这类端口一般松散地绑定一些服务。
- 动态和/或私有端口（Dynamic and/or Private Ports）：从 49152 到 65535。从理论上来讲，不应为服务分配这些端口。

对于一些易受攻击的端口，一定要采取保护措施加以防范；对于暂不使用的端口，应及时关闭；要经常使用 netstat 等网络工具查看是否有可疑的端口活动。表 12.1 列出了一些常用端口说明及防范建议。

表 12.1　一些常用端口说明及防范建议

端　口	服　务	协　议	说　明	防 范 建 议
13	DAYTIME	UDP、TCP	显示时间	相对安全
19	CHARGEN	UDP、TCP	字符流发生器	易受 FRAGGLE DOS 攻击
20	FTP-DATA	TCP	FTP 的数据通道	危险但 FTP 服务需要
21	FTP	TCP	FTP 的控制通道	如果有连接，则应只允许接入 FTP 服务器。FTP 服务器应设置完备的用户权限管理机制，防止攻击者利用 anonymous 账户打开 FTP 服务器
23	TELNET	TCP	利用 RPC 实现远程连接	该端口会暴露操作系统的类型，有可能被黑客用于非法登录。应只允许登录到网关
25	SMTP	TCP	发送邮件	危险，但邮件服务需要
53	DNS	UDP、TCP	域名服务	除非是备份服务器，否则应关闭 TCP
67	BOOTP	UDP	启动相关	会暴露系统的大量信息，应关闭
69	TFTP	UDP	提供 FTP 服务	应关闭
79	FINGER	TCP	提供 FINGER 服务	入侵者会利用该端口获得用户信息、探测缓冲区错误
80	HTTP	TCP	提供 WWW 服务	危险，但 WWW 服务需要
109	POP2	TCP	收取邮件	除非用户希望从外部收取邮件，否则应关闭
110	POP3	TCP	收取邮件	除非用户希望从外部收取邮件，否则应关闭
111	SUNRPC	TCP、UDP	SUNRPC PORTMAP，远程调用	被入侵者用于查看系统开放了哪些 RPC 服务
113	AUTH	TCP	提供 AUTH 服务	通常是安全的。如果关闭，则不会发送 ICMP 拒绝信息

续表

端　口	服　务	协　议	说　明	防范建议
143	IMAP	TCP	邮件服务	一种 Linux 蠕虫（Admworm）会通过这个端口进行复制
161	SNMP	UDP	简单网络管理	SNMP 允许远程管理设备，是入侵者经常探测的端口，应关闭
520	ROUTE	TCP	提供路由服务	应关闭
553	CORBA IIOP	UDP	Internet 对象代理间通信协议	入侵者会利用该端口广播的信息进入系统
1080	SOCKS	TCP	以管道方式通过防火墙	可以被入侵者用于穿透防火墙
2049	NFS	UDP	提供 NFS 服务	如果不使用 NFS，则应立即关闭

12.1.2　确保连接安全

远程登录和管理服务器是系统管理员经常要做的工作。远程登录的作用就是让用户以模拟终端的方式连接到网络上的另一台远程主机上。一旦登录成功，用户就可以在远程主机上执行输入的命令、控制远程主机的运行。

实现远程连接的工具很多，传统的工具主要有 Telnet、FTP 等。但 Telnet、FTP 本质上非常不安全，它们在网络上以“明文”方式传递口令和数据，使得有经验的黑客可以很容易地通过劫持一个会话来截获这些重要信息。需要注意的是，当使用 r 系列程序（如 rsh 和 rlogin）的时候，要考虑和 Telnet、FTP 相同的安全问题。

注意： r 系列程序一方面支持远程加载程序；另一方面，它又可以创建进程，支持在网络节点上创建和激活远程进程，并且被创建的进程能够继承父进程的权限。这两点结合在一起就为黑客在远程服务器上安装木马等“间谍”软件创造了机会。

Linux 自带一种非常安全的远程连接工具——OpenSSH。OpenSSH 提供了一种优秀的连接加密和验证机制。加密是指传输数据时用密钥加以保护，验证用于检验数据包或连接是否合法。

现在许多系统管理员已经用 OpenSSH 代替了 Telnet，以及 r 系列的一些应用程序。读者可以通过访问 http://www.ssh.com 来获取更多相关知识。

12.1.3　确保系统资源安全

对系统的各类用户设置资源限制可以防止 DOS（拒绝服务攻击）类型的攻击。可以在 /etc/security/limits.conf 文件中对用户使用的内存空间、CPU 时间和最大进程数等资源的数量进行设定，如下所示：

```
# /etc/security/limits.conf
#
#Each line describes a limit for a user in the form:
#
```

```
#<domain>        <type>  <item>  <value>  //每行按域、类型、项目、数值进行设定
#
#Where:
#<domain> can be:
#        - an user name
#        - a group name, with @group syntax
#        - the wildcard *, for default entry
#        - the wildcard %, can be also used with %group syntax,
#              for maxlogin limit
#
#<type> can have the two values:            //类型包括软限制和硬限制两种
#        - "soft" for enforcing the soft limits
#        - "hard" for enforcing hard limits
#
#<item> can be one of the following: //项目包括限制 core 文件大小、最多进程数等
#        - core - limits the core file size (KB)
#        - data - max data size (KB)
#        - fsize - maximum filesize (KB)
#        - memlock - max locked-in-memory address space (KB)
#        - nofile - max number of open files
#        - rss - max resident set size (KB)
#        - stack - max stack size (KB)
#        - cpu - max CPU time (MIN)
#        - nproc - max number of processes
#        - as - address space limit
#        - maxlogins - max number of logins for this user
#        - maxsyslogins - max number of logins on the system
#        - priority - the priority to run user process with
#        - locks - max number of file locks the user can hold
#        - sigpending - max number of pending signals
#        - msgqueue - max memory used by POSIX message queues (bytes)
#        - nice - max nice priority allowed to raise to
#        - rtprio - max realtime priority
#
#<domain>       <type>  <item>         <value>  //对系统目前所有账户的设置
#

#*              soft    core            0
#*              hard    rss             10000
#@student       hard    nproc           20
#@faculty       soft    nproc           20
#@faculty       hard    nproc           50
#ftp            hard    nproc           0
#@student       -       maxlogins       4
# End of file
```

其中，“core 0”表示禁止创建 core 文件；“rss 10000”表示除 root 用户外，其他用户最多使用 10 000KB 内存；“nproc 20”表示允许创建进程数最多为 20 个；“maxlogins 4”表示该用户允许登录的最大数；“*”表示所有用户。

12.1.4　确保账号、密码安全

针对账号和密码的攻击是入侵系统的主要手段之一。事实上，一个细心的系统管理员可以避免很多潜在的问题，如采用强口令及有效的安全策略、加强与网络用户的沟通、分配适当的用户权限等。

密码安全是系统安全的基础和核心。由于用户账号、密码设置不当而引发的安全问题已经占整个系统安全问题相当大的比重。如果密码被破解，那么整个系统基本的安全机制和防范模式将受到严重威胁。为此，用户需要使用高强度的密码。设定一个高强度的密码应遵循以下几方面原则：

- 包含大写字母、小写字母、数字及非字母、数字的字符，如标点符号。
- 不使用普通的名字或昵称。
- 不使用普通的个人信息，如生日、身份证号。
- 密码里不含有重复的字母或数字。
- 至少使用 8 个字符。

目前，随着计算机处理能力的进一步提高，利用自动运行的程序来猜测用户密码所需的时间已经大大缩短。因此，防止密码被攻击的另一方法就是经常更改密码。然而，很多时候，用户却由于各种原因推迟、延误更改密码，从而为系统留下严重的安全隐患。Linux 采用了一种强制更改密码的机制，这种机制被称为密码时效。在 Linux 系统上，密码时效是通过 chage 命令来管理的（参见第 6 章用户管理和常用命令）。

另外，root 的账号安全极为重要。入侵者一旦取得了 root 身份，系统将再无任何安全性可言。一个通常的保护性做法是限制 root 在系统上直接登录。

12.1.5　系统文件的安全性

1．给重要文件设置适当的权限

对于 Linux 系统中一些比较重要的文件（如 passwd、passwd-、shadow、shadow-、xinetd.conf 和 resolv.conf 等），应赋予适当的权限，以防止被意外修改或恶意破坏。例如，使用 chmod 命令修改 xinetd.conf 文件属性为 600，以实现对普通用户的隐藏，命令如下：

```
#chmod  600  /etc/xinetd.conf
# stat /etc/xinetd.conf
  File: "/etc/xinetd.conf"
  Size: 1001          Blocks: 16         IO Block: 4096   一般文件
Device: fd00h/64768d    Inode: 1619413    Links: 1
Access: (0600/-rw-------)  Uid: (    0/    root)   Gid: (    0/    root)
Access: 2013-09-14 20:08:58.000000000 +0800
Modify: 2006-12-06 23:13:35.000000000 +0800
Change: 2013-09-09 23:59:15.000000000 +0800
```

2. 维护重要文件的一致性

在创建用户时，通常会在/home 目录下创建以用户命名的主目录，在/etc/passwd 和/etc/shadow 文件中按相应文件格式写入用户信息。但有时系统管理员在删除用户时，只删除了三项中的某一项或两项，这将给系统安全带来隐患，一些入侵者会利用这些不一致攻入系统。为了避免这种情况发生，可以编写 Shell 程序查看系统中用户账号的用户主目录名与/etc/passwd 和/etc/shadow 文件中的用户名是否一致，程序代码如下：

```
    #!/bin/sh
    USAGE="usage : `basename $0`  [ -d | -p ] [ -d: According with /home | -p:
According with /etc/passwd ]
    if  [  $#  -ne  1  ] ; then                              //判断参数的个数是否为 1
      echo  "$USAGE"
      exit  1
    fi
    case  "$1"  in
       -d)                                                    // “-d” 分支
    ls  /home > homelist   //列出/home 目录内容并保存到/homelist 文件中
         while  read  HOME                                    //逐行读入/homelist 文件
         do
           h=$HOME                                          //将 HOME 变量的值赋予 h
           if  [  -d  /home/$h  ] ; then                   //判断“/home/$h”目录是否存在
             grep  "/home/$h"  /etc/passwd > pash  //从/etc/passwd 文件中查找
             if  [  $?  -eq  0  ] ; then                   //判断上一命令是否正确执行
               //从/etc/passwd 文件中查找包含“/home/$h”的行，并保存到 shadh 文件中
               grep  "$h"  /etc/shadow > shadh
               //判断上一命令是否正确执行，如果正确执行，则显示“The $h's home directory
is according with password and shadowfile.”；否则，显示“The $h's shadow file is
not exist.”
               if  [  $?  -eq  0  ] ; then                          echo  " The  $h's
home directory is according with password and shadow file. "
               else
                 echo " The $h's shadow file is not exist. "
               fi
             esle
               echo "The $h's password file is not exist. "
             fi
            fi
            done < homelist
           ;;
       -p)                                                  //"-p"分支
    //从/etc/passwd 文件中查找包括“/home”的行，并保存到 paslist 文件中
       grep "/home"  /etc/passwd > paslist
    //判断上一命令是否正确执行，如果正确执行则继续；否则，显示“Can not  find  /home.”
         if  [  $?  -eq  0  ] ; then
         awk 'BEGIN  { FS=": "; }  { print $6 ; }'  paslist > pasp
         awk  "BEGIN  { FS=": ";}  { print $3 ; }'  pasp>pasp2
```

```
        while  read  LINE                                    //逐行读入pasp2文件中的内容
        do
          x=$LINE                                            //将LINE变量赋值给x
          grep "$x"  /etc/shadow >passssh                    //从/etc/shadow文件中查找
          if  [  $?  -eq  0  ] ; then
            y=/home/"$x"                                  //将变量"/home/"$x""赋值给y
            if  [  -d  $y  ] ; then
              echo  "Then $x is according with passwd file and $y directory. "
            else
              echo  "Then ${x}'s home directory ${y} is not exist. "
            fi
          else
           echo  "The ${x}'s shadow file is not exist. "
          fi
         done < pasp2
         else
            echo "Can not find  /home. "
         fi
         ;;
      *)echo  "$USAGE"                                       //USAGE 分支
        exit  0
        ;;
esac
```

该程序由两部分组成，第一部分为第1～7行，用于判断参数是否正确。

（1）程序中第1行“#!/bin/sh”表示调用bash来执行脚本程序。

（2）程序中第2、3行将提示信息“usage : `basename $0` [-d | -p] [-d: According with /home | -p: According with /etc/passwd]”赋予变量USAGE。其中，“`basename $0`”中的反引号表示提取命令“basename $0”的执行结果。命令“basename $0”表示正在执行的脚本的程序名。“[-d | -p] [-d: According with /home | -p: According with /etc/passwd]”是提示信息，提示用户如果输入参数“-d”，则表示与/home目录保持一致；如果输入参数“-p”，则表示与/etc/passwd文件中的内容保持一致。

（3）程序中第4～7行是if...fi结构，用于判断本脚本程序的参数个数是否为1，如果不为1，则显示USAGE变量信息并退出。其中，“$#”是Shell的特殊变量，表示本脚本程序执行时所带的参数个数。

第二部分为第8行至末行，采用了case...esac结构，用于根据脚本的参数判断执行“-d”分支还是“-p”分支。如果本脚本程序携带的第一个参数是“-p”，则以/etc/passwd文件中的用户名为基准，判断/etc/shadow文件中的用户名，以及/home目录下的用户主目录名与之是否一致。如果本脚本程序携带的第一个参数是“-d”，则以/home 目录下的用户主目录名为基准，判断/etc/shadow、/etc/passwd文件中的用户名是否与之一致。如果脚本程序的参数不为“-p”或“-d”，则显示USEAGE变量内容，提示用户应执行的命令及参数信息。

12.1.6 日志文件的安全性

由于操作系统体系结构固有的安全隐患，即使系统管理员采取了各种安全措施，系统还是会出现一些新的漏洞。有经验的攻击者会在漏洞被修补之前，迅速抓住机会攻破尽可能多的计算机。虽然 Linux 不能准确预测攻击的发生，但是 Linux 日志却可以记录攻击者的行踪，为将来的取证工作留下重要线索。

日志是 Linux 安全结构中的一项重要内容。日志记录了用户对计算机、服务器、网络等设备所进行的操作，同时还会记录网络连接情况和时间信息。用户可以通过对日志的查看和分析，检查系统错误发生的原因，以及受到攻击时攻击者留下的痕迹。通过对日志的审计，用户还可以实时监测系统的异常状态，对可能发生的攻击进行预测。由于现在的攻击方法多种多样，因此 Linux 提供网络、主机和用户级的日志信息，提供连接时间、进程统计、错误信息 3 个日志子系统。Linux 日志可以记录以下内容：

- 记录所有系统和内核信息。
- 记录每次网络连接，包括连接的源地址、登录用户名称，以及使用的操作系统。
- 记录远程用户申请访问的文件。
- 记录用户可以控制的进程。
- 记录用户使用的每条命令。

目前针对日志文件的保护手段主要基于系统本身的安全机制。日志文件和日志备份文件的联合使用可以进一步提高日志的安全性。例如，可以对系统日志定期进行备份，并上传到 FTP 服务器（IP 地址为 192.168.23.99）保存。可以编写 Shell 程序完成该项工作，编写 log.bak 文件如下：

```
#!/bin/sh
mkdir  -p  /backup-log
if [ $?  -eq  0 ] ; then
  tar  -zcvf   /backup-log/log.tar.gz   /var/log //备份/var/log 中的日志文件
  cd   /backup-log
if [ $?  -eq  0 ] ; then                        //判断是否正确进入/backup-log 目录
     echo  " open 192.168.23.99                 //启动 FTP 连接，上传已打包的日志
          user  XXX
          binary
          prompt
          hash
          put  log.tar.gz
          bye"  ftp   -n
else
   echo " Could not change to  backup-log directory "
fi
else
  echo " could not make backup-log dirctory "
fi
```

编写完 log.bak 文件后，需赋予 log.bak 文件可执行权限。为了实现 log.bak 文件自动执行，可以使用 crontab 命令。例如，设定每周一凌晨 0:00 执行该程序实现日志的备份，编写 crontab 内容如下：

```
0 0 * * mon log.bak
```

12.2　Linux 下的防火墙配置

1986 年，美国 Digital 公司提出了“防火墙”的概念，并在 Internet 上安装了全球第一个商用防火墙系统。随后，防火墙技术得到了飞速的发展和普及。目前，有几十家公司推出了功能不同的防火墙系列产品。防火墙可以使私有网络（也可能是个人主机）不受公共网络（如 Internet）的影响，防止未经授权的用户进入私有网络。一个正确配置的防火墙能够极大地增强系统的安全性。一个典型的防火墙应用如图 12.1 所示。

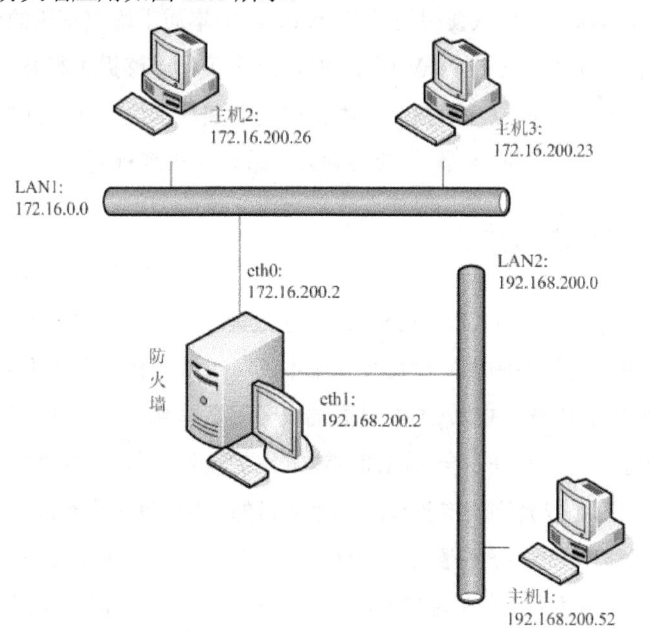

图 12.1　一个典型的防火墙应用

其中，LAN2 是需要保护的私有网络，LAN1 是相对于 LAN2 的外部公用网络。防火墙位于 LAN1 与 LAN2 之间，避免了 LAN1 与 LAN2 直接相连。在实际应用中，防火墙更多地应用于内网与互联网的隔离，如图 12.2 所示。

随着网络攻击手段的日益多样化及信息安全技术的进一步发展，新一代防火墙已经超出了原来传统意义上防火墙的范畴，演变成一个全方位的安全技术集成系统，通常可以抵御目前常见的各类网络攻击手段，如 IP 地址欺骗、特洛伊木马攻击、Internet 蠕虫、口令探寻攻击、邮件攻击等。

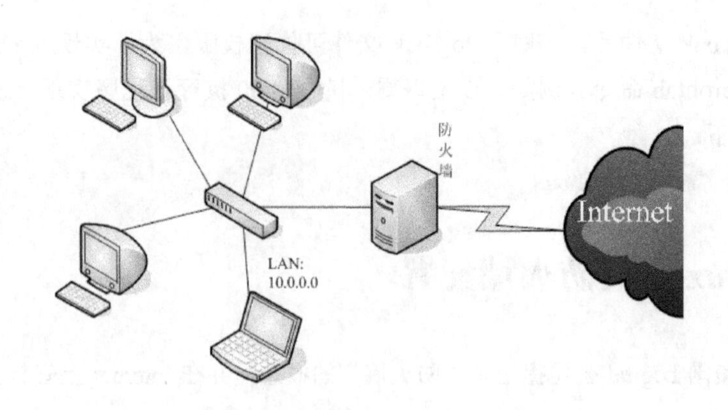

图 12.2　防火墙隔离内网与互联网

在 Red Hat Enterprise Linux 7.5 中，可以使用“防火墙”工具，启动基本的防火墙设置来保护系统。在 Red Hat Enterprise Linux 6 及之前的版本中，默认使用的是 iptables。在 Red Hat Enterprise Linux 7 版本以后，默认使用的是 firewalld，但本质上底层调用的命令还是 iptables。

对于一般用途的服务器（如 WWW 或 FTP），这个工具能够提供很好的保护。但是，如果服务器需要更高级的配置（如进行数据流路由、地址伪装或地址转换，或者拥有很多接口，并且每个接口都需要复杂规则的服务器），就必须人工编写防火墙规则。

12.2.1　防火墙的基本概念

防火墙主要基于包过滤技术（Packet Filter）。包过滤技术一般工作在网络层，依据系统内设置的过滤规则（也称为访问控制表）检查数据流中的每个数据包，并根据数据包的源地址、目的地址、TCP/UDP 源端口号、TCP/UDP 目的端口号及数据包头中的各种标志位等因素来确定是否允许数据包通过，其核心是安全策略即过滤算法的设计。包过滤技术可以通过简单地规定适当的端口号来达到阻止或允许一定类型的连接的目的，并可进一步组成一套数据包过滤规则。

当一个服务或守护进程在服务器上运行时，大多会在一个或多个端口上侦听外部的连接。例如，一台 WWW 服务器通常会在端口 80 上侦听来自 HTTP 的连接，在端口 443 上侦听外来的 HTTPS 连接；而一台 FTP 服务器通常在端口 21 上侦听 TCP 连接请求。有些服务器，如提供 WWW 服务，需要通过 Internet 向全世界开放，以便世界各地的用户可以连接到所需服务，这就需要永久开放端口 80。而该服务器上的另一些服务或端口，由于不对外提供服务，则需要被保护，以防止外部的非法访问。防火墙只允许访问特定的端口，以提供对内部访问的保护。

如果一台服务器作为一个公司的 WWW 服务器，那么使用一个基本的防火墙就可以阻塞除发往端口 80（或任何服务器进行侦听的端口）外的所有到达服务器的外来数据流。通过设置基本防火墙，其他的端口就可以受到保护，从而不会成为非法入侵的入口。

12.2.2　使用 firewalld 管理防火墙

许多专家在配置防火墙时都遵循“先拒绝所有连接，然后允许某些非常满足特殊规则的连接通过”的原则，这将使所有的数据流都必须经过防火墙，最大限度地提高系统的安全性。

在 Red Hat Enterprise Linux 7.5 中，默认使用 firewalld 作为防火墙，其使用方式已经变化。基于 iptables 的防火墙被默认不启动，但仍然可以继续使用。在 Red Hat Enterprise Linux 7.5 中有几种防火墙共存：firewalld、iptables、ebtables 等，默认使用 firewalld 作为防火墙，管理工具是 firewall-cmd。Red Hat Enterprise Linux 7.5 的内核版本是 3.10，在此版本的内核中防火墙的包过滤机制是 firewalld，使用 firewalld 来管理 netfilter，不过底层调用的命令仍然是 iptables 等。因为这几种守护进程是冲突的，所以建议禁用其他几种服务。防火墙的结构如图 12.3 所示。

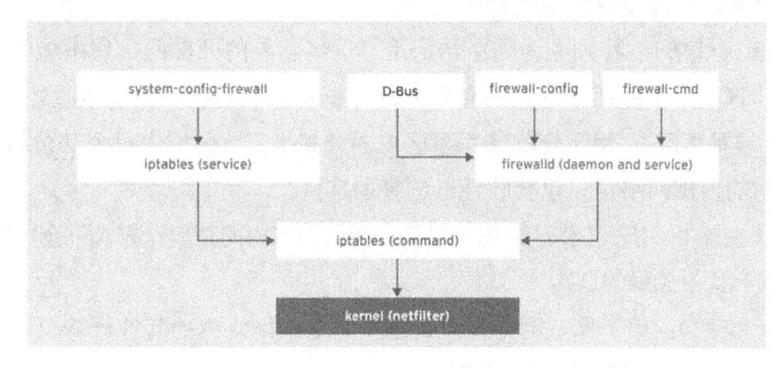

图 12.3　防火墙的结构

在 Red Hat Enterprise Linux 7.5 中，通过图形桌面允许对防火墙进行基本配置。打开“应用程序”，选择“系统工具”→“防火墙”，进入防火墙配置界面，如图 12.4 所示。注意，图 12.4 已经完成了对 firewalld 的连接。

图 12.4　防火墙配置界面

1. 活动的绑定

系统划分的一些场景，内有各种预设的规则。一个网卡只能绑定一个区域。

2. 区域

- drop（丢弃）：任何接收的网络数据包都被丢弃，没有任何回复，仅能有发送出去的网络连接。
- block（限制）：任何接收的网络连接都被 IPv4 的 icmp-host-prohibited 信息和 IPv6 的 icmp6-adm-prohibited 信息所拒绝。
- public（公共）：在公共区域内使用，不能相信网络内的其他计算机不会对您的计算机造成危害，只能接收经过选择的连接。
- external（外部）：特别是为路由器启用了伪装功能的外部网，您不能信任来自网络的其他计算机，不能相信它们不会对您的计算机造成危害，只能接收经过选择的连接。
- dmz（非军事区）：用于您的非军事区内的计算机，此区域内可公开访问，可以有限地进入您的内部网络，仅仅接收经过选择的连接。
- work（工作）：用于工作区，您可以基本相信网络内的其他计算机不会危害您的计算机，仅仅接收经过选择的连接。
- home（家庭）：用于家庭网络，您可以基本信任网络内的其他计算机不会危害您的计算机，仅仅接收经过选择的连接。
- internal（内部）：用于内部网络，您可以基本信任网络内的其他计算机不会危害您的计算机，仅仅接收经过选择的连接。
- trusted（信任）：可接收所有的网络连接。

（1）修改活动对应连接的区域，如图 12.5 所示，默认选择 public。

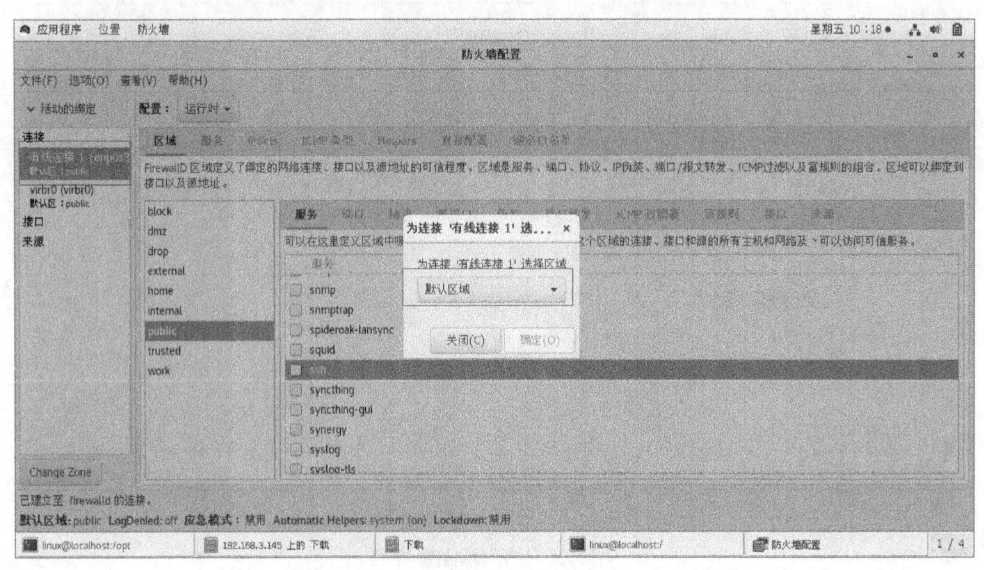

图 12.5 修改活动对应连接的区域

（2）修改 public 的 SSH 协议（外部计算机可以通过 ssh 连接服务器），如图 12.6 所示，取消勾选“ssh”复选框，然后在外部计算机上测试 ssh 连接，如下所示：

ssh linux@192.168.3.248

ssh: connect to host 192.168.3.248 port 22: No route to host

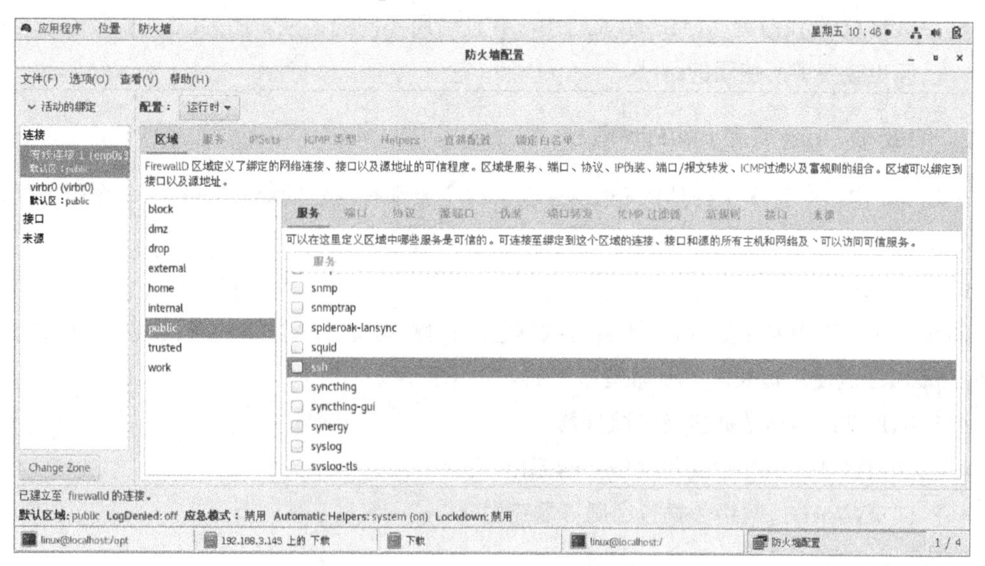

图 12.6　修改 public 的 ssh 协议

12.2.3　使用 iptables 管理防火墙

“安全级别设置”对于建立一些简单的防火墙规则（例如，允许从网络上访问 WWW 服务器或 FTP 服务器）是很有用的，但更多复杂的防火墙规则，如在接口之间转发数据包或进行地址伪装，就只能通过使用 iptables 命令来设置。

1．iptables 与 ipchains

Linux 内核使用 iptables 命令建立防火墙规则并管理连接。iptables 是一组表格，用于版本 2.4 x 或更新的内核版本，而旧版本的 Linux 内核使用 ipchains 命令来进行数据包过滤。iptables 命令可以从命令行管理 iptables 表格，允许在表格中进行添加和删除操作。

iptables 和 ipchains 略有不同，主要表现在以下方面。

- iptables 的默认链的名称从小写换成大写，并且意义不再相同：INPUT 和 OUTPUT 分别放置目的地址是本机和其他计算机的过滤规则。
- iptables 的“-i”选项只代表输入网络接口，输出网络接口则使用“-o”选项。
- TCP 和 UDP 端口需要用“--source-port”或“--sport（或--destination-port/--dport）”选项写出，并且必须置于“-p tcp”或“-p udp”选项之后。
- 以前 TCP 的“-y”标志现在改为“-syn”，并且必须置于“-p tcp”之后。
- 原来的 DENY 目标改为 DROP。
- 可以在列表显示单个链的同时将其清空。

- 可以在清空内建链的同时将策略计数器清零。
- 当列表显示链时，可显示计数器的当前瞬时值。
- REJECT 和 LOG 现在变成了扩展目标，即意味着成为独立的内核模块。
- 链名可以长达 31 个字符。
- MASQ 现在改为 MASQUERADE，并且使用不同的语法。REDIRECT 保留原名称，但也改变了所使用的语法。

2. filter 表、nat 表和 mangle 表

在 Linux 内核中有 3 个内建的 iptables 表，每个表都有内建的链。iptables 命令用于配置这些表。

1）filter 表

filter 表用于路由网络数据包，不会对数据包进行修改，是系统默认的表。如果没有指定“-t”选项，iptables 就使用该表。filter 表有 3 个链，如下所示。

- INPUT：网络数据包流向服务器。
- OUTPUT：网络数据包从服务器流出。
- FORWARD：网络数据包经服务器路由。

2）nat 表

nat 表用于对网络地址进行转换。NAT（Network Address Translation，网络地址转换）是一种将内部 IP 地址转换成外部 IP 地址的方法。nat 表也包括 3 个链，如下所示。

- PREROUTING：网络数据包到达服务器时可以被修改。
- OUTPUT：网络数据包从服务器流出。
- POSTROUTING：网络数据包在即将从服务器发出时可以被修改。

3）mangle 表

mangle 表用于更改网络数据包，可以实现对数据包的修改，也可以给数据包附加一些外带数据。mangle 表包括 5 个链，如下所示。

- INPUT：网络数据包流向服务器。
- OUTPUT：网络数据包是由服务器本地产生的。
- FORWARD：网络数据包经服务器路由。
- PREROUTING：网络数据包到达服务器时可以被修改。
- POSTROUTING：网络数据包在即将从服务器发出时可以被修改。

当数据包进入服务器时，Linux 内核会查找对应表中对应的链，直到找到一条规则与数据包匹配。如果该规则的目标是 ACCEPT，就会跳过其余的规则，而数据包会继续被发送。如果该规则的目标是 DROP 数据包，该数据包就会在其路径上被拦截，内核不会再参考其他规则。

3. iptables 命令的一般格式

iptables 命令的一般格式为：

```
iptables [-t table] -[AD] chain rule-specification [options]
iptables [-t table] -I chain [rulenum] rule-specification [options]
iptables [-t table] -R chain rulenum rule-specification [options]
iptables [-t table] -D chain rulenum [options]
iptables [-t table] -[LFZ] [chain] [options]
iptables [-t table] -N chain
iptables [-t table] -X [chain]
iptables [-t table] -P chain target [options]
iptables [-t table] -E old-chain-name new-chain-name
```

其中，主要选项及其说明如表 12.2 所示。

表 12.2　iptables 命令的主要选项及其说明

选　项	说　明
-A	在链表结尾添加指定的规则
-D	在链表中删除一条规则
-I	在链表中插入一条规则
-R	替换链表中的某条规则
-L	列出某个链上的所有规则
-h	列出 iptables 命令的帮助信息
-N	创建一个新链
-P	定义某个链的默认策略
-X	删除某个用户相关的链表
-Z	将所有表的所有链的字节和数据包计数器清零
-F	清空链表，删除链上的所有规则
-E	重命名某个用户定义的链，不更改链本身内容
-p , --protocol	定义应用规则的数据包的协议类型，可以是 tcp、!udp、icmp 或 all。其中“!”表示非。例如“-p　tcp”表示协议是 tcp，而“-p !udp”表示协议不是 udp
--sport, --source-port	指定匹配数据包源端口的端口号，可以使用“port1:port2”这样的格式指定一个端口范围，还可以使用/etc/services 中可以找到的服务名，如 FTP、WWW
–dport, –destination-port	指定匹配数据包目的端口的端口号，可以使用“port1:port2”这样的格式指定一个端口范围
--tcp-flags	指定数据包匹配的标志，可用标志有 SYN、ACK、FIN、RST、URG、PSH、ALL、NONE。可以同时指定多个标志，标志之间用逗号或空格分隔
--icmp-type	指定 ICMP 类型，例如“iptables -A -p icmp --icmp-type echo-request　DROP”表示将“丢弃回应请求”这条规则添加到默认表中
-s, --source	指定数据包的源地址，如“-s 192 168 0 172”“-s 192. 168.0.0/255.255.255”“-s rhel5.bit.edu.cn”。需要注意的是，使用主机名对性能是不利的，因为每次将数据包与规则进行比较时，都要进行 DNS 查询。如果 DNS 不可用，规则就不能正常运行
-d, --destination	指定数据包的目的地址
-j, --jump	指定数据包发送的目标，可以是 ACCEPT、DROP、QUEUE 等
-i, --in-interface	对于 INPUT、FORWARD 和 PREROUTING 链，指定数据包到达服务器所使用的接口
-o, --out-interface	对于 INPUT、FORWARD 和 PREROUTING 链，指定数据包离开服务器所使用的接口

创建规则的最后一步是告诉 iptables 如何对匹配规则的数据包进行操作，即选项“-j”指向的目标。需要注意的是，在 iptables 规则列表中，顺序十分重要，只要数据包匹配某一规则，就会被发往相应的目标，不会再有其他规则对其进行处理。

4．iptables 命令的目标

可用的内建目标有 ACCEPT、DROP、QUEUE 和 RETURN。此外，还有一些扩展目标。

- ACCEPT：ACCEPT 目标将数据包传送到下一个链，如果已经没有必须要通过的链，就传送到其目的地址。
- DROP：在 iptables 中使用 DROP 目标取代了 ipchains 中的 DENY 目标。这两个目标之间的区别在于，DENY 会返回一个错误，这样客户端就知道数据包已经被主机或服务器拒绝；而 DROP 目标只是丢弃数据包，没有其他任何动作。
- QUEUE：如果内核支持，QUEUE 目标可以将数据包发送回用户应用程序进行处理。
- RETURN：使用 RETURN 目标，就不会再根据当前链中的其他规则来检查数据包，而是直接返回，继续被发送到其目的地址或下一个链。
- DNAT：该目标可以修改数据包的目的地址，并且只能用于 nat 表的 PREROUTE 和 OUTPUT 链。格式为：“--to-destination ipaddress [-ipaddress] [:port-port]”，其中指定了将要修改的数据包的目的 IP 地址或一个地址范围。如果指定了端口，则目的端口也会相应地被修改。
- LOG：使用这个目标时，将使用内核的日志记录机制对数据包进行日志记录。LOG 目标有如下几个选项可以用于定义日志记录的特性。
  - --log level：日志记录的优先级，包括（按优先级升序排列）：debug、info、notice、warning、err、crit、alert 和 emerg。其中，debug 优先级最低，emerg 优先级最高。
  - --log-prefix：一个最大长度为 29 个字符的字符串，可以附加在写入日志的一行内容之前。
  - --log-tcp-sequence：如果指定了这个选项，则将会记录 TCP 顺序号。
  - --log-tcp-options：指定这个选项后，TCP 数据包中的选项将被记录。
  - --log-ip-options：记录数据包头的 IP 选项。
- MASQUERADE：用于 nat 表的 POSTROUTING 链。
- REJECT：类似于 DROP，不会向任何目的地址转发数据包。但是，REJECT 目标会给源地址发回一条错误消息。REJECT 目标有一个选项“--reject”，后面跟一个类型，可用类型如下：
  - icmp-net-unreachable。
  - icmp-host-unreachable。
  - icmp-port-unreachable。

> icmp-proto-unreachable。
> icmp-net-prohibited。
> icmp-host-prohibited。

- SNAT：SNAT 目标只能在 nat 表的 POSTROUTING 链中定义。SNAT 目标类似于 MASQUERADE 扩展目标，但它用于在两个具有静态地址的接口之间进行 NAT 连接。

5. iptables 规则应用实例

下面是一些应用 iptables 规则的实例。

1）允许 www

```
iptables -A INPUT -p tcp --dport www -j ACCEPT
```

其中，“-A INPUT” 表示将这个规则附加到 INPUT 链的尾部，因为并没有使用 “-t” 定义任何表，故使用默认的 filter 表。“INPUT”表示该规则将被附加到过滤表的 INPUT 链。“ACCEPT” 表示允许数据包通过并送达其目的地址。该规则将允许协议为 TCP 并且目标端口是 80 的数据包通过防火墙。

2）在内部接口上允许 DHCP

```
iptables A INPUT -i eth0 -p tcp --sport 68 -- dport 67 ACCEPT
iptables A INPUT -i eth0 -p udp --sport 68 --dport 67 ACCEPT
```

如果一台 DHCP 服务器上同时运行 iptables 服务进行地址转换，则上述规则将允许客户端连接到其内部接口。DHCP 的源端口和目的端口分别是 68 和 67。“-p tcp” 和 “-p udp” 表示将同时允许 TCP 和 UDP 协议。“-i eth0” 表示内部接口。

3）转发（从内向外）

```
iptables -A FORWARD -i ppp0 -o eth0 -m state --state ESTABLISHED,
RELATED -j ACCEPT
```

其中，“-A FORWARD”表示将这个规则附加到 FORWARD 链的尾部，因为并没有使用“-t” 定义任何表，故使用默认的 filter 表。“-i ppp0 -o eth0” 表示数据包通过流入接口 ppp0 和流出接口 eth0。“--state ESTABLISHED, RELATED”表示数据包的状态或者是前面所建立的链接，或者是相关的链接。“ACCEPT” 表示允许数据包通过并送达其目的地址。

4）转发（从外向内）

```
iptables -A FORWARD -i eth0 -o ppp0 -j ACCEPT
```

其中，“-A FORWARD”表示将这个规则附加到 FORWARD 链的尾部，因为并没有使用“-t” 定义任何表，故使用默认的 filter 表。“-i eth0 -o ppp0” 表示数据包通过流入接口 eth0 和流出接口 ppp0。“ACCEPT” 表示允许数据包通过并送达其目的地址。

5）进行地址转换（NAT）

```
iptables -t nat -A POSTROUTING -o ethl -j SNAT --to 192.168.200.3
```

该条规则用于 NAT 地址转换。所有从 eth1 接口上流出的数据转发到 SNAT 目标。“--to”选项表示将数据包的地址一并进行修改。

6. /etc/sysconfig/iptables 文件

可以通过/etc/sysconfig/iptables 文件查看目前系统配置的 iptables 所有规则。下面是一个/etc/sysconfig/iptables 文件实例及说明：

```
# Firewall configuration written by system-config-securitylevel
# Manual customization of this file is not recommended.
*filter
:INPUT ACCEPT [0:0]
:FORWARD ACCEPT [0:0]
:OUTPUT ACCEPT [0:0]
:RH-Firewall-1-INPUT - [0:0]
//上面的内容定义了内建的 INPUT、FORWAARD 和 ACCEPT 链，还创建了一个被称为RH-Firewall- 1-INPUT 的新链

-A INPUT -j RH-Firewall-1-INPUT
//上面这条规则将添加到 INPUT 链，所有发往 INPUT 链的数据包将跳转到 RH-Firewall-1 链

-A FORWARD -j RH-Firewall-1-INPUT
//上面这行功能与前行相同，只是它将规则应用到 FORWARD 链。至此，所有到达 INPUT 和 FORWARD 链的数据包都会转到 RH-Firewall-1-INPUT 链

-A RH-Firewall-1 -INPUT -i lo -j ACCEPT
//上面的规则将被添加到 RH-Firewall-1-INPUT 链。它可以匹配所有的数据包，其中流入接口(-i) 是一个环回接口 (lo)。匹配这条规则的数据包将全部通过 (ACCEPT)，不会再使用其他规则来和它们进行比较

-A RH-Firewall-1 -INPUT -p icmp --icmp-type any -j ACCEPT
//上面的规则匹配所有协议为 ICMP (-p icmp --icmp-type any) 的数据包。该规则将允许icmp 类型的数据包通过防火墙 (ACCEPT)，没有更多的规则来对它们进行检查

-A RH-Firewall-1 -INPUT -p 50 -j ACCEPT
//上面的规则允许协议类型为 50 的数据流通过 (ACCEPT)。类型为 50 的协议是一种加密的 IPv6 协议头

-A RH-Firewall-1 -INPUT -p 51 -j ACCEPT
//上面的规则允许协议类型为 51 的数据流通过 (ACCEPT)。类型为 51 的协议是 IPv6 协议的验证头

-A RH-Firewall-1 -INPUT -p udp --dport 5353 -d 224.0.0.251 -j ACCEPT
//上面的规则允许目的地址是 224.0.0.251、目的端口为 5353 的 UDP 数据包通过 (ACCEPT)

-A RH-Firewall-1 -INPUT -m state --state NEW -m tcp -p tcp --dport 80 -j ACCEPT
//上面的规则允许目的端口是 80 的用于新建链接的 TCP 数据包通过 (ACCEPT)。因为在这条规则中没有提到接口，所以它会允许所有新的外来链接到达端口 80，这正是 WWW 服务器所在
```

```
    -A RH-Firewall-1 -INPUT -j REJECT --reject-with  icmp-host-prohibited
    //拒绝所有其他不能匹配上述任何一条规则的数据包。拒绝数据包时还会发出一条
icmp-host-prohibited消息
```

此外，查看系统设置的规则还可以使用“iptables -L”命令。“iptables -L”命令可以显示默认表的所有规则，如下所示：

```
# iptables  -L
chain  INPUT  (policy ACCEPT)
target  port  0pt   source    destination
chain  FORWARD  (policy ACCEPT)
target  port  0pt   source    destination
chain  OUTUP  (policy ACCEPT)
target  port  0pt   source    destination
```

可以看到，目前默认链表均为空，表明 iptables 还没有被配置。“policy ACCEPT”表示默认的策略是允许所有链接。

7. 启动和停止 iptables

经过配置后，iptables 规则在系统启动和关闭时被启动和停止。另外，其也可以使用命令手动启动和停止。

1）自动启动

要检查 iptables 是否能在系统启动时自动启动，可以使用 chkconfig 命令。chkconfig 命令可以显示在系统不同的运行级别上，服务被设置的自动启停状态，如下所示：

```
# chkconfig  --list  iptables
iptables         0:关闭  1:关闭  2:启用  3:启用  4:启用  5:启用  6:关闭
```

可以看到，在此例中 iptables 将会自动启动在运行级别 2、3、4 和 5 上。如果显示的不是这样，则可以通过输入下面的命令进行设置：

```
# chkconfig  --list 2345  iptables  on
```

2）手动启动和停止

iptables 可以通过命令行手动启动或停止。若要启动 iptables，则可以使用如下命令：

```
# service iptables start
应用 iptables 防火墙规则:                                  [确定]
载入额外 iptables 模块: ip_conntrack_netbios_ns ip_conntrac [确定]
```

若要关闭 iptables，则可以使用如下命令：

```
# service iptables stop
清除防火墙规则:                                            [确定]
把 chains 设置为 ACCEPT 策略: filter                       [确定]
正在卸载 iptables 模块:                                    [确定]
```

若要重新启动 iptables，则可以使用如下命令：

```
# service iptables restart
```

```
清除防火墙规则:                                              [确定]
把 chains 设置为 ACCEPT 策略: filter                          [确定]
正在卸载 iptables 模块:                                       [确定]
应用 iptables 防火墙规则:                                     [确定]
载入额外 iptables 模块: ip_conntrack_netbios_ns ip_conntrac  [确定]
```

12.3 使用 OpenSSH 实现网络安全连接

作为系统管理员，一项经常性的工作就是通过远程连接对服务器进行管理。为了确保服务器安全，必须为这种远程连接提供安全保证。传统的用于远程连接和管理服务器的工具有很多，主要有 Telnet、FTP、rlogin 和 rsh 等。但由于这些工具采用明文传输，非常不安全，因此一般不推荐使用。在 Red Hat Enterprise Linux 7.5 中，系统自带了一个非常安全的工具——OpenSSH。

OpenSSH 是基于 SSH（Secure Shell，安全命令壳）协议开发的免费开源软件。SSH 是一种在两个主机之间通过加密和身份验证机制提供安全连接的协议。其中，加密是指传输数据的时候用密钥加以保护；验证是指检验数据包或连接是否合法。SSH 允许用户登录到一个远程系统，在上面执行命令，或将文件从一个系统上安全地移动到另一个系统上。

OpenSSH 是开源软件，它提供的客户端程序包括 ssh、scp 和 sftp，可以对包括密码、安全性信息在内的所有数据流进行加密，从而规避在非安全网络中存在的窃听、拦截，以及其他恶意攻击所造成的危害。同时，OpenSSH 支持加密层之上的数据压缩，在慢速的网络连接环境中能够提高性能。

OpenSSH 支持 SSH 协议的 1.3、1.5 及 2.0 版本。从 OpenSSH 的 2.9 版本开始，默认的 SSH 协议是 2.0 版本的，该协议默认使用 DSA（Digital Signature Algorithm，数字签名算法）。

12.3.1 OpenSSH 的安装

在 Red Hat Enterprise Linux 7.5 中，系统自带 OpenSSH 软件包。要运行 OpenSSH 服务器，首先必须确定是否安装了正确的 RPM 软件包。检验所需要的 RPM 软件包是否已经安装到系统中，可以使用下面的命令：

```
# rpm  -qi  openssh-server
Name        : openssh-server
Version     : 7.4p1
Release     : 16.el7
Architecture: x86_64
Install Date: 2019年03月07日 星期四 18时15分44秒
Group       : System Environment/Daemons
Size        : 993826
License     : BSD
Signature   : RSA/SHA256, 2017 年 11 月 24 日 星期五 23 时 19 分 40 秒, Key ID
199e2f91fd431d51
```

```
Source RPM  : openssh-7.4p1-16.el7.src.rpm
Build Date  : 2017年11月24日 星期五 22时13分09秒
Build Host  : x86-034.build.eng.bos.redhat.com
Relocations : (not relocatable)
Packager    : Red Hat, Inc. <http://bugzilla.redhat.com/bugzilla>
Vendor      : Red Hat, Inc.
URL         : http://www.openssh.com/portable.html
Summary     : An open source SSH server daemon
Description :
OpenSSH is a free version of SSH (Secure SHell), a program for logging
into and executing commands on a remote machine. This package contains
the secure shell daemon (sshd). The sshd daemon allows SSH clients to
securely connect to your SSH server.
```

可以看到，OpenSSH 软件包于 2019 年 3 月 7 日安装到系统中，版本号为 7.4。也可以使用下面的命令查看已安装的 OpenSSH 软件包所包含的 RPM 程序包，命令行为：

```
# rpm -qa | grep ssh
openssh-server-7.4p1-16.el7.x86_64
openssh-clients-7.4p1-16.el7.x86_64
libssh2-1.4.3-12.el7.x86_64
ksshaskpass-0.5.3-7.el7.x86_64
openssh-7.4p1-16.el7.x86_64
```

其中，各 RPM 程序包的功能说明如表 12.3 所示。

表 12.3　各 RPM 程序包的功能说明

程　序　包	功 能 说 明
openssh-*	SSH 核心文件
ksshaskpass-*	用于支持 SSH 口令的 GUI 管理的文件
openssh-clients-*	用于连接到 SSH 服务器的客户端文件
openssh-server-*	SSH 服务器文件

如果当前系统没有安装，那么用户可以在 Red Hat Enterprise Linux 7.5 的光盘下找到此软件包组件，使用“rpm　-ivh”命令进行安装。

12.3.2　启动和停止 OpenSSH 守护进程

Red Hat Enterprise Linux 7.5 在系统启动时，默认启动 OpenSSH 守护进程——sshd。

使用 service 命令启动、停止或重启 sshd 服务，命令行如下：

```
# service sshd start
启动 sshd:                                              [确定]
# service sshd stop
停止 sshd:                                              [确定]
# service sshd restart
停止 sshd:                                              [确定]
启动 sshd:                                              [确定]
```

12.3.3 配置 OpenSSH 服务器

OpenSSH 的守护进程默认使用/etc/ssh/sshd_config 配置文件。默认配置文件足以启动 sshd 守护进程并允许 SSH 客户端连接到服务器上。除此之外，在/etc/ssh 目录中，还有一些系统级配置文件。表 12.4 列出了 OpenSSH 所使用的所有系统级配置文件及其说明。

表 12.4 OpenSSH 所使用的所有系统级配置文件及其说明

文件名	说明
moduli	包含 Diffie-Hellman，用于 Diffie-Hellman 密钥交换。Diffie-Hellman 密钥交换要求任意一方（服务器和客户端）都不能单独进行确认
sshd_config	用于 sshd 守护进程的配置
ssh_config	SSH 客户端默认配置文件，可以被用户主目录中的配置文件覆盖，也可以被在命令行中指定的配置文件覆盖。客户端配置文件的优先级为： 命令行选项>用户主目录中的配置文件>ssh_config
ssh_host_dsa_key	包含 DSA 私钥
ssh_host_dsa_key.pub	包含 DSA 公钥
ssh_host_key	包含 SSH 版本 1 使用的 RSA 私钥
ssh_host_key.pub	包含 SSH 版本 1 使用的 RSA 公钥
ssh_host_rsa.key	包含 SSH 版本 2 使用的 RSA 私钥
ssh_host_rsa_key.pub	包含 SSH 版本 2 使用的 RSA 公钥

在/etc/ssh/sshd_config 文件中指定了所有可能用到的默认选项，用户只需根据需要，在此基础上稍做修改即可。下面是/etc/ssh/sshd_config 文件的内容及相关说明。

```
#   $OpenBSD: sshd_config,v 1.73 2005/12/06 22:38:28 reyk Exp $

# This is the sshd server system-wide configuration file.  See
# sshd_config(5) for more information.

# This sshd was compiled with PATH=/usr/local/bin:/bin:/usr/bin

# The strategy used for options in the default sshd_config shipped with
# OpenSSH is to specify options with their default value where
# possible, but leave them commented.  Uncommented options change a
# default value.

#Port 22                                  //默认端口号为 22，由 IANA 分配
#Protocol 2,1          //默认协议使用的是 SSH 版本 2，SSH 版本 1 只作为辅助选择
Protocol 2                                //默认协议使用的是 SSH 版本 2
#AddressFamily any
#ListenAddress0.0.0.0
#ListenAddress ::
//指定密钥文件存放的位置
# HostKey for protocol version 1
#HostKey /etc/ssh/ssh_host_key            //SSH 版本 1 密钥存放位置
```

```
# HostKeys for protocol version 2
#HostKey /etc/ssh/ssh_host_rsa_key        //SSH 版本 2 的 RSA 密钥存放位置
#HostKey /etc/ssh/ssh_host_dsa_key        //SSH 版本 2 的 DSA 密钥存放位置

# Lifetime and size of ephemeral version 1 server key
#KeyRegenerationInterval 1h               //密钥间隔 1 小时重新生成
#ServerKeyBits 768                        //服务器密钥采用 768 位

# Logging
# obsoletes QuietMode and FascistLogging
#SyslogFacility AUTH
SyslogFacility AUTHPRIV   //将所有 SSH 消息日志记录在/var/log/secure 日志文件中

#LogLevel INFO            //指定 SSH 消息日志等级为 INFO
# Authentication:

#LoginGraceTime 2m        //用户被允许的最大登录等待时间为 2 分钟
#PermitRootLogin yes      //是否允许根用户使用 SSH 登录，出于安全考虑，推荐不允许
#StrictModes yes
#MaxAuthTries 6           //登录时最多允许 6 次密码或用户名错误

#RSAAuthentication yes    //指定是否允许纯 RSA 验证，只适用于 SSH 版本 1
#PubkeyAuthentication yes             //指定是否允许公钥验证，只适用于 SSH 版本 2
#AuthorizedKeysFile   .ssh/authorized_keys       //指定包含公钥的文件

# For this to work you will also need host keys in /etc/ssh/ssh_known_hosts
#RhostsRSAAuthentication no
# similar for protocol version 2
#HostbasedAuthentication no
# Change to yes if you don't trust ~/.ssh/known_hosts for
# RhostsRSAAuthentication and HostbasedAuthentication
#IgnoreUserKnownHosts no
# Don't read the user's ~/.rhosts and ~/.shosts files
#IgnoreRhosts yes

# To disable tunneled clear text passwords, change to no here!
//如果用户只想对客户端使用公钥进行验证，不再使用密码，则可以修改为 no
#PasswordAuthentication yes
#PermitEmptyPasswords no               //不允许密码为空
PasswordAuthentication yes             //要求密码验证

# Change to no to disable s/key passwords
#ChallengeResponseAuthentication yes
ChallengeResponseAuthentication no

# Kerberos options                     // Kerberos 验证选项
#KerberosAuthentication no
```

```
#KerberosOrLocalPasswd yes
#KerberosTicketCleanup yes
#KerberosGetAFSToken no

# GSSAPI options                          // GSSAPI 验证选项
#GSSAPIAuthentication no
GSSAPIAuthentication yes
#GSSAPICleanupCredentials yes
GSSAPICleanupCredentials yes

# Set this to 'yes' to enable PAM authentication, account processing,
# and session processing. If this is enabled, PAM authentication will
# be allowed through the ChallengeResponseAuthentication mechanism.
# Depending on your PAM configuration, this may bypass the setting of
# PasswordAuthentication, PermitEmptyPasswords, and
# "PermitRootLogin without-password". If you just want the PAM account and
# session checks to run without PAM authentication, then enable this but set
# ChallengeResponseAuthentication=no
#UsePAM no
UsePAM yes                                        //使用 PAM 验证

# Accept locale-related environment variables      //可接受局部环境变量
AcceptEnv LANG LC_CTYPE LC_NUMERIC LC_TIME LC_COLLATE LC_MONETARY LC_MESSAGES
AcceptEnv LC_PAPER LC_NAME LC_ADDRESS LC_TELEPHONE LC_MEASUREMENT
AcceptEnv LC_IDENTIFICATION LC_ALL
#AllowTcpForwarding yes                     //允许 TCP 转发
#GatewayPorts no
#X11Forwarding no
X11Forwarding yes                           //允许将 X 会话通过 SSH 通道转发到客户端
#X11DisplayOffset 10
#X11UseLocalhost yes
#PrintMotd yes
#PrintLastLog yes
#TCPKeepAlive yes
#UseLogin no
#UsePrivilegeSeparation yes
#PermitUserEnvironment no
#Compression delayed
#ClientAliveInterval 0
#ClientAliveCountMax 3
#ShowPatchLevel no
#UseDNS yes
#PidFile /var/run/sshd.pid
#MaxStartups 10
#PermitTunnel no

# no default banner path
```

```
#Banner /some/path                        //在用户通过验证之前，显示一条 Banner 信息

# override default of no subsystems
Subsystem   sftp    /usr/libexec/openssh/sftp-server
```

12.3.4 配置 OpenSSH 客户端

在 Red Hat Enterprise Linux 7.5 中，OpenSSH 默认的客户端配置文件为/etc/ssh/ssh_config。通常/etc/ssh/ssh_config 文件中的默认选项适用于大多数环境，用户只需根据需要，在此基础上稍做修改即可。下面是/etc/ssh/ssh_config 文件的内容及相关说明。

```
#   $OpenBSD: ssh_config,v 1.21 2005/12/06 22:38:27 reyk Exp $

# This is the ssh client system-wide configuration file.  See
# ssh_config(5) for more information.  This file provides defaults for
# users, and the values can be changed in per-user configuration files
# or on the command line.

# Configuration data is parsed as follows:   // 配置选项生效的优先级为
#  1. command line options                   //1.命令行选项
#  2. user-specific file    //2.用户的配置文件（$HOME/.ssh/config）
#  3. system-wide file      //3.系统级的配置文件（/etc/ssh/ssh_config）
# Any configuration value is only changed the first time it is set.
# Thus, host-specific definitions should be at the beginning of the
# configuration file, and defaults at the end.

# Site-wide defaults for some commonly used options.  For a comprehensive
# list of available options, their meanings and defaults, please see the
# ssh_config(5) man page.

# Host *
#   ForwardAgent no
#   ForwardX11 no                            //设置 X11 转发
#   RhostsRSAAuthentication no
#   RSAAuthentication yes                    //设置 RSA 验证
#   PasswordAuthentication yes               //设置密码验证
#   HostbasedAuthentication no
#   BatchMode no
#   CheckHostIP yes
#   AddressFamily any
#   ConnectTimeout 0
#   StrictHostKeyChecking ask
#   IdentityFile ~/.ssh/identity
#   IdentityFile ~/.ssh/id_rsa
#   IdentityFile ~/.ssh/id_dsa
#   Port 22                       //默认端口为 22
#   Protocol 2,1                  //默认协议使用的是 SSH 版本 2，SSH 版本 1 只作为辅助选择
```

```
    #   Cipher 3des
    #   Ciphers aes128-cbc,3des-cbc,blowfish-cbc,cast128-cbc,arcfour,aes192-cbc,
aes116-cbc
    #   EscapeChar ~
    #   Tunnel no
    #   TunnelDevice any:any
    #   PermitLocalCommand no
    Host *
        GSSAPIAuthentication yes                    //允许 GSSAPI 验证
    # If this option is set to yes then remote X11 clients will have full access
    # to the original X11 display. As virtually no X11 client supports the untrusted
    # mode correctly we set this to yes.
        ForwardX11Trusted yes                          //允许转发可信的 X 会话
    # Send locale-related environment variables       //发送的局部环境变量
        SendEnv LANG LC_CTYPE LC_NUMERIC LC_TIME LC_COLLATE LC_MONETARY LC_MESSAGES
        SendEnv LC_PAPER LC_NAME LC_ADDRESS LC_TELEPHONE LC_MEASUREMENT
        SendEnv LC_IDENTIFICATION LC_ALL
```

12.3.5 使用 ssh 客户端

ssh 是 OpenSSH 所提供的远程连接工具之一，用于登录到远程系统并执行命令。它是 Telnet、rlogin、rsh 的安全替代品，可以在非安全网络上的两台主机之间实现安全的加密通道。ssh 命令格式如下：

```
ssh [-1246AaCfgkMNnqsTtVvXxY] [-b bind_address] [-c cipher_spec]
    [-D [bind_address:]port] [-e escape_char] [-F configfile]
    [-i identity_file] [-L [bind_address:]port:host:hostport]
    [-l login_name] [-m mac_spec] [-O ctl_cmd] [-o option] [-p port]
    [-R [bind_address:]port:host:hostport] [-S ctl_path]
    [-w tunnel:tunnel] [user@]hostname [command]
```

ssh 命令的常用选项及其说明如表 12.5 所示。

表 12.5 ssh 命令的常用选项及其说明

选　项	说　明
-A	使用认证代理转发
-D	动态应用层端口转发
-1	强制 SSH 版本 1
-2	强制 SSH 版本 2
-4	仅使用 IPv4
-6	仅使用 IPv6
-V	显示版本号
-l	使用用户名登录
-X	允许 X11 连接转发
-x	关闭 X11 连接转发
-q	静默模式，不显示警告信息

例如，使用“-V”选项可以查看当前使用ssh的版本号，命令行为：

```
# ssh  -V
OpenSSH_5.3p2, OpenSSL0.9.8b 04 May 2006
```

又如，使用“-l”选项指定用于连接远程主机的用户名。如果不使用“-l”选项，ssh客户端就会使用当前在本地主机上登录的用户连接远程主机，如使用用户teacher登录192.168.255.128：

```
# ssh -l teacher 192.168.255.128
The authenticity of host '192.168.255.128 (192.168.255.128)' can't be established.
RSA key fingerprint is e2:f9:3c:f2:93:f1:79:12:4c:b4:a2:f4:19:de:e3:53.
Are you sure you want to continue connecting (yes/no)? yes
Warning: Permanently added '192.168.255.128' (RSA) to the list of known hosts.
teacher@192.168.255.128's password:
Last login: Wed Sep 19 00:20:41 2013 from 192.168.255.128
```

当用户首次连接到远程主机上时，ssh会显示一条消息，表示该远程主机的RSA公有密钥还未建立。输入“yes”，将接收远程主机的公有密钥。该远程主机（192.168.255.128）的RSA公有密钥会永久加入已知主机列表中，通常是known_hosts文件（$HOME/.ssh/known_hosts）。

可以通过查看known_hosts文件来检查所有已经被ssh接收的主机的RSA公有密钥，如下所示：

```
# cat  $HOME/.ssh/known_hosts
192.168.243.1        ssh-rsa      //主机192.168.243.1的公钥
AAAAB3NzaC1yc2EAAAABIwAAAQEA6ziFn6ZivqtbvejUveRBD0C/GsL70yi76KG7pEMMoFCvvKUYu
IEQLfsEXIwTDy3T4lzOyYOniSSn35zAxAkus3PaHwa0VBe8iaHlCwfZXJU1K/qdqis5TIkF56O2gDTkgEzXIqZnuoKZGuau
gHxYnOAwRe0v+M5hAK7qRuTCbtcbDfWIOWrmBPd2+aeiFVSqCVzyLxmxWGAdtXKi/lmpeBc6azxNbQSqFzFhApAe2CCfdIc
mrIbuPHumHplYeLlnHvuvAFGn9eO4WWJVfW6WbnDDL+Hv6AftF0Ln7UzHsZRpqtpl1QCfwDGvOM8Vs5oqHad9rzXdxJN5S5
IcBKV07Q==
192.168.255.128       ssh-rsa                    //主机192.168.255.128的公钥
AAAAB3NzaC1yc2EAAAABIwAAAQEA6ziFn6ZivqtbvejUveRBD0C/GsL70yi76KG7pEMMoFC
vvKUYuIEQLfsEXIwTDy3T4lzOyYOniSSn35zAxAkus3PaHwa0VBe8iaHlCwfZXJU1K/qdqis5TIkF56O2gDTkgEzXIqZnuo
KZGuaugHxYnOAwRe0v+M5hAK7qRuTCbtcbDfWIOWrmBPd2+aeiFVSqCVzyLxmxWGAdtXKi/lmpeBc6azxNbQSqFzFhApAe2
CCfdIcmrIbuPHumHplYeLlnHvuvAFGn9eO4WWJVfW6WbnDDL+Hv6AftF0Ln7UzHsZRpqtpl1QCfwDGvOM8Vs5oqHad9rzXd
xJN5S5IcBKV07Q==
```

使用选项“-v”可以以冗余模式显示所有交互信息，例如详细显示用户teacher登录192.168.255.128主机的过程，命令行如下：

```
# ssh  -v  -l  teacher  192.168.255.128
OpenSSH_5.3p2, OpenSSL0.9.8b 04 May 2006
```

```
    //读入/etc/ssh/ssh_config配置文件
    debug1: Reading configuration data /etc/ssh/ssh_config

    debug1: Applying options for *
//连接192.168.255.128，端口22
debug1: Connecting to 192.168.255.128 [192.168.255.128] port 22.
debug1: Connection established.                          //连接已建立
    debug1: permanently_set_uid: 0/0
    debug1: identity file /root/.ssh/identity type -1
    debug1: identity file /root/.ssh/id_rsa type -1
    debug1: identity file /root/.ssh/id_dsa type -1
    debug1: Remote protocol version 2.0, remote software version OpenSSH_5.3
    debug1: match: OpenSSH_5.3 pat OpenSSH*
debug1: Enabling compatibility mode for protocol 2.0    //兼容2.0协议
    debug1: Local version string SSH-2.0-OpenSSH_5.3
    debug1: SSH2_MSG_KEXINIT sent
    debug1: SSH2_MSG_KEXINIT received
    debug1: kex: server->client aes128-cbc hmac-md5 none
    debug1: kex: client->server aes128-cbc hmac-md5 none
    debug1: SSH2_MSG_KEX_DH_GEX_REQUEST(1024<1024<8192) sent
    debug1: expecting SSH2_MSG_KEX_DH_GEX_GROUP
    debug1: SSH2_MSG_KEX_DH_GEX_INIT sent
    debug1: expecting SSH2_MSG_KEX_DH_GEX_REPLY
    // 192.168.255.128是已识别主机，RSA公钥已经正确匹配
    debug1: Host '192.168.255.128' is known and matches the RSA host key
    debug1: Found key in /root/.ssh/known_hosts:2
    debug1: ssh_rsa_verify: signature correct
    debug1: SSH2_MSG_NEWKEYS sent
    debug1: expecting SSH2_MSG_NEWKEYS
    debug1: SSH2_MSG_NEWKEYS received
    debug1: SSH2_MSG_SERVICE_REQUEST sent
    debug1: SSH2_MSG_SERVICE_ACCEPT received
    debug1: Authentications that can continue: publickey,gssapi-with-mic,password
    debug1: Next authentication method: gssapi-with-mic
    debug1: An invalid name was supplied
    Cannot determine realm for numeric host address
    debug1: An invalid name was supplied
    Cannot determine realm for numeric host address
    debug1: An invalid name was supplied
    Cannot determine realm for numeric host address
    debug1: Next authentication method: publickey
    debug1: Trying private key: /root/.ssh/identity
    debug1: Trying private key: /root/.ssh/id_rsa
    debug1: Trying private key: /root/.ssh/id_dsa
    debug1: Next authentication method: password
    teacher@192.168.255.128's password:                           //输入密码
    debug1: Authentication succeeded (password).                  //密码验证成功
    debug1: channel 0: new [client-session]
```

```
debug1: Entering interactive session.                        //进入交互模式
debug1: Sending environment.                                 //发送环境变量
debug1: Sending env LANG = zh_CN.UTF-8
Last login: Tue Sep 18 19:15:00 2013 from 192.168.255.1     //上次登录时间
```

可以使用“ssh 用户名@主机”命令格式登录远程主机，例如用户 student 登录到192.168.154.1 主机上，命令行为：

```
# ssh  student@192.168.154.1
student @192.168.154.1's password:                          //输入密码
Last login: Tue Sep 18 19:21:50 2013 from 192.168.154.1     //登录成功
# ls                                                        //列出当前目录
anaconda-ks.cfg cat.exe Desktop install.log install.log.syslog scsrun.log
# help              //输入 help，显示当前可用的所有命令
GNU bash, version3.1.17(1)-release (i686-redhat-linux-gnu)
These shell commands are defined internally.  Type `help' to see this list.
Type `help name' to find out more about the function `name'.
Use `info bash' to find out more about the shell in general.
Use `man -k' or `info' to find out more about commands not in this list.
//如果命令名后跟“*”，则表示该命令不可用
A star (*) next to a name means that the command is disabled.
 //所有命令及格式如下所示
 JOB_SPEC [&]                  (( expression ))
 . filename [arguments]            :
 [ arg... ]                        [[ expression ]]
 alias [-p] [name[=value] ... ] bg [job_spec ...]
 bind [-lpvsPVS] [-m keymap] [-f fi break [n]
 builtin [shell-builtin [arg ...]] caller [EXPR]
 case WORD in [PATTERN [| PATTERN]. cd [-L|-P] [dir]
 command [-pVv] command [arg ...] compgen [-abcdefgjksuv]
 complete [-abcdefgjksuv] [-pr] [-o continue [n]
 declare [-afFirtx] [-p] [name[=val dirs [-clpv] [+N] [-N]
 disown [-h] [-ar] [jobspec ...] echo [-neE] [arg ...]
 enable [-pnds] [-a] [-f filename] eval [arg ...]
 exec [-cl] [-a name] file [redirec exit [n]
 export [-nf] [name[=value] ...] or false
 fc [-e ename] [-nlr] [first] [last fg [job_spec]
 for NAME [in WORDS ... ;] do COMMA for (( exp1; exp2; exp3 )); do COMMANDS ; done
 function NAME { COMMANDS ; } or NA getopts optstring name [arg]
 hash [-lr] [-p pathname] [-dt] [na help [-s] [pattern ...]
 history [-c] [-d offset] [n] or hi if COMMANDS; then COMMANDS;
 jobs [-lnprs] [jobspec ...] or job kill [-s sigspec | -n signum | -si
 let arg [arg ...] local name[=value] ...
 logout popd [+N | -N] [-n]
 printf [-v var] format [arguments] pushd [dir | +N | -N] [-n]
 pwd [-LP] read [-ers] [-u fd] [-t timeout] [
 readonly [-af] [name[=value] ...]  return [n]
 select NAME [in WORDS ... ;] do CO set [--abefhkmnptuvxBCHP] [-o option]
```

```
shift [n] shopt [-pqsu] [-o long-option] opt
source filename [arguments] suspend [-f]
test [expr] time [-p] PIPELINE
times trap [-lp] [arg signal_spec ...]
true  type [-afptP] name [name ...]
typeset [-afFirtx] [-p] name[=valu ulimit [-SHacdfilmnpqstuvx] [limit
umask [-p] [-S] [mode] unalias [-a] name [name ...]
unset [-f] [-v] [name ...] until COMMANDS; do COMMANDS; done
variables - Some variable names an wait [n]
while COMMANDS; do COMMANDS; done  { COMMANDS ; }
```

如果以当前用户登录主机，则可以直接使用“ssh 主机”命令。例如，以 root 身份登录 192.168.255.128 主机，命令行为：

```
# ssh  192.168.255.128
The authenticity of host '192.168.255.128 (192.168.255.128)' can't be
established.
RSA key fingerprint is e2:f9:3c:f2:93:f1:79:12:4c:b4:a2:f4:19:de:e3:53.
Are you sure you want to continue connecting (yes/no)? yes
Warning: Permanently added '192.168.255.128' (RSA) to the list of known hosts.
root@192.168.255.128's password:                                //输入密码
Last login: Wed Sep 19 00:05:55 2013 from teacher.bit.edu.cn    //成功登录
```

在 ssh 交互模式下，输入“logout”或“exit”指令可以退出登录。

12.3.6 使用 scp 客户端

scp（secure copy，安全复制）是一个远程文件的安全复制程序。由于 scp 底层基于 ssh，因此当 ssh 启动时，scp 也会默认启动。scp 命令格式如下所示：

```
scp [-1246BCpqrv] [-c cipher] [-F ssh_config] [-i identity_file]
    [-l limit] [-o ssh_option] [-P port] [-S program]
    [[user@]host1:]file1 [...] [[user@]host2:]file2
```

- -v：以冗余模式显示。
- -r：递归复制整个目录。

例如，将当前目录下的 test.tar.gz 文件通过 scp 安全复制到主机 192.168.255.128 的/home/teacher 目录下，登录用户名为 teacher，命令行为：

```
# scp  test.tar.gz  teacher@192.168.255.128:/home/teacher
The authenticity of host '192.168.255.128 (192.168.255.128)' can't be
established.
RSA key fingerprint is e2:f9:3c:f2:93:f1:79:12:4c:b4:a2:f4:19:de:e3:53.
Are you sure you want to continue connecting (yes/no)? yes
Warning: Permanently added '192.168.255.128' (RSA) to the list of known hosts.
teacher@192.168.255.128's password:
test.tar.gz                                 100%  372KB 372.0KB/s   00:00
```

又如，以用户 teacher 的身份连接到主机 192.168.255.128 上，并将文件/home/teacher/cat.exe 复制到本地，且更名为 test.tar.gz，命令行为：

```
# scp  teacher@192.168.255.128:/home/teacher/cat.exe  test.tar.gz
teacher@192.168.255.128's password:
cat.exe                                          100%  372KB 372.0KB/s  00:00
```

12.3.7 使用 sftp 客户端

sftp 与 FTP 类似，是一个交互式的文件传输程序。由于其底层采用了 SSH，因此可以在加密通道上完成文件传输。sftp 命令格式如下所示：

```
sftp [-1Cv] [-B buffer_size] [-b batchfile] [-F ssh_config]
    [-o ssh_option] [-P sftp_server_path] [-R num_requests]
    [-S program] [-s subsystem | sftp_server] host
    [[user@]host[:file [file]]]
    [[user@]host[:dir[/]]]
sftp -b batchfile [user@]host
```

例如，利用 sftp，以用户 teacher 的身份登录到主机 192.168.255.128 上，命令行为：

```
$ sftp  teacher@192.168.255.128
Connecting to 192.168.255.128...
The authenticity of host '192.168.255.128 (192.168.255.128)' can't be established.
RSA key fingerprint is e2:f9:3c:f2:93:f1:79:12:4c:b4:a2:f4:19:de:e3:53.
Are you sure you want to continue connecting (yes/no)? yes
Warning: Permanently added '192.168.255.128' (RSA) to the list of known hosts.
teacher@192.168.255.128's password: //输入密码
sftp> ls                           //列出远程主机（192.168.255.128）当前目录内容
Snort                                     bridge.txt
bridge.txt~                               cat.exe
httpd.conf                                iptables
sftp> lls                          //列出本地主机（localhost）当前目录内容
bridge.txt        libpcap-0.9.7.tar.gz         sensor2.0-20060901
bridge.txt~       libpcap-0.9.7.tar.tar        Snort
cat.exe           limits.conf                  snort-2.9.5.1
sftp> pwd                          //查看远程主机（192.168.255.128）当前工作目录
Remote working directory: /home/teacher
sftp> lpwd                         //查看本地主机（localhost）当前工作目录
Local working directory: /home/teacher
```

在 sftp 交互模式下，输入“put”指令可以上传文件，输入“get”指令可以下载文件，如下所示：

```
# sftp teacher@192.168.255.128
Connecting to 192.168.255.128...
teacher@192.168.255.128's password:
sftp> lls                  //查看本地当前目录
bin  dev  home  lost+found  misc  net  proc  sbin   share  sys    test  usr
```

```
boot etc lib  media     mnt  opt  root  selinux  srv   teacher  tmp   var
sftp> put test              //将本地当前目录中的test文件上传到远程主机当前目录中
Uploading test to /home/teacher/test
test                                         100%    0     0.0KB/s   00:00
sftp> ls                    //查看远程主机当前目录，可以看到test文件已被上传
Snort                                   bridge.txt
bridge.txt~                               cat.exe
test
sftp> get bridge.txt        //下载远程主机当前目录中的bridge.txt文件到本地当前目录中
Fetching /home/teacher/bridge.txt to bridge.txt
/home/teacher/bridge.txt                    100%   21KB  20.8KB/s   00:00
sftp> lls                   //查看本地主机当前目录，可以看到bridge.txt文件已被下载
bin  bridge.txt  etc  lib   media  mnt  opt  root  selinux  srv  teacher  tmp
var
boot  dev  home  lost+found  misc  net  proc  sbin  share  sys  test  usr
sftp> quit                  //退出交互模式
#
```

在 sftp 交互模式下，输入“exit”或“quit”指令可以退出登录。

12.3.8 使用 SSH Secure Shell 访问 SSH 服务器

在 Windows 系统下采用 OpenSSH 方式访问 SSH 服务器，可以使用 Windows 系统下专门的软件——SSH Secure Shell。SSH Secure Shell 的安装过程相对简单，安装界面如图 12.7 所示。

图 12.7　SSH Secure Shell 的安装界面

默认安装后，桌面上会添加 SSH Secure Shell Client 和 SSH Secure File Transfer Client 两个图标，前者用于远程登录，后者用于远程文件传输。

1. 使用 SSH Secure Shell Client

（1）在 Windows 桌面上双击“SSH Secure Shell Client”图标，打开“SSH Secure Shell”窗口，然后单击“Quick Connect”按钮，弹出“Connect to Remote Host”对话框，如图 12.8 所示。

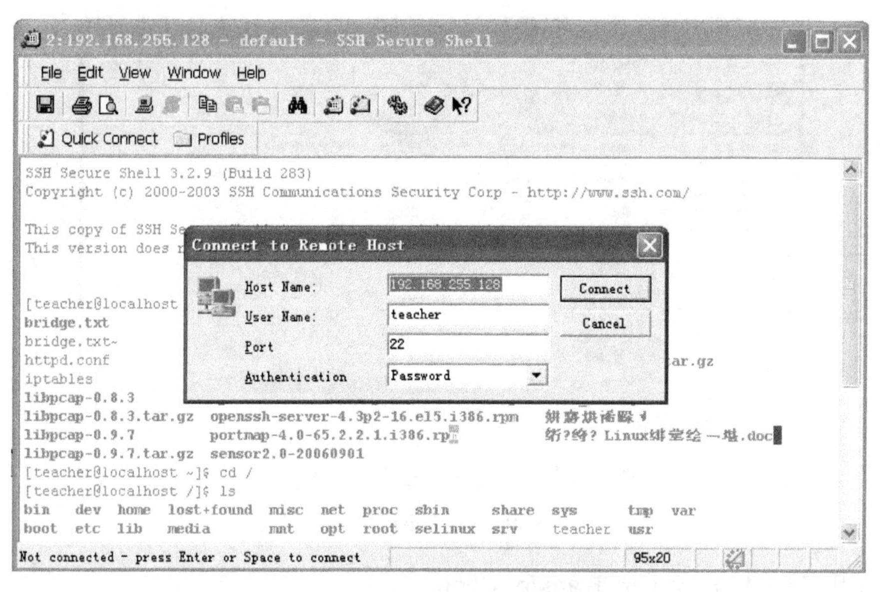

图 12.8 “Connect to Remote Host”对话框

（2）在“Host Name”文本框中输入主机地址，在“User Name”文本框中输入登录的用户名，“Port”使用默认端口 22，在“Authentication”下拉列表框中选择“Password”，最后单击“Connect”按钮，系统弹出“Enter Password”对话框，如图 12.9 所示。

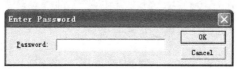

图 12.9 “Enter Password”对话框

（3）单击“OK”按钮，系统弹出“Host Identification”对话框，提示“这是用户首次登录该远程地址，是否保存该远程地址的公钥”，如图 12.10 所示。

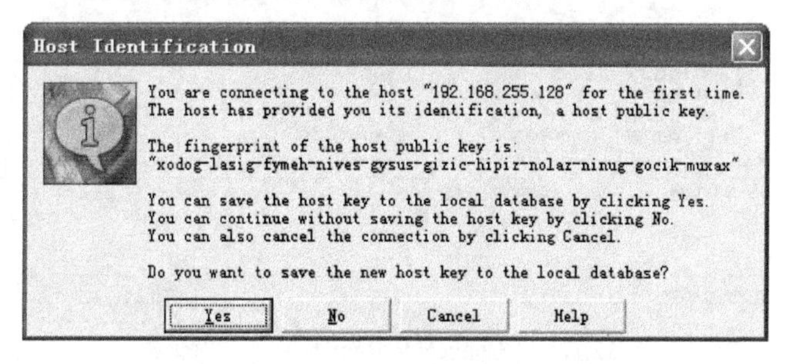

图 12.10 “Host Identification”对话框

（4）单击“Yes”按钮进行保存。系统会与远程主机建立连接，用户可以像使用 Telnet 一样通过输入命令管理远程主机，如图 12.11 所示。只是该连接是基于 SSH2 的安全连接，所有通信都会被加密。

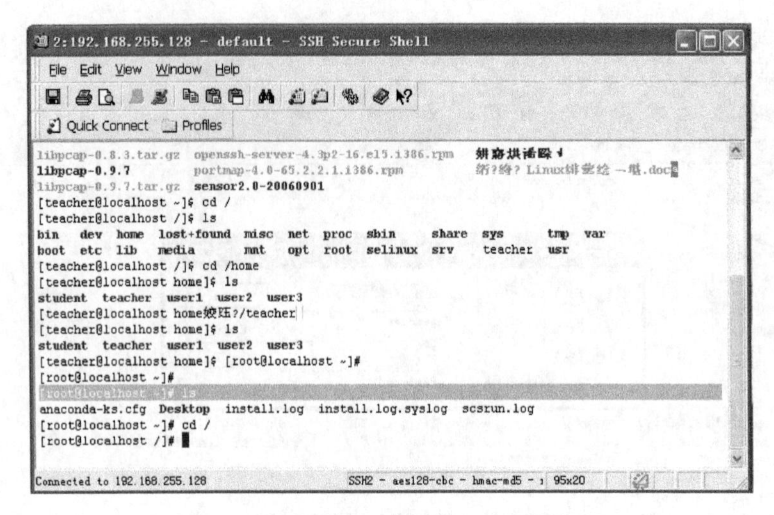

图 12.11　SSH Secure Shell Client 终端窗口

2．使用 SSH Secure File Transfer Client

使用 SSH Secure Shell 中的 SSH Secure File Transfer Client 可以实现安全的 FTP。在 Windows 桌面上双击“SSH Secure File Transfer Client”图标，打开“SSH Secure File Transfer”窗口，然后单击“Quick Connect”按钮，弹出“Connect to Remote Host”对话框，如图 12.12 所示。

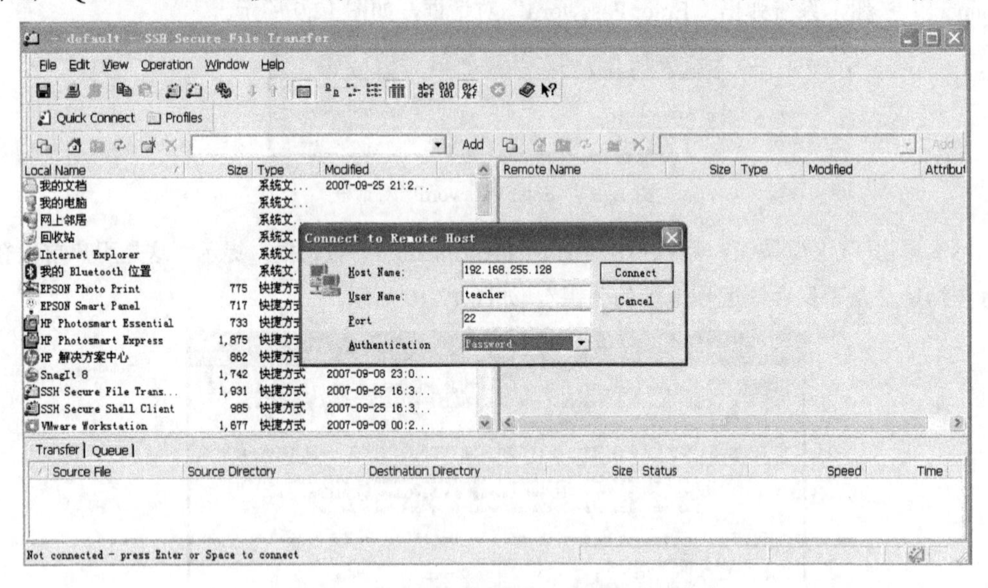

图 12.12　“Connect to Remote Host”对话框

在弹出的“Connect to Remote Host”对话框中输入远程主机地址、用户名，选择“Password”方式，最后单击“Connect”按钮，系统会弹出“Enter Password”对话框。在该对话框中输入密码并单击“OK”按钮，系统会建立与远程主机的 FTP 连接。用户可以通过拖动操作，方便地实现与远程主机之间的文件传输。

12.4　小结

本章主要介绍了网络安全与病毒防护，包括 Linux 网络安全对策、Linux 下的防火墙配置，以及使用 OpenSSH 实现网络安全连接，希望读者，尤其是网络管理员认真学习本章知识。

12.5　习题

1．简述 Red Hat Enterprise Linux 7.5 的防火墙结构。

2．简述目前 Linux 使用的网络安全策略。

3．关于 firewalld 的区域说法，不正确的是（　）。

A．drop（丢弃），任何接收的网络数据包都被丢弃

B．block（限制），任何接收的网络连接都被 IPv4 的 icmp-host-prohibited 信息和 IPv6 的 icmp6-adm-prohibited 信息所拒绝

C．public（公共），在公共区域内使用，不能相信网络内的其他计算机不会对您的计算机造成危害，只能接收经过选择的连接

D．home（家庭），用于家庭网络，您可以基本信任网络内的其他计算机会危害您的计算机

4．关于 Linux 使用的网络安全策略，说法不正确的是（　）。

A．确保网络端口安全

B．确保连接安全

C．确保系统资源安全

D．确保防火墙关闭

12.6　上机练习——安装简易的 xampp 并控制 Apache 服务器访问

实验目的：

学习 Linux 系统下防火墙控制逻辑。

实验内容：

（1）登录 xampp 官方网站下载 xampp 应用，网址为 www.apachefriends.org。

（2）给服务器安装 xampp，并且开启 apache web server 服务。

（3）在防火墙中，不勾选 http 和 https。

（4）使用外部网络的计算机访问服务器。

（5）在防火墙中，勾选 http 和 https。

（6）使用外部网络的计算机访问服务器。

反侵权盗版声明

举报电话：（010）88254396；（010）88258888

传　　真：（010）88254397

E-mail：dbqq@phei.com.cn

通信地址：北京市万寿路173信箱

电子工业出版社总编办公室

邮　　编：100036